高等职业教育精品工程系列教材

液压与气压传动技术

王　超　李文正　主　编
曲奕凝　刘建飞　郝　强　李鑫垚　副主编

电子工业出版社
Publishing House of Electronics Industry
北京·BEIJING

内容简介

为了适应高等职业教育的培养目标和教育特点，突出高职高专教育特色，按照《液压与气压传动技术》教学大纲，特编写本教材。

本教材力求符合高职高专教育要求，增加实训力度，注重识图训练，以提高学生的应用能力。

教材的主要内容包括：液压传动基础、液压动力元件、液压执行元件、液压控制元件、液压辅助元件、液压基本回路、典型液压系统分析、液压系统的设计、液压伺服系统、气压传动基础、气动控制基本回路、气动系统的安装调试、使用与维护。

本教材适合高职高专院校、中等职业院校及成人教育院校的机械类、机电类以及近机械类专业使用。

未经许可，不得以任何方式复制或抄袭本书之部分或全部内容。
版权所有，侵权必究。

图书在版编目（CIP）数据

液压与气压传动技术/王超，李文正主编．—北京：电子工业出版社，2016.7
ISBN 978-7-121-29450-1

Ⅰ．①液…　Ⅱ．①王…　②李…　Ⅲ．①液压传动－高等学校－教材　②气压传动－高等学校－教材
Ⅳ．①TH137　②TH138

中国版本图书馆 CIP 数据核字（2016）第 168018 号

策划编辑：郭乃明
责任编辑：郝黎明
印　　刷：北京七彩京通数码快印有限公司
装　　订：北京七彩京通数码快印有限公司
出版发行：电子工业出版社
　　　　　北京市海淀区万寿路 173 信箱　邮编 100036
开　　本：787×1 092　1/16　印张：15.75　字数：403.2 千字
版　　次：2016 年 7 月第 1 版
印　　次：2021 年 9 月第 4 次印刷
定　　价：36.00 元

凡所购买电子工业出版社图书有缺损问题，请向购买书店调换。若书店售缺，请与本社发行部联系，联系及邮购电话：(010)88254888，88258888。
质量投诉请发邮件至 zlts@phei.com.cn，盗版侵权举报请发邮件至 dbqq@phei.com.cn。
本书咨询联系方式：(010)88254561。

前　言

本书结合高职高专人才培养现状，对高等职业教育液压与气压传动技术教学内容进行调研和分析，并在总结众多一线教师多年来的教学经验和教学成果的基础上，按照《液压与气压传动技术》教学大纲编写而成。

本书以液压与气压传动技术为主线，着重培养高职高专学生对液压与气压回路的分析能力、液压与气压回路的安装、调试、使用、维护及故障的诊断与维修能力。

在编写的过程中，力求符合高职高专特色。在内容的编写上突出以下特点：

1. 突出高等职业教育特色，注重理论联系实际；
2. 为培养学生的动手能力，部分章节后安排实训内容；
3. 为巩固学生对知识的掌握，每一章均指出重难点，并在部分章节后安排习题；
4. 液压气动职能符号执行现行国家标准 GB/T786.1－2009。

全书共分为12个项目，主要内容包括：概述、液压传动基础、液压动力元件、液压执行元件、液压控制元件、液压辅助元件、液压基本回路、典型液压系统分析、液压系统的设计、液压伺服系统、气压传动基础、气动控制基本回路、气动系统的安装调试、使用与维护。

本书由辽宁机电职业技术学院王超、李文正担任主编；辽宁机电职业技术学院曲奕凝、刘建飞、郝强、李鑫垚担任副主编。具体分工如下：王超编写项目二、项目四、项目六、项目七、项目八和项目十；李文正编写项目九、项目十一；曲奕凝编写绪论和附录；刘建飞编写项目一和项目三；郝强编写项目五；李鑫垚编写项目十二。全书由王超制定，编写大纲并统稿和定稿。辽宁工程技术大学王慧教授审阅了全书，并提出了宝贵的意见和建议。

本书可作为高职高专院校、中等职业院校及成人教育院校液压与气压传动技术课程的教材，也可供有关工程技术人员参考。

由于编者水平有限，教材中难免存在疏漏之处，恳请各位读者在使用本书时给出宝贵意见与建议，我们将在下次修订时改进。

编　者
2016年5月

目 录

绪 论 ·· (1)
    0.1 液压的传动原理 ··· (1)
    0.2 液压传动系统的组成及表示方法 ··· (3)
    0.3 液压传动的特点 ·· (5)
    0.4 液压技术的应用与发展 ··· (6)
    思考和练习题 ·· (6)
    实训1 液压实验台观摩 ··· (6)

项目1 液压传动基础 ··· (8)
    任务1 液压油 ·· (8)
        1.1.1 液压油的主要物理性质 ·· (8)
        1.1.2 液压油的使用要求 ··· (11)
        1.1.3 液压油的类型 ·· (11)
        1.1.4 液压油的选用 ·· (12)
    任务2 液体静力学基础 ··· (12)
        1.2.1 液体静压力及其特性 ·· (12)
        1.2.2 液体静力学基本方程 ·· (13)
        1.2.3 压力的表示方法 ··· (14)
        1.2.4 静压力传递原理 ··· (14)
    任务3 液体动力学基础 ··· (15)
        1.3.1 基本概念 ·· (15)
        1.3.2 连续性方程 ··· (17)
        1.3.3 伯努利方程 ··· (17)
        1.3.4 动量方程 ·· (19)
    任务4 液体压力损失 ··· (19)
        1.4.1 流态和雷诺数 ·· (19)
        1.4.2 沿程压力损失 ·· (21)
        1.4.3 局部压力损失 ·· (21)
        1.4.4 管路系统的总压力损失 ·· (22)
    任务5 液压冲击与气穴现象 ··· (22)
        1.5.1 液压冲击 ·· (22)
        1.5.2 气穴现象 ·· (22)
    思考和练习题 ·· (23)

项目2 液压动力元件 ··· (25)
    任务1 液压动力元件概述 ·· (25)
        2.1.1 液压泵的工作原理 ··· (25)

  2.1.2 液压泵的性能参数 ·· (26)
 任务2 齿轮泵 ·· (29)
  2.2.1 外啮合齿轮泵 ·· (29)
  2.2.2 内啮合齿轮泵 ·· (32)
 任务3 叶片泵 ·· (33)
  2.3.1 双作用叶片泵 ·· (33)
  2.3.2 单作用叶片泵 ·· (35)
 任务4 柱塞泵 ·· (38)
  2.4.1 斜盘式轴向柱塞泵 ·· (38)
  2.4.2 径向柱塞泵 ·· (41)
 任务5 液压泵的选用 ·· (42)
 任务6 液压泵的常见故障及排除方法 ································ (42)
  2.6.1 液压泵的安装要求 ·· (43)
  2.6.2 液压泵的使用注意事项 ·· (43)
  2.6.3 液压泵故障分析及排除 ·· (43)
 思考和练习题 ·· (45)
 实训2 液压泵的拆装 ·· (47)

项目3 液压执行元件 ·· (51)
 任务1 认识液压缸 ·· (51)
  3.1.1 活塞式液压缸 ·· (51)
  3.1.2 柱塞式液压缸 ·· (54)
  3.1.3 摆动式液压缸 ·· (54)
  3.1.4 组合式液压缸 ·· (55)
 任务2 液压缸的结构及设计 ·· (56)
  3.2.1 液压缸的典型结构 ·· (56)
  3.2.2 液压缸的设计 ·· (61)
 任务3 液压缸的安装、使用与维护 ···································· (65)
  3.3.1 液压缸的正确安装方法 ·· (65)
  3.3.2 液压缸的调整 ·· (67)
  3.3.3 液压缸的维护 ·· (68)
  3.3.4 液压缸常见故障分析 ·· (68)
 任务4 认识液压马达 ·· (70)
  3.4.1 液压马达的分类 ·· (70)
  3.4.2 液压马达的工作原理 ·· (70)
 思考和练习题 ·· (72)
 实训3 液压缸的拆装 ·· (73)

项目4 液压控制元件 ·· (74)
 任务1 液压控制元件概述 ·· (74)
  4.1.1 液压阀的分类 ·· (74)
  4.1.2 液压阀的参数及型号 ·· (75)
  4.1.3 对液压阀的基本要求 ·· (75)
 任务2 液压方向控制阀 ·· (76)
  4.2.1 单向阀 ·· (76)

4.2.2　换向阀 (78)
　任务3　液压压力控制阀 (84)
　　　4.3.1　溢流阀 (84)
　　　4.3.2　减压阀 (87)
　　　4.3.3　顺序阀 (89)
　　　4.3.4　压力继电器 (92)
　任务4　液压流量控制阀 (93)
　　　4.4.1　节流阀 (93)
　　　4.4.2　调速阀 (95)
　任务5　其他液压控制阀 (96)
　　　4.5.1　电液比例阀 (96)
　　　4.5.2　二通插装阀（又称为插装式锥阀或逻辑阀） (97)
　　　4.5.3　叠加阀 (100)
　任务6　液压控制元件的常见故障及排除方法 (101)
　思考和练习题 (103)
　实训4　液压控制阀的拆装 (105)
项目5　液压辅助元件 (107)
　任务1　认识油箱 (107)
　　　5.1.1　油箱的作用和种类 (107)
　　　5.1.2　油箱的基本结构、设计、使用和维护 (107)
　任务2　认识过滤器 (109)
　　　5.2.1　过滤器的主要性能指标 (109)
　　　5.2.2　过滤器的种类和典型结构 (110)
　　　5.2.3　过滤器的选用原则、安装位置及注意事项 (112)
　任务3　认识蓄能器 (113)
　　　5.3.1　蓄能器的作用、类型及其结构 (113)
　　　5.3.2　蓄能器的参数计算 (116)
　　　5.3.3　蓄能器的选择、使用和安装 (117)
　任务4　认识热交换器 (118)
　　　5.4.1　冷却器 (118)
　　　5.4.2　加热器 (118)
　任务5　认识管件与接头 (119)
　　　5.5.1　管道 (119)
　　　5.5.2　管接头 (120)
　任务6　压力表及压力表开关 (121)
　　　5.6.1　压力表 (122)
　　　5.6.2　压力表开关 (122)
　任务7　密封元件 (123)
　　　5.7.1　间隙密封 (123)
　　　5.7.2　接触密封 (124)
　　　5.7.3　密封圈使用注意事项 (125)
　思考和练习题 (126)
项目6　液压基本回路 (127)

- 任务1 方向控制回路 (127)
  - 6.1.1 换向回路 (127)
  - 6.1.2 锁紧回路 (128)
  - 6.1.3 连续往返回路 (128)
- 任务2 压力控制回路 (129)
  - 6.2.1 调压回路 (129)
  - 6.2.2 卸荷回路 (130)
  - 6.2.3 减压回路 (130)
  - 6.2.4 平衡回路 (132)
  - 6.2.5 保压回路 (132)
  - 6.2.6 增压回路 (133)
  - 6.2.7 背压回路 (134)
- 任务3 速度控制回路 (135)
  - 6.3.1 调速回路 (135)
  - 6.3.2 快速运动回路 (141)
  - 6.3.3 速度换接回路 (141)
- 任务4 多缸工作控制回路 (143)
  - 6.4.1 行程控制的顺序动作回路 (143)
  - 6.4.2 压力控制的顺序动作回路 (144)
- 思考和练习题 (144)
- 实训5 基本液压控制回路的组建 (146)

项目7 典型液压系统分析 (148)
- 任务1 组合机床动力滑台液压系统 (148)
  - 7.1.1 概述 (148)
  - 7.1.2 动力滑台液压系统的工作原理 (149)
  - 7.1.3 动力滑台液压系统的特点 (151)
- 任务2 汽车起重机液压系统 (151)
  - 7.2.1 概述 (151)
  - 7.2.2 液压系统的工作原理 (152)
  - 7.2.3 Q2-8型汽车起重机液压系统的特点 (155)
- 任务3 外圆磨床液压传动系统 (155)
  - 7.3.1 概述 (155)
  - 7.3.2 外圆磨床工作台换向回路 (156)
  - 7.3.3 M1432A型万能外圆磨床液压传动系统的工作原理 (157)
- 任务4 液压传动系统故障诊断与分析 (161)
  - 7.4.1 液压传动系统故障的诊断方法 (161)
  - 7.4.2 液压传动系统常见故障的产生原因及排除方法 (162)

项目8 液压系统的设计 (165)
- 任务1 液压系统的设计步骤和要求 (165)
  - 8.1.1 明确液压系统的设计要求 (165)
  - 8.1.2 液压系统工况分析 (165)
  - 8.1.3 液压系统主要参数确定 (168)
  - 8.1.4 拟定液压系统原理图 (170)

　　　　8.1.5　液压元件的计算和选择 …………………………………………………………… (171)
　　　　8.1.6　液压系统性能的验算 ………………………………………………………………… (172)
　　　　8.1.7　绘制工作图和编制技术文件 ………………………………………………………… (176)
　　任务2　液压系统设计举例 ………………………………………………………………………… (176)
　　　　8.2.1　负载分析 …………………………………………………………………………… (176)
　　　　8.2.2　负载图和速度图的绘制 ……………………………………………………………… (177)
　　　　8.2.3　液压缸主要参数的确定 ……………………………………………………………… (178)
　　　　8.2.4　液压系统图的拟定 …………………………………………………………………… (179)
　　　　8.2.5　液压元件的选择 ……………………………………………………………………… (180)
　　　　8.2.6　液压系统的性能验算 ………………………………………………………………… (183)
　　思考和练习题 ……………………………………………………………………………………… (184)

项目9　液压伺服系统 …………………………………………………………………………………… (185)
　　任务1　液压伺服系统简介 ………………………………………………………………………… (185)
　　　　9.1.1　液压伺服系统的工作原理 …………………………………………………………… (185)
　　　　9.1.2　液压伺服系统的组成及结构 ………………………………………………………… (187)
　　　　9.1.3　液压伺服系统的分类 ………………………………………………………………… (188)
　　　　9.1.4　液压伺服系统的优缺点 ……………………………………………………………… (188)
　　　　9.1.5　液压伺服系统的应用 ………………………………………………………………… (189)
　　任务2　液压伺服系统的应用 ……………………………………………………………………… (190)
　　　　9.2.1　机液伺服系统的应用 ………………………………………………………………… (190)
　　　　9.2.2　电液伺服系统的应用 ………………………………………………………………… (193)
　　思考和练习题 ……………………………………………………………………………………… (195)

项目10　气压传动基础 ………………………………………………………………………………… (196)
　　任务1　气源装置及辅助元件 ……………………………………………………………………… (197)
　　　　10.1.1　气源装置 …………………………………………………………………………… (197)
　　　　10.1.2　辅助元件 …………………………………………………………………………… (200)
　　任务2　气动执行元件 ……………………………………………………………………………… (202)
　　　　10.2.1　汽缸 ………………………………………………………………………………… (202)
　　　　10.2.2　气动马达 …………………………………………………………………………… (204)
　　任务3　气动控制元件 ……………………………………………………………………………… (204)
　　　　10.3.1　压力控制阀 ………………………………………………………………………… (204)
　　　　10.3.2　流量控制阀 ………………………………………………………………………… (206)
　　　　10.3.3　方向控制阀 ………………………………………………………………………… (207)
　　思考和练习题 ……………………………………………………………………………………… (211)

项目11　气动控制基本回路 …………………………………………………………………………… (212)
　　任务1　压力控制回路 ……………………………………………………………………………… (212)
　　　　11.1.1　一次压力控制回路 ………………………………………………………………… (212)
　　　　11.1.2　二次压力控制回路 ………………………………………………………………… (213)
　　　　11.1.3　高低压转换回路 …………………………………………………………………… (213)
　　任务2　速度控制回路 ……………………………………………………………………………… (213)
　　　　11.2.1　单作用汽缸速度控制回路 ………………………………………………………… (213)
　　　　11.2.2　双作用汽缸速度控制回路 ………………………………………………………… (214)

  11.2.3　缓冲回路 ……………………………………………………………………… (215)
 任务3　换向控制回路 …………………………………………………………………………… (215)
  11.3.1　单作用汽缸换向控制回路 …………………………………………………… (215)
  11.3.2　双作用汽缸换向控制回路 …………………………………………………… (216)
 任务4　其他常用回路 …………………………………………………………………………… (216)
  11.4.1　气液联动回路 ………………………………………………………………… (216)
  11.4.2　延时控制回路 ………………………………………………………………… (218)
  11.4.3　双手操作安全回路 …………………………………………………………… (218)
  11.4.4　顺序动作回路 ………………………………………………………………… (219)
 任务5　气动系统实例 …………………………………………………………………………… (220)
  11.5.1　气液动力滑台气压传动系统 ………………………………………………… (220)
  11.5.2　工件夹紧气压传动系统 ……………………………………………………… (221)
  11.5.3　东风EQ1092型汽车主车气压制动回路 …………………………………… (222)
 思考和练习题 ………………………………………………………………………………………… (223)
 实训6　气动回路的组建 ………………………………………………………………………… (223)
项目12　气动系统的安装调试、使用与维护 …………………………………………………………… (226)
 任务1　气动系统的安装与调试 ………………………………………………………………… (226)
  12.1.1　气动系统的安装 ……………………………………………………………… (226)
  12.1.2　气动系统的调试 ……………………………………………………………… (227)
 任务2　气动系统的使用和维护 ………………………………………………………………… (228)
  12.2.1　气动系统使用注意事项 ……………………………………………………… (228)
  12.2.2　气动系统的定期维护 ………………………………………………………… (228)
 任务3　气动系统主要元件的常见故障及排除方法 …………………………………………… (229)
附录A　常用液体传动系统及元件图形符号（摘自GB/T 786.1—2009） ……………………… (232)
参考文献 ………………………………………………………………………………………………… (239)

绪　论

任何一部机器都由原动机、传动装置、操纵装置和工作机构四部分组成。

根据机器的设计要求，工作机构的输出（如力、速度、位移等）应符合一定的规律。由于原动机（如电动机、内燃机）的输出特性往往不能直接与机器的工作任务要求的特性相适应，因此在原动机与工作机构之间就需要配备某种传动装置，以将原动机的输出量进行适当的变换和传递，使工作机构的输出特性满足机器的要求。

传动装置的类型主要有机械传动、电气传动和流体传动，以及由它们组合而成的复合传动。

流体传动是以流体（含液体、气体）为工作介质进行能量转换、传递和控制的传动形式。以液体为工作介质时称为液体传动；以气体为工作介质时称为气压传动。

液体传动又分为液压传动和液力传动。液压传动是靠密闭工作腔的容积变化来进行工作的，它通过液体介质的压力能来进行能量的转换和传递，又称为静压传动。液力传动主要是通过液体介质的动能来进行能量的转换和传递。

0.1　液压的传动原理

下面以如图 0-1 所示的液压千斤顶为例来讲述液压传动的工作原理。

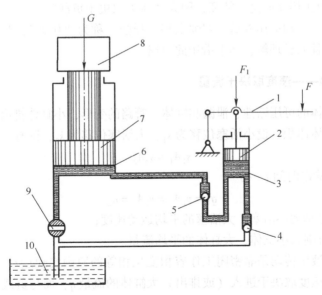

图 0-1　液压千斤顶的工作原理
1—手把；2—小活塞；3—小缸体；4—吸液阀；5—排液阀；
6—大缸体；7—大活塞；8—重物；9—放油阀；10—油箱

液压千斤顶由手把1、小活塞2、小缸体3、吸液阀4、排液阀5、大缸体6、大活塞7、放油阀9和油箱10等组成。由小活塞2、小缸体3、吸液阀4、排液阀5和油管及大活塞7、大缸体6、排液阀5、放油阀9和油管分别组成两个密封容积。

当手把1上移，带动小活塞2上移，使小活塞2和小缸体3形成的密封容积增大，压力下降，形成真空，打开吸液阀4，关闭排液阀5，在大气压作用下从油箱10中进行吸油，油液被吸入由小活塞2、小缸体3、吸液阀4、排液阀5和油管组成的密封容积内。

当手把1下移，带动小活塞2下移，使小活塞2和小缸体3形成的密封容积减小，油液被挤压，压力增大，打开排液阀5，关闭吸液阀4，排出的高压油进入大缸体6，推动大活塞7向上运动，举起重物8。

当打开放油阀9时，重物8下降，把大缸体6中的油放回油箱10中，使大活塞下降到原来位置。

1. 力的传递——压力取决于负载

设大活塞面积为A_2，作用在大活塞上的负载力为G，则其对缸体中所产生的液体压力为$p_2 = \dfrac{G}{A_2}$。根据帕斯卡原理，"在密闭容积内，施加于静止液体上的压力将等值地传动到液体内部各点"，手把对缸体产生的压力p_1应等于负载产生的压力，即$p_2 = p_1 = p$。

为了克服负载力使活塞运动，作用在手把上的作用力F_1应为

$$F_1 = pA_1 = G\dfrac{A_1}{A_2} \tag{0-1}$$

在A_1、A_2一定时，系统中的液体压力p取决于负载力，负载力G越大，系统的液体压力p越大，所需要的力F_1越大；反之，如果空载运行，且不计摩擦力，则液体压力p和作用力F_1都为零。液压传动的这一特征，即为"压力取决于负载"。

注意：在液压与气动应用领域，习惯上将"压强"称为"压力"，为使本书内容符合行业惯例以及便于工程人员理解，本书沿用此习惯。

2. 运动的传递——速度取决于流量

如果不考虑液体的可压缩性、泄漏和缸体、管路的变形，小缸体排出的液体体积必然等于进入大缸体的液体体积。设小活塞位移为s_1，大活塞位移为s_2，则有

$$s_1 A_1 = s_2 A_2 \tag{0-2}$$

式（0-2）两端同除以时间t，得

$$q_1 = v_1 A_1 = v_2 A_2 = q_2 \tag{0-3}$$

式中　v_1、v_2——分别为小活塞、大活塞的平均运动速度；

q_1、q_2——分别为小缸体、大缸体的平均流量。

由上述可见，液压传动是靠密闭工作容积变化相等的原则实现运动（速度和位移）传递的。大活塞运动速度取决于进入（或排出）大缸体的流量q，而与负载力无关，即"速度取决于流量"。

以上两个特征独立存在，互不影响。与负载力对应的流体参数是流体压力，与运动速度对应的流体参数是流体流量。因此，压力和流量是液压传动中两个最基本、最重要的参数。

从液压千斤顶的工作过程，可以归纳出液压传动的基本原理如下。

（1）液压传动以液体（液压油）作为工作介质，依靠密封工作容积（或密闭系统）内的液体压力能来传递能量。

（2）液压传动中经过两次能量转换，先把机械能转换为便于输送的液体的压力能，然后把液体的压力能转换为机械能对外做功。

（3）液体压力的高低取决于负载。

（4）负载运动速度的大小取决于流量。

0.2 液压传动系统的组成及表示方法

1. 液压传动系统的组成

机床的液压传动系统要比千斤顶的液压传动系统复杂得多。图0-2（a）所示为一台简化了的机床往复运动工作台的液压传动系统。读者可以通过它进一步了解一般液压传动系统应具备的基本性能和组成情况。

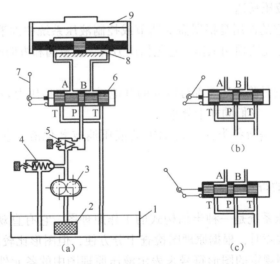

图0-2 液压传动系统的工作原理及组成
1—油箱；2—滤油器；3—液压泵；4—溢流阀；5—节流阀；
6—换向阀；7—手柄；8—液压缸；9—工作台

在图0-2（a）中，液压缸8固定在床身上，活塞连同活塞杆带动工作台9做往复运动。液压泵3由电动机（图中未示出）驱动，通过滤油器2从油箱1中吸油并送入密闭的系统内。

若将换向阀手柄7向右推，使阀芯处于如图0-2（b）所示位置，则来自液压泵的压力油经节流阀5到换向阀6并进入液压缸8左腔，推动活塞连同工作台9向右移动。液压缸8右腔的油液经换向阀6流回油箱。

若将换向阀手柄7向左拉，使阀芯处于如图0-2（c）所示位置，则来自液压泵的压力油经节流阀5到换向阀6并进入液压缸8右腔，推动活塞连同工作台9向左移动。液压缸8

左腔的油液经换向阀 6 流回油箱。

若换向阀阀芯处于如图 0-2（a）所示的中间位置时，液压缸两腔被封闭，活塞停止不动。

工作台移动的速度通过节流阀 5 调节。当节流阀的阀口调大时，进入液压缸的油液流量增大，工作台的移动速度变快；当节流阀的阀口调小时，则工作台的移动速度将变慢。

转动溢流阀 4 的调节螺钉，可调节弹簧的预紧力。弹簧的预紧力越大，密闭系统中能得到的油压就越大，工作台移动时，能克服的最大负载就越强；预紧力越小，其得到的最大工作压力就越小，能克服的最大负载也越弱。另外，在一般情况下，泵输给系统的油量多于液压缸所需要的油量，多余的油液须通过溢流阀及时地排出油箱。所以，溢流阀 4 在该液压系统中起调压、溢流的作用。

从上例可以看出，一个完整的、能够正常工作的液压系统，应该由动力元件、执行元件、控制元件、辅助元件和工作介质 5 个主要部分组成。

（1）动力元件：它的作用是把液体利用原动机的机械能转换成液体的压力能，是液压传动系统中的动力部分。最常见的形式是液压泵。

（2）执行元件：它是把液体的压力能转换成机械能的装置。其形式有做直线运动的液压缸和做回转运动的液压马达。

（3）控制元件：它的作用是根据需要调节或控制液压系统中油液的压力、流量或流动方向，以保证执行元件完成预期工作。它包括压力阀、流量阀和方向阀等，如溢流阀、节流阀、换向阀、等。

（4）辅助元件：它是除上述三部分以外的其他元件，包括压力表、滤油器、蓄能装置、冷却器、管件及油箱等，它们同样十分重要。

（5）工作介质：它是指各类液压传动中的液压油或乳化液，它经过液压泵实现能量转换。

2. 液压传动系统的符号

图 0-2 所示的液压系统是一种半结构式的工作原理图，它有直观性强、容易理解的优点，当液压系统发生故障时，根据原理图检查十分方便，但图形比较复杂，绘制比较麻烦。我国已经制定了一种用规定的图形符号来表示液压原理图中的各元件和连接管路的国家标准，即"液压系统图图形符号（GB/T 786—2009）"。我国制定的液压系统图图形符号（GB/T 786—2009）中，对于这些图形符号有以下几条基本规定。

（1）符号只表示元件的职能，连接系统的通路，不表示元件的具体结构和参数，也不表示元件在机器中的实际安装位置。

（2）元件符号内的油液流动方向用箭头表示，线段两端都有箭头的，表示流动方向可逆。

（3）符号均以元件的静止状态或零位状态表示，当系统的动作另有说明时，可作例外。图 0-3 所示为图 0-2 用图形符号绘制的工作原理图。使用这些图形符号可使液压系统图简单明了，且便于绘图。

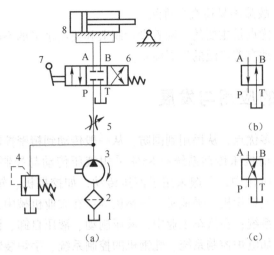

图 0-3 液压传动系统工作原理图（用图形符号表达）
1—油箱；2—滤油器；3—液压泵；4—溢流阀；5—节流阀；6—换向阀；7—手柄；8—液压缸

0.3 液压传动的特点

1. 液压传动的优点

液压传动之所以能得到广泛的应用，是因为它具有以下几个主要优点。

(1) 可在大范围内实现无级调速。借助阀或变量泵、变量马达，可以实现无级调速，调速范围可达 1:2000，并可在液压装置运行的过程中进行调速。

(2) 液压传动装置的重量轻、结构紧凑、惯性小。例如，相同功率液压马达的体积为电动机的 10%~20%。目前液压泵和液压马达单位功率的质量是发电机和电动机的 1/10，液压泵和液压马达可小至 0.0025N/W（牛/瓦），发电机和电动机则约为 0.03N/W。

(3) 传递运动均匀平稳，负载变化时速度较稳定。正因为此特点，金属切削机床中的磨床传动现在大多都采用液压传动。

(4) 液压传动容易实现自动化、易于实现过载保护——借助于设置溢流阀等。

(5) 同时液压件能自行润滑，因此使用寿命长。

(6) 液压元件已实现了标准化、系列化和通用化，便于设计、制造和推广使用。

2. 液压传动的缺点

(1) 液压系统中的漏油等因素影响运动的平稳性和正确性，使得液压传动不能保证严格的传动比。

(2) 液压传动对油温的变化比较敏感，温度变化时，液体黏性变化，引起运动特性的变化，使得工作的稳定性受到影响，所以它不宜在温度变化很大的环境条件下工作。

(3) 为了减少泄漏，以及为了满足某些性能上的要求，液压元件的配合件制造精度要求较高，加工工艺较复杂。

(4) 液压传动要求有单独的能源，不像电源那样使用方便。

(5) 液压系统发生故障不易检查和排除。

总之，液压传动的优点是主要的，随着设计制造和使用水平的不断提高，有些缺点正在逐步加以克服。液压传动有着广泛的发展前景。

0.4 液压技术的应用与发展

由于液压技术有很多优点，从民用到国防，从一般传动到精密控制，都得到了广泛的应用。在机械工业中，目前机床传动系统有85%采用液压传动与控制，如磨、铣、刨、拉、及组合车床等；在工程机械中，普遍采用了液压传动，如挖掘机、轮胎装载机、汽车启动机、履带推土机、自行式铲运机、平地机、压路机等；在农业机械中，目前已用于联合收割机、拖拉机、工具悬挂系统；在汽车工业中，液压制动、液压自卸、消防云梯等都得到广泛应用；在冶金工业中，如电炉控制系统、轧钢机的控制系统、手炉装料、转炉控制，高炉控制等；在轻纺工业中，诸如注塑机、橡胶硫化机、造纸机、印刷机、纺织机械等；在船舶工业中，如全液压挖泥船、打捞船、采油平台、翼船、气垫船及船舶辅机等。在国防工业中，陆、海、空三军的很多武器装备都采用了液压传动与控制，如飞机、坦克、火炮、导弹和火箭等；总之，一切工程领域，凡是有机械设备的场合，均可采用液压技术，使用领域和设备越来越宽、越来越多。

液压传动和控制技术的发展前景：随着应用电子技术、计算机技术、信息技术、自动控制技术及新工艺、新材料的发展和应用，液压传动向自动化、高精度、高效率、高速化、高功率、小型化、轻量化方向发展，是不断提高它与电传动、机械传动竞争能力的关键。可以预见，液压传动技术将在现代化生产中发挥越来越重要的作用。

思考和练习题

1. 什么是液压传动？它具有哪些特点？
2. 液压传动系统由哪几部分组成？各组成部分的作用是什么？
3. 液压传动的优点和缺点是什么？

实训1 液压实验台观摩

一、实训目的

1. 建立对液压系统的感性认识。
2. 从外形上认识液压元件，能说出液压元件的名称。
3. 掌握液压系统的工作原理及组成，了解液压系统中能量的转换关系。
4. 初步建立液压系统压力和流量的概念。
5. 建立液压基本回路的概念。

二、工具器材

1. 实物：液压千斤顶实物或模型若干、可拆式多回路液压系统教学实验台、刻度尺、秒表等。
2. 工具：内六角扳手1套、耐油橡胶板1块、油盆1个、钳工常用工具1套。

三、注意事项

在进行实训前应熟悉以下要点并在拆卸过程中遵照执行。

1. 实训过程中要严格按照教师的要求进行,不能擅自动用设备,以免发生安全事故。
2. 正确地安装和固定元件,管路连接要牢固,避免软管脱落引发事故。
3. 不得使用超过限制的工作压力。
4. 按照要求连接回路,检查无误后启动电动机。
5. 实训进行过程中,在有压力的情况下,不准拆卸管子。

四、实训内容

1. 认识实验台的组成,并画出各个组成元件的图形符号。
2. 抄画实验台系统原理图。
3. 压力的建立与调压:在调压回路上,先将压力调为零,然后慢慢地调高压力,通过压力表显示压力的变化值。
4. 液压缸运动方向的控制。
5. 通过电磁阀进行液压缸运动方向的控制。

项目1 液压传动基础

【本项目重点】
1. 液压油的物理性质。
2. 液体动力学基础知识。
3. 液体流经管路的压力损失。

【本项目难点】
1. 液体黏性的概念。
2. 伯努利方程的物理意义及其应用。

任务1 液压油

液压油是液压传动系统中用来传递能量的液体工作介质。除了传递能量外，还起着润滑、冷却、保护（防锈）、密封、清洁及减震等作用。液压系统是否能够可靠有效地工作，在一定程度上取决于液压油的性能。特别是在液压元件已经定型的情况下，液压油的性能与正确选用则成为首要问题。

1.1.1 液压油的主要物理性质

1. 密度

单位体积内液体的质量称为密度，是液压油的一个重要的物理参数，通常用 ρ 表示，计算公式为

$$\rho = \frac{m}{V} \tag{1-1}$$

式中　m——液体的质量（kg）；
　　　V——流体的体积（m³）。

液压油的密度随着压力的增加而加大，随温度的升高而减小，但变化幅度都较小。在常用的压力和温度范围内可近似认为其值不变。一般液压油的密度为 900kg/cm³。

2. 可压缩性

液体受压力作用而发生体积减小的性质称为液体的可压缩性。通常用体积压缩系数 β 来表示，其定义为单位压力变化所引起的液体体积的相对变化量。其表达式为

$$\beta = -\frac{1}{\Delta p}\frac{\Delta V}{V} \tag{1-2}$$

式中　Δp——液压油所受压力的变化量（Pa）；
　　　ΔV——压力变化时液压油的体积变化量（m³）；

V——液压油的初始体积（m³）。

液体体积压缩系数 β 的倒数称为液体的体积弹性模量，用 K 来表示，即

$$K = \frac{1}{\beta} = -\frac{\Delta p}{\Delta V}V \qquad (1-3)$$

K 表示液体产生单位体积变化量所需要的压力增量。在实际应用中，常用体积弹性模量表示液体抵抗压缩的能力。

常温下，纯净液压油的体积弹性模量 $K = (1.4 \sim 2) \times 10^9 \text{Pa}$，数值很大，故一般可以认为液压油是不可压缩的。但在高压下或对系统进行动态分析时就必须考虑液体的压缩性。

由于空气的可压缩性很大，因此当液压油中混有游离气泡时，K 值将大大减小，且起始压力的影响明显增大。但是混在液体内的游离气泡是不可能完全避免的，因此，一般建议石油基液压油的 K 值取为 $(0.7 \sim 1.4) \times 10^9 \text{Pa}$，且应采取措施尽量减少液压油中游离空气含量。

3. 黏性

液体在外力作用下流动（或有流动趋势）时，分子间的内聚力会阻碍分子间的相对运动而产生内摩擦力，这一特性称为液体的黏性。黏性是液体的重要物理性质，液体只有在流动（或有流动趋势）时才会呈现出黏性，静止液体是不呈现出黏性的。

黏性使流动液体内部各处的速度不相等，以图 1-1 为例。若两平行平板间充满液体，下平板不动，而上平板以速度 u_0 向右平动，由于液体的黏性，紧靠下平板和上平板的液体层速度分别为 0 和 u_0，而中间各液层的速度则视该层距下平板的距离按曲线规律或线性规律变化。

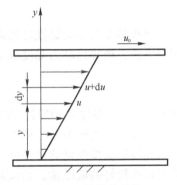

图 1-1 液体的黏性

实验测定指出，液体流动时相邻液层间的内摩擦力 F 与液层接触面积 A、液层间的速度梯度 du/dy 成正比，即

$$F = \mu A \frac{du}{dy} \qquad (1-4)$$

式中 μ——比例系数，称为液体的动力黏度。

若以 τ 表示内摩擦切应力，即液层间在单位面积上的内摩擦力，则式（1-4）可改写为

$$\tau = \frac{F}{A} = \mu \frac{du}{dy} \qquad (1-5)$$

这就是牛顿液体内摩擦定律。

由式（1-4）可知，在静止液体中，因速度梯度 $du/dy = 0$，内摩擦力 F 为零，所以液体在静止状态下是不具有黏性的。

表示液体黏性大小的物理量称为黏度。黏度是选择液压油的重要依据，黏度大小直接影响液压系统的正常工作、工作效率和灵敏度。

常用的黏度有 3 种：动力黏度、运动黏度和相对黏度。

（1）动力黏度。动力黏度是用液体流动时所产生的内摩擦力大小来表示的黏度，其计算公式为

$$\mu = \frac{F}{A \frac{du}{dy}} = \frac{\tau}{\frac{du}{dy}} \qquad (1-6)$$

动力黏度的物理意义是：液体在单位速度梯度下流动时，接触液层间单位面积上的内摩擦力，单位为 $N·s/m^2$ 或 $Pa·s$。

（2）运动黏度。在相同温度下，液体的动力黏度 μ 和密度 ρ 的比值，称为运动黏度，以 v 表示。

$$v = \frac{\mu}{\rho} \tag{1-7}$$

在工程上，v 的法定计量单位是 m^2/s。

运动黏度无实际物理意义，因为在其单位里只有长度和时间的量纲，类似于运动学的物理量，故称其为运动黏度。工程上，常用运动黏度表示油的牌号。其牌号是用它在某一温度下的运动黏度平均值来表示，如 N32 号液压油，就是指这种油在40℃时的运动黏度平均值为 $32mm^2/s$。

（3）相对黏度。相对黏度又称为条件黏度。由于测量仪器和条件的不同，各国相对黏度的含义也不同，如中国、德国、俄罗斯采用恩氏黏度，美国采用赛氏黏度，英国采用雷氏黏度。

恩氏黏度的测定方法是：将被测的油放在一个特制的容器里（恩氏黏度计），加热至 t℃后，由容器底部一个 $\phi 2.8mm$ 的孔流出，测量出 $200cm^3$ 体积的油液流尽所需时间 $t_{油}$，与流出同样体积的20℃的蒸馏水所需时间 $t_{水}$ 相比，其比值就是该油在温度 t℃时的恩氏黏度，用符号 $°E_t$ 表示。

$$°E_t = \frac{t_{油}}{t_{水}} \tag{1-8}$$

恩氏黏度与运动黏度之间换算。工程中常采用先测出液体的恩氏黏度，再根据关系式或用查表法，换算出动力黏度或运动黏度。经验公式为

$$v_t = \left(7.31°E_t - \frac{6.31}{°E_t}\right) \times 10^{-6} \tag{1-9}$$

式中　v_t——温度为 t℃时，油液的运动黏度（m^2/s）。

黏度和温度的关系。液压油的黏度对温度的变化极为敏感，温度升高，油的黏度降低。油的黏度随温度变化的性质称为液压油的黏温特性。不同种类的液压油有不同的黏温特性。黏温特性较好的液压油，黏度随温度的变化较小，因而油温变化对液压系统性能的影响较小。液压油黏度和温度的关系可用图1-2所示的黏温特性图来查找。

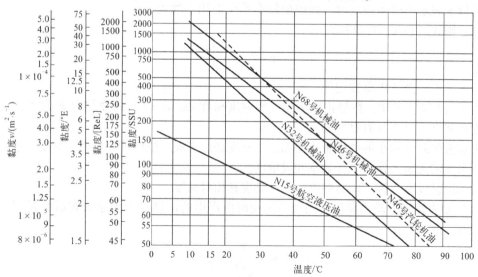

图1-2　油液的黏温特性

黏度和压力的关系。液体所受的压力增大时，其分子间的距离减小，内聚力增大，黏度也随之增大。但对于一般的液压系统，当压力在 32MPa 以下时，压力对黏度的影响不大，可以忽略不计。当压力较高或压力变化较大时，黏度的变化则不容忽视。

1.1.2 液压油的使用要求

工程中使用的液压油一般应满足以下几点要求。

(1) 适宜的黏度和良好的黏温性能，一般液压系统所用的液压油的黏度范围为
$$\nu = 11.5 \times 10^6 \sim 35.3 \times 10^{-6} \mathrm{m^2/s}\ (40℃)$$
(2) 润滑性能好。
(3) 质地纯净，杂质含量少。
(4) 具有良好的防蚀性、防锈性和相容性。
(5) 稳定性要好，即对热、氧化、水解和剪切有良好的稳定性，使用寿命长。
(6) 抗泡沫性和抗乳化性好。
(7) 闪点（或燃点）高，凝点低。
(8) 对人体无害，成本低。

1.1.3 液压油的类型

液压油的品种主要分为石油型、乳化型和合成型三大类。主要品种及其特性和用途如表 1-1 所示。

表 1-1 液压油的主要品种及其特性和用途

类型	名称	代号	特性和用途
石油型	普通液压油	L-HL	精制矿物油加添加剂，提高抗氧化和防锈性能，适用于室内一般设备的中低压系统
	抗磨液压油	L-HM	普通液压油加添加剂，改善抗磨性能，适用于工程机械、车辆液压系统
	低温液压油	L-HV	抗磨液压油加添加剂，改善黏温特性，可用于环境温度在 -40℃ ~ -20℃ 的高压系统
	高黏度指数液压油	L-HR	普通液压油加添加剂，改善黏温特性，VI 值达 175 以上，适用于对黏温特性有特殊要求的低温系统，如数控机床液压系统以及有青铜或银部件的液压系统
	液压导轨油	L-HG	抗磨液压油加添加剂，改善黏滑特性，适用于机床中液压和导轨润滑合用的系统
	全损耗系统用油	L-HH	浅度精制矿物油，抗氧化、抗泡沫性能较差，主要用于机械润滑，可以作为液压代用油，一般用于要求不高的低压系统
	汽轮机油	L-TSA	深度精制矿物油加添加剂，改善抗氧化、抗泡沫等性能，为汽轮机专用油，可以作为液压代用油，适用于一般的液压系统
乳化型	水包油乳化液	L-HFA	高水基液，特点是难燃、黏温特性好，有一定的防锈能力、润滑性能差，易泄漏。适用于对抗燃有要求，油液用量大且泄漏严重的系统
	油包水乳化液	L-HFB	既具有矿物型液压油的抗磨、防锈性能，又具有抗燃性，适用于有抗燃要求的中压系统
合成型	水-乙二醇液	L-HFC	难燃、黏温特性和抗蚀性能好，能在 -20 ~ 50℃ 下使用，适用于有抗燃要求的中低压系统
	磷酸酯液	L-HFDR	难燃、润滑、抗磨性能和抗氧化性能良好，能在 -20 ~ 100℃ 下使用，缺点是有毒。适用于有抗燃要求的高压精密液压系统

1.1.4 液压油的选用

正确选择液压油对提高液压系统的工作性能及工作可靠性、延长系统及组件的使用寿命都有十分重要的意义。液压油的选择包括液压油品种及黏度的确定。

在选择液压油种类时，应首先考虑液压系统的工作环境及工作抗燃、抗凝要求，系统是否在润滑性、极压抗磨性、黏温性等方面有要求。

选用液压油时除考虑液压油的品种外，其黏度的正确选择（即确定液压油的牌号）也是十分重要的。在选择黏度时应注意液压系统在以下几方面的情况。

（1）工作压力。当液压系统的工作压力较高时，宜选用黏度较高的液压油，以减少泄漏；反之，则宜选用黏度较低的液压油。

（2）运动速度。当工作部件进行往复运动或旋转运动的运动速度较高时，为减少液流的摩擦损失，宜选用黏度较低的液压油；反之，宜选用黏度较高的液压油，以减少泄漏。

（3）环境温度。当液压系统的环境温度较高时，根据黏温特性宜选用黏度较高的液压油；反之，则宜选用黏度较低的液压油。

在液压系统的所有元件中，以液压泵对液压油的性能最为敏感。因为泵内零件的运动速度最高、工作压力也最高，且承压时间长，温升高。因此，常将系统中液压泵对液压油的要求作为选择液压油的重要依据。各类液压泵适用的液压油及其黏度范围如表1-2所示。

表1-2 各类液压泵适用的液压油黏度范围

液压泵的类型		油液的动黏度 v（mm^2/s，40℃）		适用液压油品种及黏度等级
		液压系统温度 5～40℃	液压系统温度 40～80℃	
叶片泵	<7MPa	30～49	43～77	HM油，32、46、68
	>7MPa	54～70	65～95	HM油，46、68、100
齿轮泵		30～70	110～154	HL油（中、高压时用HM油），32、46、68、100、150
径向柱塞泵		30～50	110～200	HL油（高压时用HM油），32、46、68、100、150
轴向柱塞泵		30～70	110～220	
螺杆泵		30～50	40～80	HL油，32、46、68

任务2 液体静力学基础

液体静力学主要是讨论液体静止时的平衡规律以及这些规律的应用。所谓"液体静止"是指液体内部质点间没有相对运动，不呈现黏性，至于盛装液体的容器，不论它是静止的还是匀速、匀加速运动都没有关系。

1.2.1 液体静压力及其特性

作用在液体上的力有两种类型：一种是质量力，另一种是表面力。前者作用在液体所有质点上，它的大小与质量成正比，属于这种力的有重力、惯性力等。后者作用于所研究液体的表面上,如法向力、切向力。表面力可以是其他物体(如活塞、大气层)作用在液体上的力,也可以是一部分液体作用在另一部分液体上的力。对于液体整体来说,其他物体作用在液体上的力属于外力,而液体间作用力属于内力。

应该指出,静止液体不能抵抗拉力或切向力,即使是微小的拉力或切向力都会使液体发生流动。因为静止液体不存在质点间的相对运动,也就不存在拉力或切向力,所以静止液体只能承受压缩力。

静压力是指静止液体单位面积上所受的法向力,它在物理学中称为压强,在液压传动中称为压力,用 p 表示

$$p = \lim_{\Delta A \to 0} \frac{\Delta F}{\Delta A} \tag{1-10}$$

式中 ΔA——液体内某点处的微小面积;

ΔF——液体内某点处的微小面积上所受的法向力。

如法向力 F 均匀地作用在面积 A 上,则压力可表示为

$$p = \frac{F}{A} \tag{1-11}$$

压力的法定单位为 Pa(帕斯卡)或 N/m²(牛/平方米)。由于 Pa 的单位太小,工程上使用不便,因而常用 kPa(千帕)和 MPa(兆帕)作为压力单位。

$$1\text{MPa} = 10^3 \text{kPa} = 10^6 \text{Pa}$$

在液压技术中,以前采用的压力单位有巴(bar)和千克力每平方厘米(kgf/cm²),必须全部换算成 MPa,其关系式为

$$1\text{bar} = 1.02\text{kgf/cm}^2 = 10^2 \text{kPa} = 0.1\text{MPa}$$

液体的静压力具有以下两个重要特性。

(1) 液体的压力沿着内法线方向作用于承压面。

(2) 静止液体内任一点的压力在各个方向上都相等。

因此,静止液体总是处于受压状态,并且其内部的任何质点都是受平衡压力作用的。

1.2.2 液体静力学基本方程

如图 1-3 所示,密度为 ρ 的液体在容器内处于静止状态,作用在液面上的压力为 p_0,若要计算任意深度处的液体压力 p,可以假想从液面往下切取一个高度为 h、底面积为 ΔA 垂直小液柱作为研究对象。这个液柱在重力及周围液体的压力作用下,处于平衡状态,即

$$p\Delta A = p_0 \Delta A + \rho g h \Delta A \tag{1-12}$$

因此得

$$p = p_0 + \rho g h \tag{1-13}$$

式(1-13)为液体静力学基本方程。由此式可知以下几点。

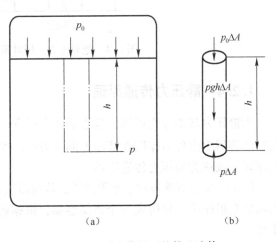

图 1-3 重力作用下的静止液体

(1) 静止液体中任一点处的静压力是作用在液面上的压力 p_0 和液体重力所产生的压力 $\rho g h$ 之和，当液面与大气接触时，p_0 为大气压力 p_a，故
$$p = p_a + \rho g h$$
(2) 液体静压力随液深呈线性规律分布。
(3) 离液面深度相同的各点组成的面称为等压面，等压面为一水平面。

由此可见，液体在受外界压力作用的情况下，由液体自重所形成的那部分压力 $\rho g h$ 相对于外力引起的压力要小得多，在液压系统中常可忽略不计，因而近似认为整个液压系统内部各点的压力相等。以后在液压系统中，可以认为静止液体内各处的压力相等。

1.2.3 压力的表示方法

压力有绝对压力、相对压力两种表示方法。

以绝对真空作为基准所表示的压力，称为绝对压力；以大气压力作为基准所表示的压力，称为相对压力。由于大多数测压仪表所测得的压力都是相对压力，因此相对压力也称为表压力。绝对压力与相对压力的关系如下：

$$绝对压力 = 大气压力 + 相对压力$$

当绝对压力低于大气压力时，习惯上称为真空。因此真空度的定义为：某点的绝对压力比大气压力小的那部分数值，称为该点的真空度，又称为负压，即

$$真空度 = 大气压力 - 绝对压力$$

绝对压力、相对压力与真空度之间的关系如图 1-4 所示。

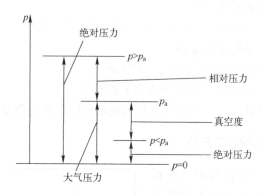

图 1-4 绝对压力、相对压力与真空度之间的关系

1.2.4 静压力传递原理

由静压力基本方程可知，静止液体中任意一点的压力都包含了液面压力 p_0，也就是说，在密闭容器中由外力作用在液面上的压力可以等值地传递到液体内部的所有点，这就是帕斯卡原理，或称为静压力传递原理。

图 1-5 中竖直液压缸、水平液压缸截面面积分别为 A_1、A_2，活塞上的负载分别为 F_1、F_2。因两缸互相连通，故构成一个密闭容器，根据帕斯卡原理，缸内压力处处相等，则 $p_1 \approx p_2$，于是

$$F_2 = \frac{A_2}{A_1} F_1 \tag{1-14}$$

如果竖直液压缸的活塞上没有负载，则当略去活塞重量及其他阻力时，不论怎样推动水平液压缸的活塞，也不能在液体中形成压力，可见液压系统中的压力是由外界负载决定的。负载大，压力大；负载小，压力小。

【例1-1】 图1-6所示为相互连通的两个液压缸，已知大缸内径 $D=100\text{mm}$，小缸内径 $d=20\text{mm}$，大活塞上放一重物 $G=20000\text{N}$。问在小活塞上应加多大的力 F 才能使大活塞顶起重物？

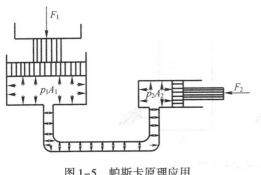 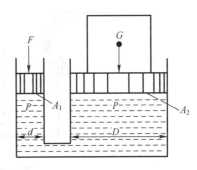

图1-5 帕斯卡原理应用　　　　图1-6 帕斯卡原理应用实例

解： 根据帕斯卡原理，由外力产生的液体压力在两缸中相等，即

$$p = \frac{F}{A_1} = \frac{G}{A_2}$$

则

$$\frac{4F}{\pi d^2} = \frac{4G}{\pi D^2}$$

故顶起重物时在小活塞上应加的力为

$$F = \frac{d^2}{D^2} G = \frac{(20\text{mm})^2}{(100\text{mm})^2} \times 20000\text{N} = 800\text{N}$$

由上例可知，液压装置具有力的放大作用。液压千斤顶和液压压力机均运用了此原理。

任务3　液体动力学基础

液压传动过程中液压油总是在不断地流动着，因此研究液体运动和引起运动的原因，即研究液体流动时流速和压力的变化规律，是液体动力学的主要内容。本任务主要介绍流动液体的3个基本方程：连续性方程、伯努利方程、动量方程。这些内容既构成了液体动力学基础，又是液压技术中分析问题和设计计算的理论依据。

1.3.1　基本概念

1. 理想液体和恒定流动

由于实际液体具有黏性和可压缩性，液体在外力作用下流动时有内摩擦力，压力变化又会使液体体积发生变化，增加分析和计算的难度。为简化问题，在讨论时先假设液体没有黏性、且不可压缩，然后再根据实验结果，对这种液体的基本方程加以修正和补充，使之比较符合实际情况。这种既无黏性又不可压缩的假想液体称为理想液体，而事实上既有黏性又可压缩的液体称为实际液体。

液体流动时，如果液体中任一点处的压力、速度和密度均不随时间变化而变化，则这种液体流动称为恒定流动，如图1-7（a）所示；反之，若液体中任一点处的压力、速度和密度中只要有一项随时间变化而变化，则这种液体流动称为非恒定流动，如图1-7（b）所示。恒定流动与时间无关，研究比较方便。

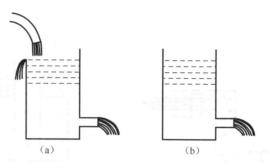

图1-7 恒定流动和非恒定流动

2. 通流截面、流量和平均流速

液体在管道中流动时，其垂直于流动方向的截面称为通流截面（或称为过流断面）。

单位时间内流过某一通流截面的液体体积称为体积流量。该流量以 q 表示，单位为 m^3/s 或 L/min。

$$1 m^3/s = 6 \times 10^4 L/min$$

假设液流通过微小的过流断面 dA 时，液体的流速为 u，如图1-8（a）所示，流过 dA 的微小流量 $dq = udA$，则流过整个过流断面 A 的流量为

$$q = \int_A u dA \tag{1-15}$$

液体在管中流动时，因液体具有黏性，故液体与管壁间、液体分子间存在摩擦力，而各处摩擦力都不相等，使得液体在过流断面上各点的速度不相等，其分布规律大致呈抛物线形，如图1-8（b）所示。中心线处流速最高，而边缘处流速为零。为了计算和分析方便，可以假想液体流过过流断面的流速分布是均匀的，其流速称为平均流速，用 v 表示，单位为 m/s。

$$v = \frac{q}{A} \tag{1-16}$$

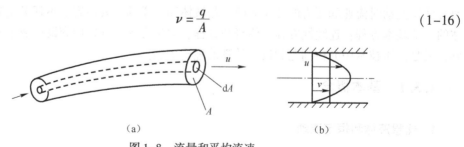

图1-8 流量和平均流速

在工程实际中，平均流速才具有应用价值。液压缸工作时，活塞运动的速度就等于缸内液体的平均流速，因而可以建立起活塞运动速度与液压缸有效面积和流量之间的关系，当液压缸有效面积一定时，活塞运动速度决定于输入液压缸的流量。

1.3.2 连续性方程

连续性方程是质量守恒定律在流体力学中的一种表达形式。假如液体在具有不同横截面的任意形状管道中做恒定流动，如图1-9所示，任取过流断面1、2，其面积分别为A_1和A_2，在这两个截面处的液体密度分别为ρ_1和ρ_2，平均流速分别为v_1和v_2，两截面间液体的体积不变。根据质量守恒定律，单位时间内流过这两个截面的液体质量相等，即

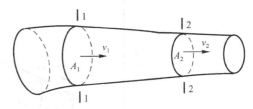

图1-9 液流的连续性原理

$$\rho_1 v_1 A_1 = \rho_2 v_2 A_2 \tag{1-17}$$

对于不可压缩的液体，$\rho_1 = \rho_2$，则有

$$v_1 A_1 = v_2 A_2 \tag{1-18}$$

即

$$q_1 = q_2 = 常数 \tag{1-19}$$

上式表明液体在管道中流动时，流过各个断面的流量是相等的（即流量是连续的），因而流速和过流断面面积成反比，管粗流速低，管细流速高。

1.3.3 伯努利方程

1. 理想液体伯努利方程

伯努利方程是能量守恒定律在流体力学中的一种表达形式。如图1-10所示，假设理想液体在管道内做恒定流动。任取截面1-1和截面2-2中的一段液流作为研究对象，截面1-1面积为A_1，流速为v_1，压力为p_1，相对基准位置高度为h_1；截面2-2面积为A_2，流速为v_2，压力为p_2，相对基准位置高度为h_2。

由理论推导可得到理想液体的伯努利方程为

$$\frac{p_1}{\rho g} + h_1 + \frac{v_1^2}{2g} = \frac{p_2}{\rho g} + h_2 + \frac{v_2^2}{2g} = 常数 \tag{1-20}$$

还可写成

$$p_1 + \rho g h_1 + \frac{1}{2}\rho v_1^2 = p_2 + \rho g h_2 + \frac{1}{2}\rho v_2^2 \tag{1-21}$$

式中 p——单位质量液体的压力能；

$\rho g h$——单位质量液体的位能；

$\frac{1}{2}\rho v^2$——单位质量液体的动能。

式（1-21）称为单位质量理想液体的伯努利方程。其物理意义是：在密闭管道内做恒

定流动的理想液体具有 3 种形式的能量（压力能、位能、动能），在流动过程中，3 种能量可以相互转化，但每个通流截面上 3 种能量之和恒为定值。该方程反映了流动液体的位置高度、压力与流速之间的相互关系。

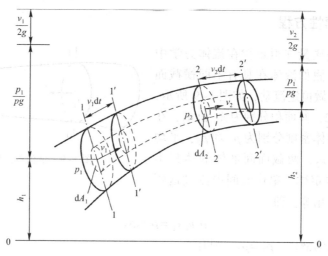

图 1-10　伯努利方程示意图

2. 实际液体的伯努利方程

实际液体是有黏性的，流动时因有内摩擦力而消耗部分能量。同时，管道局部形状和尺寸的突然变化使液流产生扰动，也会耗损能量。故实际液体流动时存在能量损失。假设在两断面间流动的液体单位质量的能量损失为 gh_ω，此外，实际流体在流动时过流断面上的流速分布是不均匀的，在计算时用平均流速代替，必然会产生误差。为了修正这一误差，引入能量修正系数 α。α 的大小与流速分布有关，流速分布越不均匀，α 的值越大。通常层流时取 2，紊流时取 1。因此，实际液体的伯努利方程为

$$\frac{p_1}{\rho g} + h_1 + \frac{\alpha_1 v_1^2}{2g} = \frac{p_2}{\rho g} + h_2 + \frac{\alpha_2 v_2^2}{2g} + h_\omega \tag{1-22}$$

或可写成

$$p_1 + \rho g h_1 + \frac{1}{2}\rho \alpha_1 v_1^2 = p_2 + \rho g h_2 + \frac{1}{2}\rho \alpha_2 v_2^2 + h_w \tag{1-23}$$

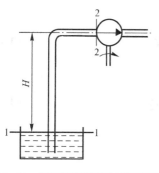

图 1-11　液压泵的吸油过程示意图

【例 1-2】如图 1-11 所示，利用伯努利方程计算液压泵吸油口处的真空度。

解：取油箱液面 1-1 和吸油口处的截面 2-2，并把油箱液面 1-1 取为水平基准面，截面 2-2 处流速为 v_2、压力为 p_2，泵的吸油高度为 H，列伯努利方程有

$$p_1 + \rho g h_1 + \frac{1}{2}\rho \alpha_1 v_1^2 = p_2 + \rho g h_2 + \frac{1}{2}\rho \alpha_2 v_2^2 + h_w$$

由于油箱液面面积通常比泵吸油口油管截面面积大得多，所以 v_1 远小于 v_2，此时，可以将 $\frac{v_1^2}{2}$ 忽略不计。$p_1 =$

p_a、$h_1=0$、$h_2=H$，代入上式整理后得液压泵吸油口处的真空度为

$$p_\mathrm{a} - p_2 = \rho \frac{\alpha_2 v_2^2}{2} + \rho g H + \rho g h_\omega$$

由上式可知，液压泵吸油口处的真空度为正值，故液压泵吸油口处的压力必然小于大气压。实际上液压泵是靠油箱液面的大气压进行吸油的，吸油口处的真空度不能太大，否则会产生气泡，形成气穴现象。因此一般采用较大吸油管径，减小管路长度以减少液体流动速度和压力损失，限制泵的安装高度，一般 H 不大于 0.5m。

1.3.4 动量方程

动量方程是动量定理在流体力学中的具体应用，用来分析计算液流在固体壁面上作用力的大小的。动量定理指出，作用在物体上的外力等于物体在单位时间内的动量变化量，即

$$\sum F = \frac{m(v_2 - v_1)}{\Delta t} \tag{1-24}$$

对于不可压缩的恒定流动液体，质量 $m = \rho q \Delta t$，代入式（1-24），并考虑以平均流速代替实际流速产生的误差，引入动量修正系数 β，则可写出稳定流动液体的动量方程

$$\sum F = \rho q (\beta_2 v_2 - \beta_1 v_1) \tag{1-25}$$

式中　$\sum F$——作用在液体上所有外力的矢量和（N）；

v_1、v_2——液流在前、后两个过流断面上的平均流速矢量（m/s）；

β_1、β_2——动量修正系数，紊流时 $\beta = 1$，层流时 $\beta = 1.33$；

ρ——液体的密度（kg/m³）；

q——液体的流量（m³/s）。

应用时应注意液体对固体壁面的作用力与矢量 $\sum F$ 的大小相同，方向相反。在使用时可以根据问题的具体要求，向待定方向投影，列出该方向上的动量方程，从而求出作用力在该方向上的分量。

任务 4　液体压力损失

液体在管路中流动，由于实际液体具有黏性以及流体在流动时的相互撞击和漩涡等原因，必然会有阻力产生，为了克服这些阻力就要消耗能量。压力损失是液压系统的能量损失的主要形式。压力损失分为两类：沿程压力损失和局部压力损失。

1.4.1 流态和雷诺数

液体的流动有两种状态：层流和紊流，其物理现象可以通过雷诺实验观察出来。

19 世纪末，雷诺（Reynolds）首先通过实验观察了水在圆管内的流动情况。实验装置如图 1-12 所示，水箱 4 由进水管不断供水，多余的液体从隔板 1 上端溢走，而保持水位恒定。水箱下部装有玻璃管 6，出口处用开关 7 控制管内液体的流速。水杯 2 内盛有红颜色的水，将开关 3 打开后红色水经细导管 5 流入水平玻璃 6 中。打开开关 7，开始时液体流速较

小，红色水在玻璃管6中呈一条明显的直线，与玻璃管6中清水流互不混杂。这说明管中水是分层流动的，层和层之间互不干扰，液体的这种流动状态称为层流。当逐步开大开关7，使管6中的流速逐渐增大到一定流速时，可以看到红线开始呈波纹状，此时为过渡阶段。开关7再开大时，流速进一步加大，红色水流和清水完全混合，红线便完全消失，这种流动状态称为紊流。在紊流状态下，若将开关7逐步关小，当流速减小至一定值时，红线又出现，水流又重新恢复为层流。

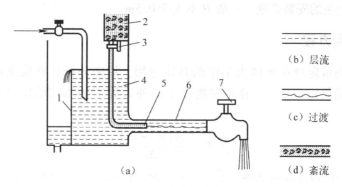

图1-12 雷诺实验装置
1—隔板；2—水杯；3、7—开关；4—水箱；5—细导管；6—玻璃管

层流时，液体流速较低，质点受黏性制约，不能随意运动，黏性力起主导作用；但在紊流时，因液体流速较高，黏性的制约作用减弱，而惯性力起主导作用。

实验表明，液体在圆管中的流动状态不仅与管内的平均流速 v 有关，还和管径 d、液体的运动黏度 υ 有关，而以上这3个因数所组成的一个无量纲数就是雷诺数，用 Re 表示，即

$$Re = \frac{vd}{\upsilon} \tag{1-26}$$

实验指出：液流从层流变为紊流时的雷诺数大于由紊流变为层流时的雷诺数。前者称为上临界雷诺数，后者称为下临界雷诺数。工程中是以下临界雷诺数 Re_c 作为液流状态的判断判据，若 $Re < Re_c$，则液流为层流；若 $Re \geq Re_c$，则液流为紊流。各种管道的临界雷诺数可以由实验测出。常见管道的临界雷诺数如表1-3所示。

表1-3 常见管道的临界雷诺数

管道性质	临界雷诺数Re_c	管道性质	临界雷诺数Re_c
光滑金属管	2320	带沉割槽的同心环状缝隙	700
橡胶软管	1600～2000	带沉割槽的偏心环状缝隙	400
光滑的同心环状缝隙	1100	圆柱形滑阀阀口	260
光滑的偏心环状缝隙	1000	锥阀阀口	20～100

对于非圆形截面管路，液流的雷诺数可按下式计算

$$Re = \frac{4vR}{\upsilon} \tag{1-27}$$

式中，R 为流通截面的水力半径，等于液流的有效截面积 A 与其湿周长度（通流截面上与液体接触的固体壁面的周长）x 之比，即

$$R = \frac{A}{x} \qquad (1-28)$$

水力半径的大小对管道通流能力影响很大。水力半径大,表明液流与管壁接触少,通流能力大;水力半径小,表明液流与管壁接触多,通流能力小,容易堵塞。

1.4.2 沿程压力损失

液体在等径直管中流动时因内外摩擦而产生的压力损失,称为沿程压力损失。液体处于不同流动状态时沿程压力损失也有所不同。

处于层流状态的液体,其沿程压力损失主要取决于液体的流速、黏性和管路(圆管)的长度以及油管的内径等。通过理论推导,液体流经等直径的直管时管内的压力损失计算公式为

$$\Delta p_\lambda = \lambda \frac{l}{d} \frac{\rho v^2}{2} \qquad (1-29)$$

式中 Δp_λ——沿程压力损失(p_a);
v——液流的平均流速(m/s);
ρ——液体的密度(kg/m³);
l——管的长度(m);
d——管的内径(m);
λ——沿程阻力系数。

上式可适用于层流和紊流,只是 λ 取值不同。对于圆管层流,理论值 $\lambda = 64/Re$,考虑到实际圆管截面可能有变形以及靠近管壁处的液层可能冷却,阻力略有加大,实际计算时对金属管应取 $\lambda = 75/Re$,橡胶管取 $\lambda = 80/Re$;紊流时,当 $2.3 \times 10^3 < Re < 10^5$ 时,可取 $\lambda \approx 0.3164 Re^{-0.25}$。因而计算沿程压力损失时,先判断流态,取得正确的沿程阻力系数 λ 值,然后再按式(1-29)进行计算。

1.4.3 局部压力损失

液体流经管道的弯头、接头、突变截面以及阀口等,致使流速的方向和大小发生剧烈变化,形成旋涡、脱流,因而使液体质点相互撞击,造成能量损失,这种能量损失表现为局部压力损失。由于流动状况极为复杂,影响因素较多,局部压力损失的阻力系数一般要依靠实验来确定。局部压力损失 Δp_ξ 的计算公式为

$$\Delta p_\xi = \xi \frac{\rho v^2}{2} \qquad (1-30)$$

式中 ξ——局部阻力系数。一般由实验求得,具体数值可查有关手册。

在应用上式计算局部阻力损失时,液体流经突变截面的流速,一般取小截面处的流速。

液体流经各种阀类的局部压力损失常用以下经验公式计算

$$\Delta p_V = \Delta p_n \left(\frac{q}{q_n}\right)^2 \qquad (1-31)$$

式中 q_n——阀的额定流量(L/min);
Δp_n——阀在额定流量下的压力损失(从液压阀样本手册中查得);
q——通过阀的实际流量(L/min)。

实际上液体流经管道的弯头、接头、突变截面以及阀口处,产生的局部压力损失为弯头、接头、突变截面以及阀口处两端的压力差。

1.4.4 管路系统的总压力损失

整个管路系统总的压力损失应为所有沿程压力损失和所有局部压力损失之和,即

$$\sum \Delta p = \sum \Delta p_\lambda + \sum \Delta p_\xi + \Delta p_V \tag{1-32}$$

液压传动中的压力损失,绝大部分转变为热能,造成油温升高,泄漏增多,使液压传动效率降低,甚至影响系统工作性能,故应尽量减少压力损失。设计时,布置管路尽量缩短管道长度,减少管路弯曲和截面的突然变化,管内壁力求光滑,选用合理管径,采用较低流速,以提高系统效率。

任务5 液压冲击与气穴现象

在液压传动中,液压冲击与气穴现象会影响液压系统的正常工作,使系统产生振动和噪声,甚至使其破坏。因此需要了解这些现象产生的原因,并采取措施加以预防。

1.5.1 液压冲击

在液压系统中,由于某种原因引起油液的压力在瞬间急剧上升,这种现象称为液压冲击。

液压系统中产生液压冲击的原因很多,如液流速度突变(如关闭阀门)或突然改变液流方向(如换向)或液压系统中某些元件反应动作不灵敏(如溢流阀在超压时不能迅速打开产生压力超调量)等因素都将引起系统中油液压力骤然升高,产生液压冲击。

液压冲击会引起振动和噪声,导致密封装置、管路及液压元件的损失,有时还会使某些元件,如压力继电器、顺序阀产生错误动作,影响系统的正常工作。因此,必须采取有效措施来减轻或防止液压冲击。

避免产生液压冲击的基本措施是尽量避免液流速度发生急剧变化,延缓速度变化的时间,具体方法如下。

(1)缓慢开关阀门。
(2)限制管路中液流的速度。
(3)系统中设置蓄能器和安全阀。
(4)在液压元件中设置缓冲装置(如节流孔)。

1.5.2 气穴现象

在液压系统中,由于流速突然变大、供油不足等因素,压力迅速下降至低于空气分离压时,溶解于油液中的空气游离出来形成气泡,这些气泡夹杂在油液中形成气穴,这种现象称为气穴现象或空穴现象。

当液压系统中出现空穴现象时,大量的气泡破坏了液流的连续性,造成流量和压力脉

动。当气泡随液流进入高压区时又急剧破灭，引起局部液压冲击，使系统产生强烈的噪声和振动。当附着在金属表面上的气泡破灭时，它所产生的局部高温和高压作用，以及油液中逸出的气体的氧化作用，会使金属表面点蚀或出现海绵状的小洞穴。这种因空穴造成的腐蚀作用称为气蚀，会导致元件寿命的缩短。

空穴多发生在阀口和液压泵的进口处，由于阀口的通道狭窄，流速增大，压力大幅度下降，以致产生气穴。当泵的安装高度过大或油面不足，吸油管直径太小，吸油阻力大，滤油器阻塞，造成进口处真空度过大，也会产生空穴。

为减少空穴和气蚀的危害，一般采取下列措施。

（1）减少液流在阀口处的压力降，一般希望阀口前后的压力比为 $p_1:p_2<3.5$。

（2）降低吸油高度，适当加大吸油管内径，限制吸油管的流速，及时清洗吸油过滤器，对高压泵可采用辅助泵供油。

（3）吸油管路要有良好密封，防止空气进入。

（4）液压泵转速不能过高，以防止吸油不充分。

（5）管路尽量平直，避免急转弯和管路狭窄。

思考和练习题

一、简答题

1. 什么是液体的黏性？常用的黏度表示方法有哪几种？
2. 液压油有哪些主要品种？如何选用液压油？
3. 静压力有哪些特征？压力是如何传递的？
4. 什么是通流截面、平均流速及流量？各自单位是什么？
5. 管路中的压力损失有哪几种？各受哪些因素影响？
6. 液压冲击和气穴现象是怎样产生的？有何危害？如何预防？

二、计算题

1. 某液压油的运动黏度为 $20\text{mm}^2/\text{s}$ ［运动黏度的单位为 m^2/s，和以前常用单位斯 St、厘斯 cSt 之间的换算关系为：$1\text{m}^2/\text{s}=10^4\text{cm}^2/\text{s}$（St）$=10^6\text{mm}^2/\text{s}$（cSt）］，密度为 900kg/m^3，其动力黏度是多少？

2. 已知一盛有液体的容器中液面上的压力 $p_0=10^5\text{Pa}$，液体的密度 $\rho=997.0\text{kg/m}^3$，试求在液面下深度 $h=2\text{m}$ 处 A 的绝对压力和表压力。

3. 一盛水封闭容器，容器内液面压强 $p_0=80\text{kN/m}^2$。液面上有无真空存在？若有，求出真空度。

4. 液体在管道中的流速为 4m/s，管道内径为 60mm，油的黏度为 $30\times10^{-6}\text{m}^2/\text{s}$，试确定流态。如要为层流，其流速应为多大？

5. 液压装置导管全长为 25m，管径为 20mm，液流速度为 3m/s，油黏度为 $30\times10^{-6}\text{m}^2/\text{s}$，密度为 $\rho=900\text{kg/m}^3$，求压力损失等于多少？

6. 液压油在内径为 20mm 的圆管中流动，设临界雷诺数为 2000，油的运动黏度为 $3\times10^{-5}\text{m}^2/\text{s}$，试求当流量大于每分钟多少升时，油的流动则为紊流？

7. 计算 $d=12\text{mm}$ 圆管，$d=12\text{mm}$、$D=20\text{mm}$ 以及 $d=12\text{mm}$、$D=24\text{mm}$ 同心环状管道的水力半径。

8. 如图 1-13 所示，泵从油箱吸油，泵的流量为 25L/min，吸油管直径 $d=30\text{mm}$，设滤网及管道内总的压降为 0.03MPa，油液的密度 $\rho=880\text{kg/m}^3$。要保证泵的进口真空度不大于 0.0336MPa，试求泵的安装高度 h。

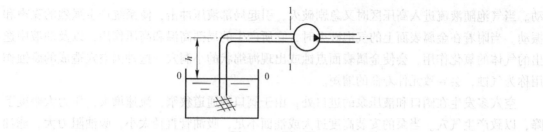

图 1-13 题 8 图

9. 30 号机械油在内径 $d=20$mm 的光滑钢管内流动,液流速度 $v=3$m/s,判断其流态。若流经管长 $L=10$m,求沿程损失 ΔP 为多少?当 $v=4$m/s 时,判断其流态,并计算其沿程损失 ΔP 为多少?

项目 2　液压动力元件

【本项目重点】

1. 容积式液压泵的工作原理、工作压力、排量和流量的概念。
2. 液压泵机械效率和容积效率的物理意义。
3. 限压式变量叶片泵的工作原理及压力流量特性曲线。
4. 液压泵常见故障及其排除方法。

【本项目难点】

1. 液压泵的功率和效率及其计算方法。
2. 齿轮泵的困油现象、原因以及消除方法。
3. 液压泵常见故障及其排除方法。

液压泵是液压系统的动力元件,是整个系统的"心脏"。液压泵在电动机带动下旋转,吸入低压油,将具有一定压力和流量的高压油输出给液压传动系统。因此,液压泵是将电动机的机械能转换为压力能的能量转换装置。通常将液压泵称为油泵。

液压泵根据结构的不同,可分为齿轮泵、叶片泵、柱塞泵等。按流量能否改变,可分为定量泵和变量泵。按输出油液方向能否改变可分为单向泵和双向泵。按额定压力的不同,可分为低压泵、中压泵、中高压泵、高压泵、超高压泵。

任务 1　液压动力元件概述

2.1.1　液压泵的工作原理

1. 液压泵的工作原理

液压系统中所用的各种液压泵,其工作原理都是依靠液压泵密封容积的变化来实现吸油和压油的,这类泵统称为容积式液压泵。

图 2-1 为一单柱塞液压泵的工作原理图。偏心轮 1 旋转时,柱塞 2 在偏心轮和弹簧的作用下在泵体 3 中左右移动。柱塞右移时,缸体中密封工作腔 V 腔的容积增大,形成局部真空,油箱中的油液在大气压力作用下,通过单向阀 6 进入泵体 V 腔,此时单向阀 5

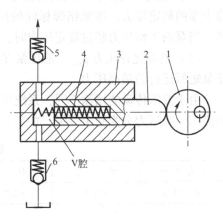

图 2-1　液压泵工作原理图
1—偏心轮；2—柱塞；3—泵体；
4—弹簧；5、6—单向阀；

关闭。柱塞左移时，密封容积 V 腔变小，油压升高，油液通过单向阀 5 压向系统。此时，单向阀 6 关闭。偏心轮不停地转动，液压泵便依靠其密封工作腔容积的不断变化，从而实现了吸入和输出油液的。液压泵排油量的多少取决于密封容积变化量及偏心轮的转速；泵的输出压力取决于外负载。

2. 液压泵的基本工作条件

通过单柱塞液压泵的工作过程分析，可以总结出其工作的基本条件，并适用于液压传动系统中的其他液压泵。

（1）具有若干个周期性变化的密封容积。

密封容积由小变大时吸油，由大变小时压油。液压泵输出油液的多少只取决于此密封容积的变化量及其变化频率。这是容积式泵的一个重要特性。

（2）具有相应的配流机构。

配流机构将吸油腔与排油腔隔开。它保证密封容积由小变大时只与吸油管连通，密封容积由大变小时只与压油管连通。上述单柱塞液压泵中的两个单向阀 5 和 6 就是起配流作用的，是配流机构的一种类型。

（3）油箱内液体的绝对压力必须等于或大于大气压力。

这是容积式液压泵能够吸入油液的必要外部条件。因此，为保证液压泵正常吸油，油箱必须与大气相通，或采用密闭的充压油箱。

2.1.2 液压泵的性能参数

液压泵的性能参数主要包括压力、排量、流量、功率和效率等。

1. 液压泵的压力

（1）工作压力 p。液压泵工作时输出油液的实际压力称为工作压力。单位为帕（Pa）。工作压力取决于负载的大小和排油管路上的压力损失，而与液压泵的流量无关。

（2）额定压力 p_n。液压泵在正常工作条件下，按试验标准规定能连续运转的最高压力称为泵的额定压力，即泵铭牌标注的压力值。泵的额定压力受泵本身的泄漏和结构强度制约。当泵的工作压力超过额定压力时，泵就会过载。

（3）最高允许压力 p_{max}。液压泵在超过额定压力的条件下，根据试验标准规定，允许液压泵短暂运行的最高压力。

由于液压传动的用途不同，系统所需的压力也不相同，为了便于液压元件的设计、生产和使用，将压力分为几个等级，如表 2-1 所示。

表 2-1 压力等级

压力等级	低 压	中 压	中 高 压	高 压	超 高 压
压力（MPa）	≤2.5	>2.5~8	>8~16	>16~32	>32

2. 液压泵的排量

在不考虑泄漏的情况下，液压泵每转一周所排出的液体的体积称为液压泵的排量。其大小由液压泵密封容积几何尺寸变化而得到，常用单位为 mL/r。

3. 液压泵的流量

（1）理论流量 q_t。在不考虑液压泵泄漏的条件下，在单位时间内所排出的液体体积称为理论流量。理论流量与压力无关。

$$q_t = Vn \tag{2-1}$$

（2）实际流量 q。液压泵在工作时实际排出的流量，它等于理论流量 q_t 减去泄漏流量 Δq，即

$$q = q_t - \Delta q \tag{2-2}$$

式中，Δq 为液压泵的泄漏量，它是理论流量与实际流量之间的差值。Δq 与泵的工作压力 p 有关。因泵内机件间的间隙很小，泄漏油液可视为层流，故 Δq 与 p 成正比，即

$$\Delta q = kp \tag{2-3}$$

式中，k 为液压泵的泄漏系数。

Δq 随 p 增大而增大，导致 q 随 p 增大而减小，它们的变化曲线如图 2-2 所示。

（3）额定流量 q_n。液压泵在正常工作条件下，按试验标准规定（如在额定压力和额定转速下）必须保证的流量，是泵正常工作时实际流量的最小值。

4. 液压泵的功率

（1）输出功率 P_o。泵输出的是液压能，表现为输出油液的压力 p 和流量 q。以图 2-3 所示的泵 – 缸系统为例，当忽略输送管路及液压缸中的能量损失时，液压泵的输出功率应等于液压缸的输入功率，又等于液压缸的输出功率，即

$$P_o = Fv = pAv = pq \tag{2-4}$$

式 (2-4) 表明，在液压传动系统中，液体所具有的功率，即液压功率等于压力和流量的乘积。

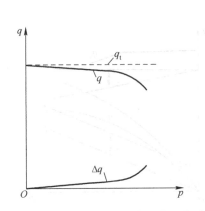

图 2-2 泵的泄漏量、流量与压力的关系

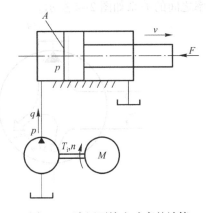

图 2-3 液压泵输出功率的计算

（2）输入功率 P_i。液压泵的输入功率为泵轴的驱动功率，其值为

$$P_i = 2\pi n T_i \tag{2-5}$$

式中，T_i 为液压泵的输入转矩；n 为泵轴的转速。

液压泵在工作中，由于有泄漏和机械摩擦造成能量损失，故其输出功率P_o小于输入功率P_i，即$P_o < P_i$。

5. 液压泵的效率

（1）容积效率η_v。液压泵实际流量与理论流量的比值称为容积效率，以η_v表示

$$\eta_v = \frac{q}{q_t} = \frac{q_t - \Delta q}{q_t} = 1 - \frac{\Delta q}{q_t} \tag{2-6}$$

（2）机械效率η_m。液压泵在工作时存在机械摩擦（相对运动零件之间的摩擦及液体黏性摩擦），因此驱动泵所需的实际输入转矩T_i必然大于理论转矩T_t。理论转矩与实际输入转矩的比值称为机械效率，以η_m表示

$$\eta_m = \frac{T_t}{T_i} \tag{2-7}$$

因为泵的理论机械功率应无损耗地全部变换为泵的理论液压功率，则有

$$P_t = pq_t = pVn = 2\pi n T_t \tag{2-8}$$

即

$$T_t = \frac{pV}{2\pi} \tag{2-9}$$

将此代入式（2-7），得

$$\eta_m = \frac{pV}{2\pi T_i} \tag{2-10}$$

（3）总效率η。泵的输出功率与输入功率的比值称为泵的总效率，以η表示。

$$\eta = \frac{P_o}{P_i} = \frac{pq}{2\pi n T_i} = \frac{q}{Vn} \cdot \frac{pV}{2\pi T_i} = \eta_v \cdot \eta_m \tag{2-11}$$

式（2-11）说明，液压泵的总效率等于容积效率和机械效率的乘积。

综上所述，泵的理论流量、实际流量、理论转矩、实际转矩、容积效率、机械效率和总效率之间的关系如图2-4所示。

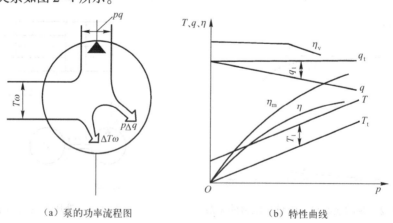

（a）泵的功率流程图　　　　　　　（b）特性曲线

图2-4 液压泵有关参数之间的关系曲线

【例2-1】液压泵的输出油压$p = 10 \text{MPa}$，转速$n = 1450 \text{r/min}$，排量$V = 46.2 \text{mL/r}$，容积

效率 $\eta_v = 0.95$，总效率 $\eta = 0.9$。求液压泵的输出功率和驱动泵的电动机功率。

解：①求液压泵的输出功率。

液压泵输出的实际流量：
$$q = q_t \eta_v = V n \eta_v = 46.2 \times 10^{-3} \times 1450 \times 0.95 = 63.64 \text{L/min}$$

液压泵的输出功率：
$$P_o = pq = \frac{10 \times 10^6 \times 63.64 \times 10^{-3}}{60} = 10.6 \times 10^3 = 10.6 \text{kW}$$

② 求驱动泵的电动机功率。

驱动泵的电动机功率即泵的输入功率：
$$P_i = \frac{P_o}{\eta} = \frac{10.6}{0.9} = 11.8 \text{kW}$$

任务 2　齿轮泵

齿轮泵是液压系统中广泛采用的液压泵。它的主要优点是结构简单，体积小，重量轻，价格便宜，自吸性能好，对油液的污染不敏感，工作可靠，寿命长，便于维护修理。其缺点是流量和压力脉动大，泄漏量大，噪声大，效率低，排量不可调。

齿轮泵按其啮合形式有外啮合和内啮合两种，其中外啮合齿轮泵应用广泛，若无特别说明，齿轮泵通常是指外啮合齿轮泵。

2.2.1　外啮合齿轮泵

1. 外啮合齿轮泵的工作原理

图 2-5 所示为外啮合齿轮泵的工作原理。在泵体内有一对齿数、模数都相同的外啮合渐开线齿轮。齿轮两侧有端盖（图中未示出）。泵体、端盖和齿轮之间形成了密封容腔，并由两个齿轮的齿面接触线将左右两腔隔开，形成了吸、压油腔。当齿轮按图示方向旋转时，左侧吸油腔内相互啮合的轮齿相继脱开，使密封容积逐渐增大，形成局部真空，油箱中的油液在大气压力作用下进入吸油腔，并随着旋转的轮齿进入右侧压油腔。右侧压油腔的轮齿则不断进入啮合，使密封容积减小，油液被挤出，通过与压油口相连的管道向系统输送压力油。

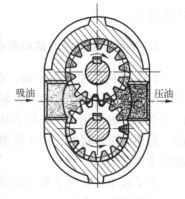

图 2-5　齿轮泵的工作原理

2. 外啮合齿轮泵的排量和流量

齿轮泵的排量可近似看做两个齿轮的齿槽容积之和。因齿槽容积略大于轮齿体积，故其排量等于一个齿轮的齿槽容积和轮齿体积的总和再乘以一个大于 1 的修正系数 k，即相当于以有效齿高（$h = 2m$）和齿宽构成的平面所扫过的环形体积，于是泵的排量为

$$V = k\pi dhb = 2\pi k z m^2 b \tag{2-12}$$

式中　　d——分度圆直径，$d = mz$；
　　　　h——有效齿高，$h = 2m$；
　　　　b——齿宽；
　　　　m——齿轮模数
　　　　k——修正系数，$k = 1.06$。
则有
$$V = 6.66zm^2 b \quad (2-13)$$
齿轮泵的实际输出流量为
$$q = 6.66zm^2 bn\eta_v \quad (2-14)$$

由式（2-14）看出，在泵的外形尺寸确定的情况下，即分度圆直径不变时，提高齿轮泵的理论流量，有以下几种方法。

（1）适当提高转速。但应注意到转速过高，有产生气穴现象的可能。

（2）加大齿轮的宽度。但应注意到此方法会增大齿轮泵的径向力，加大轴承负载，降低轴承寿命。

（3）在 $d = mz$ 为常数时，减小齿数而增大模数。当然，若齿数过少，则齿轮泵的流量脉动严重，并有可能使齿轮重叠系数 $\varepsilon < 1$，这是不允许的。

式（2-14）中的 q 是齿轮泵的平均流量。实际上，随着啮合点位置的改变，齿轮啮合过程中压油腔的容积变化率是不均匀的，因此齿轮泵的瞬时流量是脉动的。设 q_{max}、q_{min} 分别表示最大、最小瞬时流量，流量脉动率 σ 可用下式表示

$$\sigma = \frac{q_{max} - q_{min}}{q} \times 100\% \quad (2-15)$$

齿数越少，脉动率 σ 就越大，其值最高可达 20% 以上，所以齿轮泵的齿数不宜过少，一般为 $z = 10 \sim 20$。流量脉动引起压力脉动，随之产生振动与噪声，所以高精度机械不宜采用齿轮泵。

3. 外啮合齿轮泵的结构要点

（1）径向作用力不平衡。在齿轮泵中，液压油作用在齿轮外圆上的压力是不相等的，从低压腔到高压腔，压力沿齿轮旋转方向逐渐上升，如图 2-6（a）所示，因此齿轮受到径向不平衡力的作用。工作压力越高，径向不平衡力也越大。径向不平衡力过大时能使泵轴弯曲，齿顶与泵体接触，产生摩擦（扫膛现象）；同时也加速轴承的磨损，这是影响齿轮泵寿命的主要原因。

为了减小径向不平衡力的影响，常采用的最简单的办法就是缩小压油口，使压油腔的压力油仅作用在一个齿到两个齿的范围内，但这样，只能做单向泵使用。也可采用如图 2-6（b）所示的在泵端盖设径向力平衡槽的结构。

（2）困油现象。为使齿轮平稳转动，齿轮啮合重合度必须大于 1，即在一对轮齿退出啮合之前，后面一对轮齿已进入啮合，因而在两对轮齿同时啮合的阶段，两对轮齿的啮合点之间形成独立的密封容积，也就有一部分油液会被围困在这个封闭腔之内，如图 2-7 所示。这个封闭容积先随齿轮转动逐渐减小 [由图 2-7（a）到图 2-7（b）]，以后又逐渐增大 [由图 2-7（b）到图 2-7（c）]。封闭容积减小会使被困油液受挤而产生高压，并从缝隙中

流出，导致油液发热，轴承等部件也会受到附加的不平衡负载的作用；封闭容积增大又会造成局部真空，使溶于油中的气体分离出来，产生气穴，引起噪声、振动和气蚀，这就是齿轮泵的困油现象。

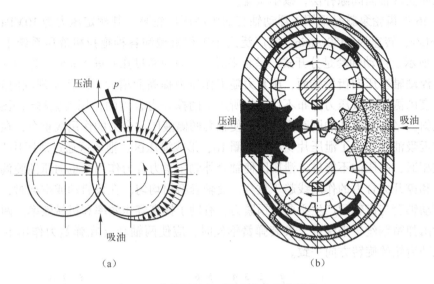

图2-6　齿轮泵径向不平衡力和平衡措施

消除困油现象的方法，通常是在齿轮的两端盖板上开卸荷槽［如图2-7（d）中的虚线所示］，使封闭容积减小时通过右边的卸荷槽与压油腔相通，封闭容积增大时通过左边的卸荷槽与吸油腔相通。在很多齿轮泵中，两槽并不对称于齿轮中心线分布，而是整个向吸油腔侧平移一段距离，实践证明，这样能取得更好的卸荷效果。

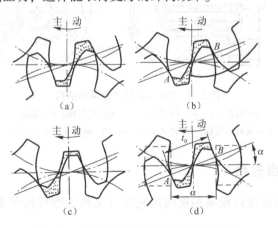

图2-7　齿轮泵的困油现象及其消除措施

（3）泄漏。外啮合齿轮泵高压腔的压力油通过3个途径泄漏到低压腔：从齿轮两侧面和两端盖间的轴向间隙、泵体内孔和齿顶圆间的径向间隙和轮齿啮合处的间隙。其中，轴向间隙泄漏的途径多，封油长度短，泄漏量约占了总泄漏量的75%～80%，而且泵的压力越高，间隙泄漏越大，因此其容积效率很低，一般齿轮泵只适用于低压场合。

在中、高压齿轮泵中，要提高工作压力，解决轴向间隙泄漏，一般采用轴向间隙自动补偿装置的办法。其工作原理是利用特制的通道把泵内压油腔的压力油引到浮动轴套外侧，作用在一定形状和大小的面积（用密封圈分隔构成）上，产生液压作用力，使轴套压向齿轮端面，从而实现轴向间隙补偿，减小泄漏。

CB-46 型齿轮泵就是采用了浮动轴套的中高压齿轮泵，其额定压力为 10MPa，排量为 32~100mL/r，转速为 1450r/min。它广泛用于工程机械和各种拖拉机液压系统上，其结构如图 2-8 所示。浮动轴套是分开式，呈 8 字形，压力油通过孔 b 进入 a 腔，作用在 8 字形面积上，使浮动轴套压向齿轮端面，压紧力随工作压力提高而增大，从而实现轴向间隙补偿。因浮动轴套内侧端面液压力分布不均，故所产生的撑开力合力的作用线偏移到压油腔一侧，使轴套倾斜，增加泄漏并加剧磨损。为了使轴套两侧液压力合力的作用线重合，在轴套和端盖之间靠近吸油腔安装了泄压片 9 和密封圈 10，形成泄压区，泄压区通过泄压片上的小孔 c 与吸油腔相通，高压油不能进入泄压区使轴套外侧压紧力合力作用线也向压油腔偏移，从而使压紧力和撑开力合力的作用线趋于重合，使轴套磨损均匀。在泵启动或空载时，密封圈的弹性使浮动轴套与齿轮间产生必要的预紧力，有助于提高容积效率和机械效率。两轴套接合面的密封由弹簧钢丝 7 来保证。安装弹簧钢丝时，应使两轴套（在弹簧力作用下）的扭转方向与从动齿轮的旋转方向一致。

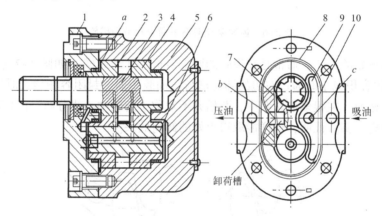

图 2-8　CB-46 型齿轮泵的结构
1—端盖；2、4—浮动轴套；3—主动齿轮轴；5—泵体；
6—从动齿轮轴；7—弹簧钢丝；8、10—密封圈；9—卸压片

2.2.2　内啮合齿轮泵

内啮合齿轮泵有渐开线齿轮泵和摆线齿轮泵（又称为摆线转子泵）两种，其工作原理如图 2-9 所示。

1. 渐开线齿形内啮合齿轮泵

渐开线内啮合齿轮泵中，小齿轮与内齿环之间有一月牙形隔板，以便把吸油腔和压油腔隔开。当小齿轮带动内齿环绕各自的中心同方向旋转时，左半部轮齿退出啮合，形成真空，进行吸油。进入齿槽的油被带到压油腔，右半部轮齿进入啮合，容积减小，从压油口排油。

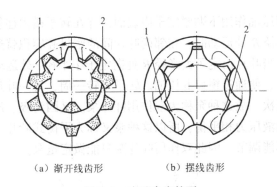

(a) 渐开线齿形　　　　(b) 摆线齿形

图 2-9　内啮合齿轮泵
1—吸油腔；2—压油腔

2. 摆线齿形内啮合齿轮泵

摆线内啮合齿轮泵又称为摆线转子泵，其主要零件是一对内啮合的齿轮（即内转子、外转子）。外转子齿数比内转子齿数多一个，不需要设置隔板。内转子带动外转子同向旋转。在工作时，所有内转子齿都进入啮合，形成几个独立的密封腔。随着内外转子的啮合旋转，各密封腔的容积发生变化，从而进行吸油和压油。

内啮合齿轮泵结构紧凑，尺寸小，重量轻，运转平稳，噪声小，效率高，使用寿命长。但与外啮合齿轮泵相比，内啮合齿轮泵齿形复杂、加工精度要求高、价格较贵。

任务 3　叶片泵

叶片泵具有流量均匀、工作平稳、噪声小、寿命较长的优点，被广泛应用于机械制造中的专用机床、组合机床、自动线等中低压液压系统中，但其结构较齿轮泵复杂，对油液污染敏感，转速也不能太高。

一般叶片泵的工作压力为7MPa，高压叶片泵的工作压力可以达到14MPa。随着结构和工艺材料的不断改进，叶片泵也逐步向中、高压方向发展，现有产品的额定压力高达28MPa。按照工作原理，叶片泵可分为单作用式和双作用式两类。双作用式与单作用式相比，其流量均匀性好，工作压力较高，应用较广。但其只能做成定量泵，而单作用叶片泵可以做成多种变量形式。

2.3.1　双作用叶片泵

1. 双作用叶片泵的工作原理

双作用叶片泵的工作原理如图 2-10 所示。该泵主要由定子4、转子3、叶片5及装在它们两侧的配流盘1组成。定子内表面形似椭圆，由两段半径为 R 的大圆弧、两段半径为 r 的小圆弧和四段过渡曲线所组成。定子和转子的中心重合。在转子上沿圆周均匀布置的若干个槽内分别安装有叶片，这些叶片可沿槽做径向滑动。在配流盘上，对应于定子四段过渡曲线的位置开有 4 个腰形配流窗口，其中两个窗口与泵的吸油口连通，为吸油窗口；另两个窗口与压油口连通，为压油窗口。当转子由轴带动按图示方向旋转时，叶片在自身离心力和由压油腔引至叶片根部的高压油作用下贴紧定子内表面，并在转子槽内往复滑动。当叶片由定子小半径 r 处向定子大半径 R 处运动时，相邻两叶片间的密封腔容积就逐渐增大，形成局部真空而经过窗口 a 吸油；当叶片由定子大半径 R 处向定子小半径 r 处运动时，相邻两叶片间的密封腔容积就逐渐减小，便通过窗口 b 压油。转子每转一周，每一叶片往复滑动两次，因而吸油、压油作用发生两次，故这种泵称为双作用叶片泵。又因为吸、压油口对称分布，作用在转子和轴承上的径向液压力相平衡，所以这种泵又称为平衡式叶片泵。由于定子和转子同心安装，无偏心距且不能调节，因此双作用叶片泵只能做定量泵。

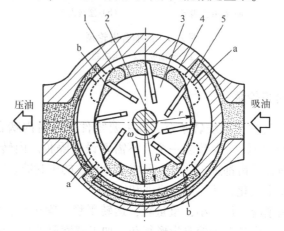

图 2-10　双作用叶片泵的工作原理
1—配流盘；2—轴；3—转子；4—定子；5—叶片

2. 双作用叶片泵的排量和流量

由图 2-10 可知，当叶片每伸缩一次时，每相邻两叶片间油液的排出量等于大半径 R 圆弧段的容积与小半径 r 圆弧段的容积之差。若叶片数为 z，则双作用叶片泵每转排油量等于上述容积差的 $2z$ 倍。当忽略叶片本身所占的体积时，双作用叶片泵的排量即为环形体容积的 2 倍，表达式为

$$V = 2\pi(R^2 - r^2)b \tag{2-16}$$

泵输出的实际流量则为

$$q = Vn\eta_v = 2\pi(R^2 - r^2)bn\eta_v \tag{2-17}$$

式中　b——叶片宽度。

如不考虑叶片对泵排量的影响，则理论上双作用叶片泵无流量脉动。实际上，叶片有一定的厚度，根部又连通压油腔，而且泵的生产过程中存在各种误差，如两圆弧的形状误差、不同心等，这些原因造成输出流量出现微小脉动。但其脉动率除螺杆泵外是最小的。通过理论分析还可知，流量脉动率在叶片数为 4 的整数倍且大于 8 时最小，故双作用叶片泵的叶片数通常取 12 或 16。

3. 双作用叶片泵的结构特点

（1）定子过渡曲线。定子内表面的曲线是由四段圆弧和四段过渡曲线所组成的。理想的过渡曲线不仅应使叶片在槽中滑动时的径向速度和加速度变化均匀，而且应使叶片转到过

渡曲线和圆弧交接点处的加速度突变不大，以减小冲击和噪声。目前双作用叶片泵一般都使用综合性能较好的等加速等减速曲线作为过渡曲线，我国自行设计的 YB 型双作用叶片泵定子的过渡曲线便是等加速曲线。为了获得更好的性能，有些泵采用了三次以上的高次曲线。

(2) 端面间隙的自动补偿。图 2-11 所示为 YB1 型中压双作用叶片泵的典型结构图。由图可见，为了减少端面泄漏，采取的间隙自动补偿措施是将右配流盘的右侧与压油腔连通，使配流盘在液压推力作用下压向定子。泵的工作压力越高，配流盘就会更加贴紧定子。同时，配流盘在液压力作用下发生弹性变形，也对转子端面的间隙进行自动补偿。端面泄漏的减小使泵的容积效率得以提高。

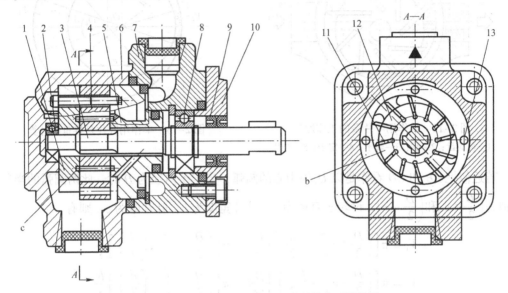

图 2-11　YB1 型中压双作用叶片泵的典型结构图
1—左配油盘；2、8—向心球轴承；3—传动轴；4—定子；5—右配油盘；
6—后泵体；7—前泵体；9—密封圈；10—端盖；11—叶片；12—转子；13—螺钉

(3) 叶片布置。叶片在工作过程中，受离心力和叶片根部压力油的作用，使叶片和定子紧密接触。叶片相对转子旋转方向向前倾斜一个角度 θ，使叶片在槽中运动灵活，并减小磨损，常取 $\theta=13°$，但此时，只能做单向泵使用。

2.3.2　单作用叶片泵

1. 单作用叶片泵的工作原理

与双作用叶片泵显著不同的是，单作用叶片泵的定子内表面是一个圆形，定子与转子间有一偏心量 e，两端的配油盘上只开有一个吸油窗口和一个压油窗口，当转子旋转一周时，每一叶片在转子槽内往复滑动一次，每相邻两叶片间的密封腔容积发生一次增大和缩小的变化，容积增大时通过吸油窗口吸油，容积缩小时则通过压油窗口将油压出，如图 2-12 所示。由于这种泵在转子每转一周的过程中，吸油、压油各一次，故称为单作用叶片泵。由于单作用叶片泵的转子所受的径向液压力不平衡，因此使单作用叶片泵工作压力的提高受到了限制。

2. 单作用叶片泵的排量和流量

如图 2-13 所示，当单作用叶片泵的转子每转一周时，每两相邻叶片间的密封容积变化量为 $V_1 - V_2$。

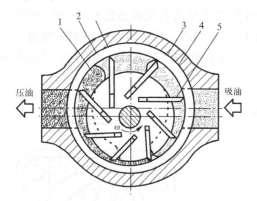
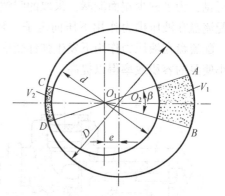

图 2-12　单作用叶片泵的工作原理　　　　图 2-13　单作用叶片泵排量的计算
1—配流盘；2—轴；3—转子；4—定子；5—叶片

若近似把 AB 和 CD 看作是以 O_1 为中心的圆弧，当定子内径为 D 时，此两圆弧的半径即分别为 $\left(\dfrac{D}{2}+e\right)$ 和 $\left(\dfrac{D}{2}-e\right)$。设转子直径为 d，叶片宽度为 b，叶片数为 z，则有

$$V_1 = \pi\left[\left(\frac{D}{2}+e\right)^2 - \left(\frac{d}{2}\right)^2\right]\frac{\beta}{2\pi}b = \pi\left[\left(\frac{D}{2}+e\right)^2 - \left(\frac{d}{2}\right)^2\right]\frac{b}{z}$$

$$V_2 = \pi\left[\left(\frac{D}{2}-e\right)^2 - \left(\frac{d}{2}\right)^2\right]\frac{\beta}{2\pi}b = \pi\left[\left(\frac{D}{2}-e\right)^2 - \left(\frac{d}{2}\right)^2\right]\frac{b}{z}$$

式中，$\beta = \dfrac{2\pi}{z}$ 为相邻叶片所夹的中心角。

因排量 $V = (V_1 - V_2)z$，故将以上两式代入，并加以整理即得泵的排量近似表达式为

$$V = 2\pi beD \tag{2-18}$$

泵的实际流量为

$$q = 2\pi beDn\eta_v \tag{2-19}$$

式（2-19）表明，只要改变偏心距 e，即可改变流量，故单作用叶片泵常做成变量泵。

单作用叶片泵的定子内表面和转子外表面都是圆柱面，由于定子和转子偏心安装，其容积变化是不均匀的，故有流量脉动。理论分析表明，叶片数为奇数时脉动率较小，故一般叶片数为 13 或 15。

3. 单作用叶片泵的结构特点

（1）定子和转子偏心安置。移动定子位置以改变偏心距 e，就可以调节泵的输出流量。偏心反向时，吸油压油方向相反。

（2）径向液压力不平衡。单作用叶片泵的转子及轴承上承受着不平衡的径向力。这限制了泵工作压力的提高，故泵的额定压力不超过 7MPa。

（3）叶片后倾。为了减小叶片与定子间的磨损，叶片底部油槽采取在压油区通压力油、

吸油区与吸油腔相通的结构形式。因而，叶片的底部和顶部所受的液压力是平衡的。这样，叶片向外运动仅靠离心力的作用。根据力学分析，叶片后倾一个角度更有利于叶片在离心力作用下向外伸出。通常后倾角为24°，但此时只能做单向泵使用。

4. 限压式变量叶片泵

单作用叶片泵的变量方法有手动调节和自动调节两种。自动调节变量泵又根据其工作特性的不同分为限压式、恒压式和恒流量式三类，其中以限压式应用较多。

限压式变量叶片泵是利用泵排油压力的反馈作用实现变量的，它有外反馈和内反馈两种形式，下面分别说明它们的工作原理和特性。

1) 外反馈式变量叶片泵的工作原理

如图2-14所示，转子2的中心O_1是固定的，定子3可以左右移动，其中心为O_2。在限压弹簧5的作用下，定子被推向左端，使定子中心O_2和转子中心O_1之间有一初始偏心量e_0。它决定了泵的最大流量q_{max}。定子左侧装有反馈液压缸6，其左腔与泵出口相通。在泵工作过程中，液压缸活塞对定子施加向右的反馈力pA（A为活塞有效作用面积）。设泵的工作压力达到p_B值时，定子所受的液压力与弹簧力相平衡，有$p_B A = kx_0$（k为弹簧刚度，x_0为弹簧的预压缩量），则p_B称为泵的限定压力。当泵的工作压力$p < p_B$时，则$pA < kx_0$，定子不动，最大偏心距e_0保持不变，泵的流量也维持最大值q_{max}，当泵的工作压力$p > p_B$时，则$pA > kx_0$，限压弹簧被压缩，定子右移，偏心距减小，泵的流量也随之迅速减小。

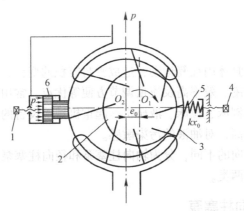

图2-14 外反馈式变量叶片泵的工作原理
1、4—调节螺钉；2—转子；3—定子；5—限压弹簧；6—反馈液压缸

2) 限压式变量叶片泵的流量压力特性

限压式变量叶片泵的流量压力特性曲线如图2-15所示。曲线表示泵工作时流量随压力变化的关系。当泵的工作压力小于p_B时，其特性相当于定量泵，用线段AB表示，线段AB和水平线的差值Δq为泄漏量。B点为特性曲线的转折点，其对应的压力p_B就是限定压力，它表示在初始偏心距e_0时，泵可达到的最大工作压力。当泵的工作压力超过p_B以后，限压弹簧被压缩，偏心距减小，流量随压力增加剧减，其变化情况用线段BC表示。C点所对应的压力p_C为极限压力（又称为截止压力），这时限压弹簧被压缩到最短，偏心距减至最小，泵的实际输出流量为零。

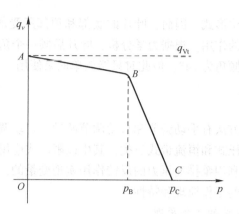

图 2-15 限压式变量叶片泵的流量压力特性曲线

如图 2-14、图 2-15 所示，泵的最大流量由螺钉 1（称为最大流量调节螺钉）调节，它可改变 A 点的位置，使 AB 线段上下平移。泵的限定压力由螺钉 4（称为限定压力调节螺钉）调节，它可改变 B 点的位置，使 BC 线段左右平移。若改变弹簧刚度 k，则可改变 BC 线段的斜率。

限压式变量叶片泵结构复杂，轮廓尺寸大，相对运动的机件多，泄漏较大，但是它能按照负载压力自动调节流量，在功率使用上较为合理，常用于执行机构需要有快、慢速的机床液压系统，有利于节能和简化油路。

任务 4 柱塞泵

柱塞泵是依靠柱塞在缸体内往复运动，造成密封容积的变化，来实现吸油和排油的。由于其具有压力高、结构紧凑、效率高及流量调节方便等优点，常用于高压大流量和流量需要调节的液压系统，如龙门刨床、拉床、液压机、起重机械等设备的液压系统。其缺点是结构复杂，加工精度高，价格高，对油液的污染敏感。

柱塞泵按柱塞排列方向的不同，分为轴向柱塞泵和径向柱塞泵。轴向柱塞泵按其结构特点又分为斜盘式和斜轴式两类。

2.4.1 斜盘式轴向柱塞泵

1. 斜盘式轴向柱塞泵的工作原理

斜盘式轴向柱塞泵的工作原理如图 2-16 所示。它主要由斜盘 1、缸体 2、柱塞 3、配流盘 4 等组成。泵传动轴中心线与缸体中心线重合，斜盘与缸体间有一倾角 γ，配流盘上有两个窗口。缸体由轴 5 带动旋转，斜盘和配流盘固定不动，在弹簧 6 的作用下，柱塞头部始终紧贴斜盘。当缸体按图示方向旋转时，由于斜盘和弹簧的共同作用，使柱塞产生往复运动，各柱塞与缸体间的密封腔容积便发生增大或缩小的变化，通过配流盘上的吸油和压油窗口实现吸油和压油。缸体每转一周，每个柱塞各完成吸油、压油一次。

由于配流盘上吸油、压油窗口之间的过渡区的长度 L 必须大于缸体上柱塞根部的吸油、压油腰形孔的长度 m，即 $L > m$，故当柱塞根部密封腔转至过渡区时会产生困油，为减少所引起的振动和噪声，可在配流盘的端面上开眉毛槽，如图2-16中 B—B 视图所示。

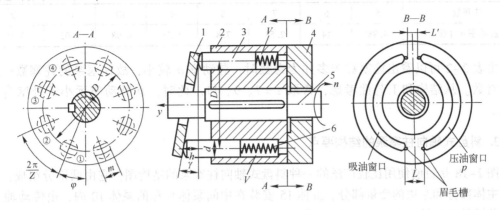

图2-16 斜盘式轴向柱塞泵的工作原理
1—斜盘；2—缸体；3—柱塞；4—配流盘；5—轴；6—弹簧

可以看出，柱塞泵是依靠柱塞在缸体内做往复运动，使密封容积产生周期性变化而实现吸油和压油的。其中柱塞与缸体内孔均为圆柱面，易达到高精度的配合，故该泵的泄漏少，容积效率高。

如果改变斜盘倾角γ的大小，就改变了柱塞的行程，也就改变了泵的排量。如果改变斜盘倾角的方向，就能改变吸油、排油的方向，因此就成为双向变量泵。

2. 斜盘式轴向柱塞泵的排量和流量

若柱塞数目为 z，柱塞直径为 d，柱塞孔的分布圆直径为 D，斜盘倾角为 γ（图2-17），当缸体转动一转时，泵的排量为

$$V = \frac{\pi}{4}d^2 D(\tan\gamma)z \tag{2-20}$$

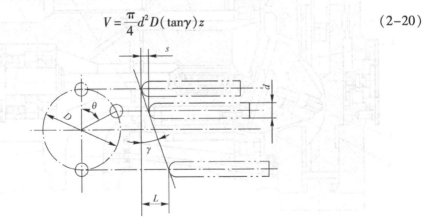

图2-17 轴向柱塞泵的流量计算

泵输出的实际流量为

$$q = \frac{\pi}{4}d^2 D(\tan\gamma)zn\eta_v \tag{2-21}$$

柱塞泵的输油量是脉动的，流量脉动将导致压力脉动，流量脉动频率越高，压力脉动幅度越大。压力脉动将影响系统的工作平稳性，有时甚至会引起液压元件和管路系统的振动，造成损坏，这是应该避免的。具体脉动率 σ 的大小如表2-2所示。

表 2-2 柱塞泵的流量脉动率

柱塞数 z	5	6	7	8	9	10	11	12
脉动率 σ（%）	4.98	14	2.53	7.8	1.53	4.98	1.02	3.45

由表 2-2 可以看出柱塞数较多并为奇数时，脉动率 σ 较小，故柱塞泵的柱塞数一般都为奇数。从结构和工艺性考虑，常取 $z = 7、9、11$。此时，其脉动率远小于外啮合齿轮泵。

3. 斜盘式轴向柱塞泵的结构要点

图 2-18 是目前使用比较广泛的一种斜盘式轴向柱塞泵的结构图。它由两部分组成：右边的主体部分和左边的变量部分。缸体 15 安装在中间泵体 9 和前泵体 10 内，由传动轴 13 通过花键带动旋转。在缸体内的 7 个轴向缸孔中分别装有柱塞 8。柱塞的球形头部装在滑履 7 的孔内，并可做相对滑动。弹簧 14 通过内套、钢球 17 和压盘 6 将滑履 7 紧紧地压在斜盘 4 上，同时弹簧 14 又通过外套将缸体 15 压向配流盘 12。当缸体由传动轴带动旋转时，柱塞相对缸体做往复运动，于是容积发生变化，这时液压油通过缸孔底部月牙形的通油孔、配流盘 12 上的配油窗口和前泵体 10 的进油孔、出油孔等完成吸油、压油工作。

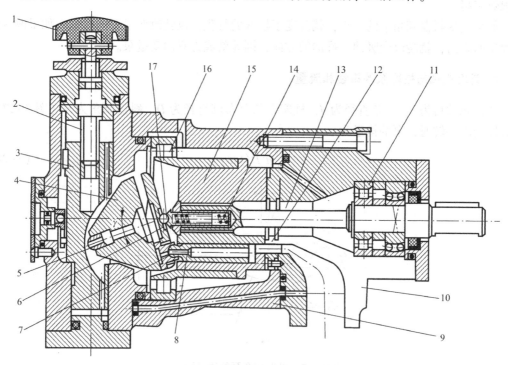

图 2-18 手动变量斜盘式轴向柱塞泵的结构图
1—手轮；2—螺杆；3—活塞；4—斜盘；5—销；6—压盘；7—滑履；8—柱塞；9—中间泵体；
10—前泵体；11—前轴承；12—配流盘；13—轴；14—中心弹簧；15—缸体；16—大轴承；17—钢球

斜盘式轴向柱塞泵的结构要点如下。

（1）滑履结构。在图 2-18 中，各柱塞以球形头部直接接触斜盘而滑动，柱塞头部与斜盘之间为点接触，泵工作时，柱塞头部接触应力大，极易磨损，故一般轴向柱塞泵都在柱塞头部装一滑履 7，滑履的底平面与斜盘 4 接触，而柱塞头部与滑履则为球面接触，并加以铆合，使柱塞和滑履既不会脱落，又可以相对转动，这样该点接触为面接触，并且各相对运动表面之间通过小孔引入压力油，实现可靠的润滑，极大地降低了相对运动零件表面的磨损。这样，就大大提高了泵的工作压力。

（2）中心弹簧机构。柱塞头部的滑履必须始终紧贴斜盘才能正常工作。图 2-18 中是在每个柱塞底部加一个弹簧。但这种结构中，随着柱塞的往复运动，弹簧易于疲劳损坏。图 2-18 中改用一个中心弹簧 14，通过钢球 17 和压盘 6 将滑履压向斜盘并带动柱塞运动，从而使泵具有较好的自吸能力。这种结构中的弹簧只受静载荷，不易疲劳损坏。

（3）变量机构。在变量轴向柱塞泵中均设有专门的变量机构，用来改变斜盘倾角 γ 的大小以调节泵的排量。轴向柱塞泵的变量方式有多种，有手动变量、伺服变量、恒功率变量、恒压变量等。

图 2-18 中是一手动变量机构，设置在泵的左侧。变量时，转动手轮 1，螺杆 2 随之转动，因导键的作用，变量活塞 3 便上下移动，通过销 5 使支撑在变量壳体上的斜盘 4 绕其中心转动，从而改变了斜盘倾角 γ。手动变量机构结构简单，但操纵力较大，通常只能在停机或泵压较低的情况下才能实现变量。

2.4.2 径向柱塞泵

径向柱塞泵的工作原理如图 2-19 所示。这种泵由柱塞 1、转子 2、定子 4、配油轴 5、衬套 3 等主要零件组成。衬套紧配在转子孔内，随转子一起旋转，而配油轴则不动。在转子周围的径向孔内装有可以自由移动的柱塞。当转子顺时针旋转时，柱塞靠离心力或在低压油的作用下伸出，紧压在定子的内表面上。由于定子和转子之间有偏心距 e，柱塞在上半周时向外伸出，其底部的密封容积逐渐增大，形成局部真空，于是通过配油轴上的 b 腔吸油。柱塞在下半周时，其底部的密封容积逐渐减小，通过配油轴上的 c 腔把油液排出。转子每转一周，各柱塞吸油和压油各一次。移动定子可改变偏心量 e，泵的输出流量也改变。

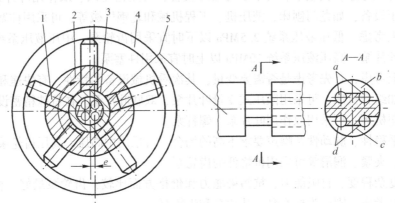

图 2-19 径向柱塞泵工作原理图
1—柱塞；2—转子；3—衬套；4—定子；5—配油轴

径向柱塞泵径向尺寸大，结构较复杂，配油轴受到径向不平衡液压力的作用，易于磨损，这些限制了它的转速和压力的提高。因此，目前应用不多了，逐渐被轴向柱塞泵所代替。

任务5 液压泵的选用

液压泵是向液压系统提供一定流量和压力的油液的动力元件,它是每个液压系统不可缺少的核心元件。合理地选择液压泵对于降低液压系统的能耗、提高系统的效率、降低噪声、改善工作性能和保证系统可靠地工作都十分重要。

选择液压泵的原则:根据主机工况、功率大小和系统对工作性能的要求,首先确定液压泵的类型,然后按系统所要求的压力、流量大小确定其规格型号。最后从自吸能力、抗污染能力、效率和价格方面等考虑,常用的液压泵性能比较如表2-3所示。

表2-3 各类液压泵的主要性能和选用

项 目	齿轮泵	双作用叶片泵	单作用叶片泵	轴向柱塞泵	径向柱塞泵
工作压力/MPa	<20	6.3~20	≤7	20~35	10~20
流量调节	不能	不能	能	能	能
容积效率	0.70~0.95	0.80~0.95	0.80~0.90	0.90~0.98	0.85~0.95
总效率	0.60~0.85	0.75~0.85	0.70~0.85	0.85~0.95	0.75~0.92
流量脉动率	大	小	中等	中等	中等
对油的污染敏感性	不敏感	敏感	敏感	敏感	敏感
自吸特性	好	较差	较差	较差	差
噪声	大	小	较大	大	较大
应用范围	机床、工程机械、农用机械、航空、船舶、一般机械	机床、注塑机、液压机、起重运输机械、工程机械、航空	机床、注塑机	机床、工程机械、锻压机械、起重运输机械、矿山机械、冶金机械、航空、船舶	机床、液压机、船舶

从负载特性考虑,负载小、功率小的液压设备,可用齿轮泵、双作用叶片泵。负载大、功率大的液压设备,如龙门刨床、液压机、工程机械和轧钢机械等,可采用柱塞泵。

从压力上考虑,低压液压系统2.5MPa以下时宜采用齿轮泵,中压液压系统6.3MPa以下时宜采用叶片泵,高压液压系统10MPa以上时宜采用柱塞泵。

从流量上考虑,首先考虑是否需要变量,其次看机械设备的特性,有快速和慢速工作行程的设备,如组合机床,可采用限压式变量叶片泵、双联叶片泵。在特殊精密设备上,如镜面磨床、注塑机等,可采用双作用叶片泵、螺杆泵。

对有些平稳性、脉动性及噪声要求不高的场合,可采用中高压、高压齿轮泵。机械辅助装置如送料、夹紧、润滑等可采用价格低的齿轮泵。

从结构复杂程度、自吸能力、抗污染能力和价格方面比较,齿轮泵最好,柱塞泵最差。从使用性能上考虑,则应为柱塞泵、叶片泵和齿轮泵。

任务6 液压泵的常见故障及排除方法

为了使液压泵正常运转,延长使用寿命,应从安装、使用、日常维护等各个环节着手,掌握正确合理的安装、使用和故障分析等方面的知识。

2.6.1 液压泵的安装要求

液压泵安装不当会引起噪声、振动、影响工作性能和降低寿命。因此在安装时应做到以下几点。

（1）泵的支座或法兰和电动机应有共同的安装基础。基础、法兰或支座都必须有足够的刚度。在底座下面及法兰和支架之间装上橡胶的隔振垫，以降低噪声。

（2）液压泵一般不允许承受径向负载，因此常用电动机直接通过弹性联轴器传动。安装时要求电动机与液压泵的轴应有较高的同轴度，其偏差应在 0.1mm 以下，倾斜角不得大于 1°，以避免增加泵轴的额外负载并引起噪声。

（3）对于安装在油箱上的自吸泵，通常泵中心至油箱液面的距离不大于 0.5m；对于安装在油箱下面或旁边的泵，为了便于检修，吸入管道上应安装截止阀。

（4）液压泵的进口、出口位置和旋转方向应符合泵上标明的要求，不得搞错接反。

（5）要拧紧油口管接头连接螺钉，密封装置要可靠，以免引起吸空、漏油，影响泵的工作性能。

（6）在齿轮泵和叶片泵的吸入管道上可装有粗滤油器，但在柱塞泵的吸入口一般不装滤油器。

（7）安装联轴器时，不要用力敲打泵轴，以免损伤泵的转子。

2.6.2 液压泵的使用注意事项

要想使液压泵获得满意的使用效果，单靠产品本身的高质量是不能完全保证的，还必须正确地使用和维护，其注意事项如下。

（1）泵的使用转速和压力都不能超过规定值。

（2）若泵有转向要求时，不得反向旋转。

（3）泵的自吸真空度应在规定范围内，否则吸油不足会引起气蚀、噪声和振动。

（4）若泵的入口规定有供油压力时，应当给予保证。

（5）了解泵承受径向力的能力，不能承受径向力的泵，不得将带轮和齿轮等传动件直接装在输出轴上。

（6）泵的泄漏油管要通畅。

（7）停机时间较长的泵，不应满载启动，待空转一段时间后再进行正常使用。

（8）检查滤油器的情况，了解堵塞附着物的质量与大小等情况，并定期清除。

（9）检查液压油的变化，油液面的变化，调查油的黏度变化、污染度及变色的程度，并定期更换液压油或补油。

（10）检查油的温度，一般情况下，工作温度不超过 50℃，最高不要超过 65℃，短时间内最高油温不要超过 80~90℃。

（11）检查各密封点的情况，防止空气进入泵内，或油泄漏到泵外。

2.6.3 液压泵故障分析及排除

在使用中，液压泵出现故障和造成故障的原因是多种多样的。总体来说，造成故障的原因有以下两方面。

（1）液压泵本身故障。液压泵是由许多零件装配而成。当泵经过一段时间使用，有些加工精度、表面粗糙度、配合间隙、形位公差和接触刚度等质量问题暴露出来，突出的表现是技术要求遭到破坏。

（2）外界因素引起故障。外界因素是指对液压泵的操作不正确，主要表现在以下几个方面。

① 油液黏度。黏度过高会增加吸油阻力，易出现吸空现象，使压力和流量不足；黏度过低会增加泄漏，降低容积效率，并容易吸入空气，造成冲击或爬行。

② 环境。环境杂质、铁屑和灰尘等混入油液，轻者影响系统正常工作，重者影响泵的寿命。

③ 泵的安装。泵轴与电动机轴同轴度超差，可能引起不规则的噪声和运动不平稳，严重时还会损坏零件；有转向要求的液压泵，如果转向不对，不仅泵不能向外输油，而且会很快地损坏零部件；泵的转速如果选择不当，对泵的工作性能也有影响；吸油管处密封不好，会使空气侵入。

④ 油箱。油箱容量小，散热条件差，会使油温过高，往往带来许多问题；油箱容量太大，油面过低，可能使液压泵吸不上油来；液压泵的吸油口高度不当、吸油管过细和滤油器通油截面过小等都将影响吸油能力。

液压泵在使用过程中，常见的故障及排除方法如表2-4所示。

表2-4 液压泵常见故障及排除方法

故障现象	原因分析	排除方法
不排油或无压力	（1）原动机和液压泵转向不一致 （2）油箱油位过低 （3）吸油管或滤油器堵塞 （4）启动时转速过低 （5）油液黏度过大或叶片移动不灵活 （6）叶片泵配油盘与泵体接触不良或叶片在滑槽内卡死 （7）进油口漏气 （8）组装螺钉过松	（1）纠正转向 （2）补油至油标线 （3）清洗吸油管路或滤油器，使其畅通 （4）使转速达到液压泵的最低转速以上 （5）检查油质，更换黏度适合的液压油或提高油温 （6）修理接触面，重新调试，清洗滑槽和叶片，重新安装 （7）更换密封件或接头 （8）拧紧螺钉
流量不足或压力不能升高	（1）吸油管滤油器部分堵塞 （2）吸油端连接处密封不严，有空气进入，吸油位置太高 （3）叶片泵个别叶片装反，运动不灵活 （4）泵盖螺钉松动 （5）系统泄漏 （6）齿轮泵轴向和径向间隙过大 （7）叶片泵定子内表面磨损 （8）柱塞泵柱塞与缸体或配油盘与缸体间磨损，柱塞回程不够或不能回程，引起缸体与配油盘间失去密封 （9）柱塞泵变量机构失灵 （10）溢流阀失灵	（1）除去脏物，使吸油畅通 （2）在吸油端连接处涂油，若有好转，则紧固连接件或更换密封，降低吸油高度 （3）逐个检查，不灵活叶片应重新研配 （4）适当拧紧 （5）对系统进行顺序检查 （6）找出间隙过大部位，采取措施 （7）更换零件 （8）更换柱塞，修磨配流盘与缸体的接触面，保证接触良好，检查或更换弹簧 （9）检查变量机构，纠正其调整误差 （10）检修溢流阀

续表

故障现象	原 因 分 析	排 除 方 法
噪声严重	(1) 吸油管或滤油器部分堵塞 (2) 吸油端连接处密封不严，有空气进入，吸油位置太高 (3) 从泵轴油封处有空气进入 (4) 泵盖螺钉松动 (5) 泵与联轴器不同心或松动 (6) 油液黏度过高，油中有气泡 (7) 吸入口滤油器通过能力太小 (8) 转速太高 (9) 泵体腔道阻塞 (10) 齿轮泵齿形精度不高或接触不良，泵内零件损坏 (11) 齿轮泵轴向间隙过小，齿轮内孔与断面垂直度或泵盖上两孔平行度超差 (12) 溢流阀阻尼孔堵塞 (13) 管路振动	(1) 除去脏物，使吸油畅通 (2) 在吸油端连接处涂油，若有好转，则紧固连接件或更换密封，降低吸油高度 (3) 更换密封 (4) 适当拧紧 (5) 重新安装，使其同心，紧固连接件 (6) 更换黏度适当的液压油，提高油液质量 (7) 改用通过能力较大的滤油器 (8) 使转速降至允许的最高转速以下 (9) 清理或更换泵体 (10) 更换齿轮或研磨修整，更换损坏零件 (11) 检查并修复有关零件 (12) 拆卸溢流阀并清洗 (13) 采取隔离消振措施
泄漏	(1) 柱塞泵中心弹簧损坏，使缸体与配油盘间失去密封性 (2) 油封或密封圈损伤 (3) 密封表面不良 (4) 泵内零件间磨损、间隙过大	(1) 更换弹簧 (2) 更换油封或密封圈 (3) 检查修理 (4) 更换或重新配研零件
过热	(1) 油液黏度过高或过低 (2) 侧板和轴套与齿轮断面严重摩擦 (3) 油液变质，吸油阻力增大 (4) 油箱容积太小，散热不良	(1) 更换弹簧 (2) 更换油封或密封圈 (3) 换油 (4) 加大油箱，扩大散热面积
柱塞泵变量机构失灵	(1) 在控制油路上可能出现阻塞 (2) 变量活塞以及弹簧心轴卡死	(1) 净化油，必要时冲洗油路 (2) 如机械卡死，可研磨修复；如油液污染，则清洗零件并更换油液
柱塞泵不转	(1) 柱塞与缸体卡死 (2) 柱塞球头折断，滑履脱落	(1) 研磨、修复 (2) 更换零件

思考和练习题

一、填空题

1. 液压泵是把_____能转变为液体能的转换装置。
2. 液压泵是靠_____的变化来实现吸油和压油的，所以称为容积泵。
3. 常用的液压泵有_____、_____和_____三大类；它们都是_____式的。
4. 齿轮泵两齿轮进入啮合一侧属于_____腔；脱离啮合一侧属于_____腔。
5. 外啮合齿轮泵有_____、_____和_____三个结构上的问题。
6. 齿轮泵泄漏一般有三个渠道：_____、_____、_____。其中以_____最为严重。

7. 双作用叶片泵叶片数取偶数，是为了_____。
8. 双作用叶片泵转子每转一周，每个密封容积腔完成吸、排油各_____次。
9. 单作用叶片泵转子每转一周，每个密封容积腔完成吸、排油各_____次。同转速的情况下，改变它的_____可以改变其排量。
10. 液压泵在额定转速和额定压力下输出的实际流量称为_____。

二、选择题

1. 液压系统的动力元件是（　　）。
    A. 电动机　　　B. 液压泵　　　C. 液压缸　　　D. 液压阀
2. 外啮合齿轮泵的特点有（　　）。
    A. 结构紧凑，流量调节方便
    B. 通常采用减小进油口的方法来降低径向不平衡力
    C. 噪声较小、输油量均匀、体积小、重量轻
    D. 价格低、工作可靠、自吸能力弱、多用于低压系统
3. 某液压系统需要高压动力源，用（　　）动力元件合适。
    A. 单作用叶片泵　　　　　　B. 齿轮泵
    C. 轴向柱塞泵　　　　　　　D. 双作用叶片泵
4. 轴向柱塞泵的流量改变是靠调整（　　）来实现的。
    A. 柱塞泵弹簧硬度　　　　　B. 转速
    C. 斜盘倾角　　　　　　　　D. 配流盘方向
5. 液压泵的额定压力是（　　）。
    A. 泵进出口的压力　　　　　B. 泵实际工作的压力
    C. 泵短时间内超载所允许的极限压力　D. 泵连续运转时所允许的极限压力
6. 泵在无泄漏的情况下，泵轴转一周时，排出的液压油的体积称为泵的（　　）。
    A. 理论流量　　B. 实际流量　　C. 排量　　　　D. 输出流量
7. 外啮合齿轮泵吸油口比压油口做得大，其主要原因是（　　）。
    A. 防止困油　　　　　　　　B. 增强吸油能力
    C. 减少泄漏　　　　　　　　D. 减少径向不平衡力
8. 不能成为双向变量泵的是（　　）。
    A. 单作用叶片泵　B. 径向柱塞泵　C. 轴向柱塞泵　D. 双作用叶片泵
9. 两者都是变量泵的组合是（　　）。
    A. 齿轮泵、轴向柱塞泵　　　B. 双作用叶片泵、轴向柱塞泵
    C. 齿轮泵、单作用轴向柱塞泵　D. 单作用轴向柱塞泵、轴向柱塞泵

三、判断题

1. 齿轮泵的吸油腔就是齿轮不断进入啮合的那个腔。　　　　　　　　　　　（　　）
2. 双作用叶片泵每转一周，每个密封容积腔就完成两次吸油和压油。　　　　（　　）
3. 单作用叶片泵转子与定子中心重合时，可获稳定大流量的输油。　　　　　（　　）
4. 液压泵的理论流量是指在无泄漏的情况下，液压泵转一周所能排出的油液体积。（　　）
5. 在齿轮泵中，为了消除困油现象，在泵体上开卸荷槽。　　　　　　　　　（　　）
6. 液压泵的额定压力是指液压泵出口处的实际压力。　　　　　　　　　　　（　　）
7. 轴向柱塞泵是利用转速的变化来改变流量的。　　　　　　　　　　　　　（　　）
8. 双作用叶片泵为了减小叶片与定子之间的磨损，叶片采用后倾布置。　　　（　　）
9. 径向柱塞泵是通过改变斜盘倾角的大小来改变泵的排量。　　　　　　　　（　　）

四、问答题

1. 液压泵完成吸油和压油必须具备哪三个条件？液压传动系统中常用的液压泵有哪些？
2. 液压泵的工作压力取决于什么？
3. 何谓齿轮泵的困油现象？是如何形成的？会带来哪些后果？如何消除？

五、计算题

1. 某齿轮泵模数 $m=4mm$，齿数 $z=10$，齿宽 $b=25mm$，转速 $n=1000r/min$，实际输出流量为 $25L/min$。试求该齿轮泵的排量和容积效率。
2. 某液压泵的输出压力 $p=10MPa$，转速 $n=1000r/min$，排量 $V=200mL/r$，容积效率 $\eta_v=0.9$，总效率 $\eta=0.85$。求泵的输出功率和电动机的驱动功率。
3. 某变量叶片泵的转子外径 $d=83mm$，定子内径 $D=89mm$，叶片宽度 $b=30mm$。求：
   (1) 当泵的排量 $V=16mL/r$ 时，定子与转子间的偏心距有多大？
   (2) 泵的最大排量是多少？
4. 某斜盘式轴向柱塞泵的斜盘倾角 $\gamma=30°$，柱塞直径 $d=15mm$，柱塞分布圆直径 $D=68mm$，柱塞数 $z=7$。若容积效率和机械效率分别为 $\eta_v=0.95$、$\eta_m=0.9$，转速 $n=960r/min$，输出压力 $p=10MPa$。求：
   (1) 该柱塞泵的理论排量、实际流量；
   (2) 驱动此柱塞泵所需电动机的功率。
5. 某液压系统中，液压缸需要的最大流量为 $3.6\times10^{-4}m^3/s$，液压缸驱动最大负载时的工作压力为 $3MPa$，试选择合适的液压泵。

实训2 液压泵的拆装

一、实训目的

1. 熟悉常用液压泵的结构，进一步掌握其工作原理。
2. 学会使用各种工具正确拆装常用液压元件，培养实际动手能力。
3. 初步掌握液压泵的安装技术要求和使用条件。
4. 在拆装的同时，分析和了解常用液压元件易出现的故障及其排除方法。

二、工具器材

1. 实物：CB-B型齿轮泵、双作用叶片泵、斜盘式轴向柱塞泵。
2. 工具：内六角扳手1套、耐油橡胶板1块、油盆1个、钳工常用工具1套。

三、注意事项

在进行实训前应熟悉以下要点并在拆卸过程中遵照执行。

1. 拆卸之前应仔细了解相关内容，分析元件的产品铭牌，了解元件的型号和基本参数，分析其结构特点，以便对拆卸的部件总成有充分的了解，从而制定出拆卸工艺过程。掌握各部件的结构、工作原理和用途是顺利完成拆装实训的重要前提。
2. 拆卸时应注意每一个零件的方向和位置，记录元件及解体零件的拆卸顺序和方向，以保证零件的正确装配。
3. 拆卸下来的零件应清洗干净并有序地摆放，确保各零件不落地、不划伤、不锈蚀，尤其要注意保护各零件的配合面。
4. 应按操作规程正确、合理地使用工具，拆装个别零件（轴承、衬套、油封及类似零件）需要使用专用手具，避免因使用普通工具而造成有关零件的损坏。
5. 需要敲打某一零件时，要避免直接锤击，须垫上木块或软金属以免损伤零件。
6. 用细挫或油石去除各加工面的毛刺。
7. 液压元件或零件在拆卸后或装配前，必须进行彻底的清洗，以除去零件表面的防锈油、锈迹、铁屑、油泥或其他污物。干燥后用不起毛的布擦拭干净，特别是阻尼孔道不得有金属屑、油泥或其他残留物。

8. 元件的装配按拆卸相反顺序进行。对于有规定扭矩的重要螺栓或螺钉一定要使用扭力扳手，拧紧时应注意正确的紧固顺序，各螺栓或螺钉的预紧力要均匀，另外，还应注意这些螺栓、螺母的锁紧方法是否符合规定。

9. 各弹簧（压力弹簧或回位弹簧）的两端面应与其中心线垂直。

10. 装配时检查各密封面的密封情况。如阀体结合面之间、阀芯与阀体之间的密封应良好，必要时可用汽油试漏。

11. 安装完毕后应检查现场有无漏装元件，弹簧垫圈、平垫圈、开口销、平键等都是十分重要的零件，但是由于它们的尺寸小，在装配时很容易遗漏。

12. 装配后应向元件的进出油口注入机油，对于有转动部件的液压件，还要用手转动主轴，要求在全行程上移动或转动灵活，无阻滞现象。

13. 在拆装过程中，要注意理论联系实际，以掌握液压元件的结构和工作原理。

四、实训内容

1. CB – B 齿轮泵的拆装（结构如图 2-20 所示）。

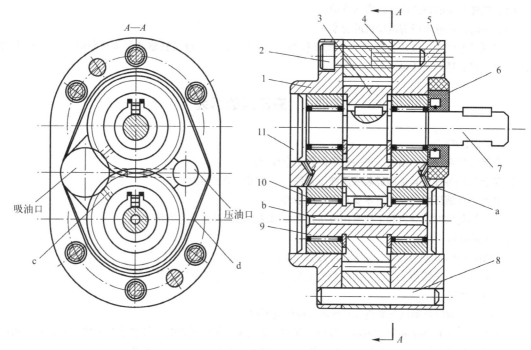

图 2-20 CB – B 型齿轮泵的结构

1—前泵盖；2—螺钉；3—主动齿轮；4—泵体；5—后泵盖；6—密封圈；
7—主动轴；8—定位销；9—从动轴；10—滚针轴承；11—堵头

（1）拆卸顺序。

① 拆掉前泵盖 1 上的螺钉 2 和定位销 8，使泵体 4 与后泵盖 5 和前泵盖 1 分离。

② 拆下主动轴 7 及主动齿轮 3、从动轴 9 及从动齿轮等。

③ 在拆卸过程中，注意观察主要零件结构和相互配合关系，分析工作原理。

（2）主要零件的结构及作用。

① 观察泵体两端面上的泄油槽的形状和位置，并分析其作用。

② 观察前、后泵盖上的两个矩形卸荷槽的形状和位置，并分析其作用。

③ 观察进、出油口的位置和尺寸。

(3) 装配要领。

装配前清洗各零件，将轴与泵盖之间、齿轮与泵体之间的配合表面涂上润滑液，然后按拆卸时的反向顺序装配。

(4) 拆卸思考题。

① 了解铭牌上主要参数的含义。

② 熟悉各主要零件的名称和作用。

③ 找出密封工作腔，并分析吸油和压油过程。

④ 分析为什么缩小压油口可以减少齿轮泵的径向不平衡力。

⑤ 齿轮泵进、出油口孔径为什么不等？若进、出油口反接会发生什么变化？

⑥ 观察泵的安装定位方式及泵与原动机的连接形式。

2. YB1 型双作用叶片泵的拆装（结构如图 2-11 所示）。

(1) 拆卸顺序。

① 拧下端盖 10 上的螺钉，取下端盖。

② 卸下前泵体 7。

③ 卸下左、右配油盘 1 和 5、定子 4 和转子 12、叶片 11 和传动轴 3，使它们与后泵体 6 脱离。

在拆卸过程中注意：由于左右配油盘、定子、转子、叶片之间及轴与轴承之间是预先组成一体的，不能分离的部分不要强拆。

(2) 主要零件的结构及作用。

① 观察定子内表面的四段圆弧和四段过渡曲线的组成情况。

② 观察转子叶片上叶片槽的倾斜角度和倾斜方向。

③ 观察配油盘的结构。

④ 观察吸油口、压油口、三角槽、环形槽及槽底孔；并分析其作用。

⑤ 观察泵中所用密封圈的位置和形式。

(3) 装配要领。

装配前清洗各部件，按拆卸时的反向顺序装配。

(4) 拆卸思考题。

① 了解铭牌上主要参数的含义，熟悉外部结构，找出进、出油口。

② 熟悉各主要零件的名称和作用。

③ 找出密封工作腔（共 12 个）和吸油区、压油区，分析吸油和压油过程。

④ 泵工作时叶片一端靠什么力量始终顶住定子内圆表面而不产生脱空现象？

⑤ 观察泵的安装定位方式及泵与原动机的连接形式。

3. 斜盘式轴向柱塞泵的拆装（结构如图 2-18 所示）。

(1) 拆卸顺序。

拆掉前泵体 7 上的螺钉（10 个）、销子，分离前泵体与中间泵体，再拆掉变量机构上的螺钉（10 个，图中未标出），分离中间泵体与变量机构，这样将泵分为前泵体、中间泵体和变量机构三部分。

① 拆卸前泵体部分：拆下端盖，再拆下传动轴、前轴承及轴套等。

② 拆卸中间泵体部分：拆下回程盘及其上的 7 个柱塞，取出弹簧、钢珠、内套以及外套等，卸下缸体、配流盘。

③ 拆卸变量机构部分：拆下斜盘，拆掉手轮上的销子，拆掉手轮，拆掉两端的 8 个螺钉，卸掉端盖，取出丝杆、变量活塞等。

在拆卸过程中，注意旋转手轮时斜盘倾角的变化。

(2) 主要零件的结构及作用。

① 观察柱塞球形头部与滑履之间的连接形式以及滑履与柱塞之间的相互滑动情况。
② 观察滑履上的小孔。
③ 观察配油盘的结构，找出吸油口、压油口，分析外圈的环形卸压槽，两个通孔和 4 个盲孔的作用。
④ 观察泵的密封及连接、安装形式。
（3）装配要领。
装配前清洗各零件，按拆卸时的反向顺序装配各零件。
（4）拆卸思考题。
① 熟悉各主要零件的名称。
② 观察分析柱塞头部滑履结构及中心小孔的作用。
③ 分析弹簧的两个作用。
④ 找出 7 个密封工作腔的位置，并分析其吸油、压油的工作原理。
⑤ 分析柱塞泵缸体端面的轴向间隙如何自动补偿。
⑥ 分析变量机构的工作原理和使用方法。
⑦ 分析大轴承的作用。

项目3 液压执行元件

【本项目重点】

1. 双杆活塞液压缸的工作原理及其速度、推力的计算。
2. 单杆活塞液压缸的工作原理及其速度、推力的计算。
3. 液压缸常见故障及其排除方法。
4. 液压马达的工作原理。
5. 液压马达常见故障及其排除方法。

【本项目难点】

1. 差动液压缸的工作原理及其计算。
2. 液压缸常见故障诊断。

液压执行元件的功能是将液压系统中的压力能转化为机械能,以驱动外部工作部件。常用的液压执行元件有液压缸与液压马达。液压缸输出推力或拉力与直线运动速度;液压马达输出转矩和转速。

任务1 认识液压缸

液压缸是液压传动系统中重要的执行元件,是将液压能转换为机械能的能量转换装置,用来实现工作机构直线往复运动或小于360°的摆动运动。液压缸结构简单、工作可靠,在液压系统中得到广泛应用。

液压缸按其作用方式的不同分单作用缸和双作用缸两类。单作用式液压缸是利用液压力推动活塞向着一个方向运动,而反向运动则依靠重力或弹簧力等实现;双作用式液压缸利用液压力实现正反两个方向的运动。

液压缸按结构形式的不同,有活塞式、柱塞式、摆动式、组合式等形式,其中以活塞式液压缸应用最多。

3.1.1 活塞式液压缸

活塞式液压缸可分为双杆式和单杆式两种结构形式,其安装方式有缸体固定和活塞杆固定两种形式。

1. 双杆活塞缸

活塞两端都有一根直径相等的活塞杆伸出的液压缸称为双杆活塞缸,它一般由缸体、缸盖、活塞、活塞杆和密封件等零件组成。

图 3-1（a）所示为机床上使用的缸体固定式双杆活塞缸。它的进、出口布置在缸筒两端，活塞通过活塞杆带动工作台移动，当活塞的有效行程为 l 时，整个工作台的运动范围为 $3l$，所以机床占地面积大，一般适用于小型机床。当工作台行程要求较长时，可采用图 3-1（b）所示的活塞杆固定的形式，这时缸体与工作台相连，活塞杆通过支架固定在机床上，动力由缸体传出。这种安装形式中，工作台的移动范围只等于液压缸有效行程 l 的两倍，因此其占地面积小。

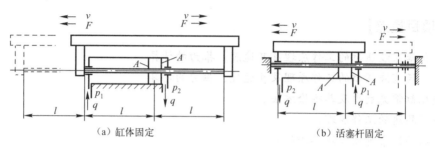

（a）缸体固定　　　　（b）活塞杆固定

图 3-1　双杆活塞缸

双杆活塞缸的两个活塞杆直径通常是相同的，因此其左、右两腔的有效工作面积相等。当分别向左、右腔输入相同压力和相同流量的油液时，液压缸左、右两个方向的推力和速度相等，其值分别为：

$$F = A(p_1 - p_2) = \frac{\pi}{4}(D^2 - d^2)(p_1 - p_2) \tag{3-1}$$

$$v = \frac{q}{A} = \frac{4q}{\pi(D^2 - d^2)} \tag{3-2}$$

式中　F——活塞缸推力（N）；

　　　v——活塞缸速度（m/s）；

　　　D——活塞缸直径（m）；

　　　d——活塞杆直径（m）；

　　　p_1——液压缸进油腔压力（Pa）；

　　　p_2——液压缸出油腔压力（Pa）；

　　　q——输入流量（m³/s）；

　　　A——活塞的有效工作面积（m²）。

2. 单杆活塞缸

活塞只有一端带活塞杆的液压缸称为单杆活塞缸，如图 3-2 所示。单杆活塞缸也有缸体固定和活塞杆固定两种形式，但它们的工作台移动范围都是活塞有效行程的两倍。

由于液压缸两腔的有效工作面积不等，因此它在两个方向上的输出推力和速度也不等，其值分别为：

$$F_1 = p_1 A_1 - p_2 A_2 = \frac{\pi}{4}[p_1 D^2 - p_2(D^2 - d^2)] \tag{3-3}$$

$$F_2 = p_1 A_2 - p_2 A_1 = \frac{\pi}{4}[p_1(D^2 - d^2) - p_2 D^2] \tag{3-4}$$

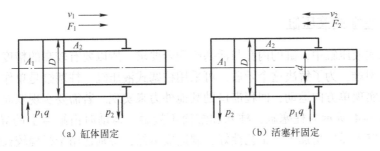

(a)缸体固定　　　　　　　(b)活塞杆固定

图 3-2　单杆活塞缸

$$v_1 = \frac{q}{A_1} = \frac{4q}{\pi D^2} \tag{3-5}$$

$$v_2 = \frac{q}{A_2} = \frac{4q}{\pi (D^2 - d^2)} \tag{3-6}$$

由式（3-3）~式（3-6）可知，$F_1 > F_2$，$v_2 > v_1$。工程实用中，通常将输出速度的比值称为往复速度比，记作 λ_v，则

$$\lambda_v = D^2 / (D^2 - d^2)$$

将单杆活塞缸的两腔连通，并同时输入压力油，这种连接方式称为差动连接，如图3-3所示。

作差动连接时，进入液压缸两腔的油液压力相同，但是由于左腔（无杆腔）的有效面积大于右腔（有杆腔）的有效面积，故活塞向右运动，同时使右腔中排出的油液也进入左腔，加大了流入左腔的流量，从而也加快了活塞移动速度。实际上活塞在运动时，由于差动连接时两腔间的管路中有压力损失，因此右腔中油液的压力稍大于左腔油液压力，

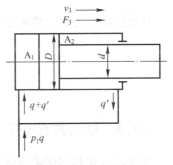

图 3-3　差动缸

而这个差值一般都较小，可以忽略不计，则差动连接时活塞推力 F_3 和运动速度 v_3 为

$$F_3 = p_1 (A_1 - A_2) = p_1 \frac{\pi d^2}{4} \tag{3-7}$$

$$v_3 = \frac{(q + q')}{A_1 - A_2} = \frac{4q}{\pi d^2} \tag{3-8}$$

式（3-7）与式（3-8）表明，单杆活塞缸差动连接时的推力比非差动连接时要小；而活塞向右移动时的速度，在供油量相同的情况下要比非差动连接时的速度大得多，可使在不加大油液流量的情况下得到较快的运动速度，这种连接方式被广泛应用于组合机床液压动力滑台和其他机械设备的快速运动中。如要求机床往返速度相等时，则由式（3-6）、式（3-8）得

$$\frac{4q}{\pi (D^2 - d^2)} = \frac{4q}{\pi d^2}$$

即

$$D = \sqrt{2}\, d \tag{3-9}$$

3.1.2 柱塞式液压缸

上述活塞式液压缸中，缸的内孔与活塞有配合要求，所以要有较高的精度，当缸体较长时，加工就很困难，为了解决这个矛盾，可采用柱塞式液压缸。柱塞缸是单作用缸，即靠液压力作用只能实现单方向运动，回程需借助其他外力来实现。若需要实现双向运动，则必须成对使用。图 3-4 所示为柱塞缸，柱塞和缸筒不接触，运动时由缸盖上的导向套来导向，因此缸筒的内壁不需要精加工，工艺性好，制造成本低，特别适用于行程较长的场合。

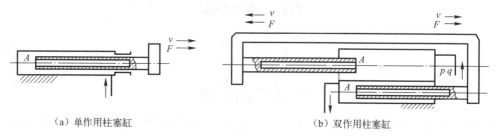

(a) 单作用柱塞缸　　　　　　(b) 双作用柱塞缸

图 3-4　柱塞缸

柱塞缸输出的推力和速度各为

$$F = pA = p\frac{\pi d^2}{4} \tag{3-10}$$

$$v = \frac{q}{A} = \frac{4q}{\pi d^2} \tag{3-11}$$

3.1.3 摆动式液压缸

摆动缸（也称为摆动马达）是一种输出转矩并实现往复摆动的液压执行元件，主要用来驱动做间歇回转运动的工作机构。它有单叶片和双叶片两种结构形式，如图 3-5 所示，由定子块 1、叶片 2、摆动轴 3、缸体 4 等零件组成。定子块固定在缸体上，叶片与输出轴连为一体。当两油口交替通入压力油时，叶片即带动输出轴做往复摆动。

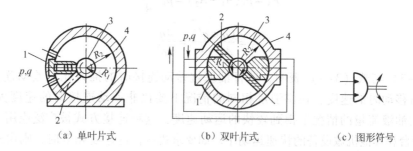

(a) 单叶片式　　　　(b) 双叶片式　　　　(c) 图形符号

图 3-5　摆动缸

1—定子块；2—叶片；3—摆动轴；4—缸体

当摆动缸进出油门油压力为 p_1 和 p_2、输入流量为 q 时，它的输出转矩 T 和角度 ω 各为

$$T = \int_{R_1}^{R_2} (p_1 - p_2) r \, dr = \frac{b}{2}(R_2^2 - R_1^2)(p_1 - p_2) \tag{3-12}$$

$$\omega = 2\pi n = \frac{2q}{b(R_2^2 - R_1^2)} \tag{3-13}$$

图 3-5（a）为单叶片式摆动缸，它的摆动角度较大，可达 300°；图 3-5（b）为双叶片式摆动缸，它的摆动角度较小，可达 150°，它的输出转矩是单叶片式的两倍，而角速度则是单叶片式的一半。

摆动液压缸结构紧凑，输出转矩大，但密封性较差，常用于机床的送料装置、间歇进给机构、回转夹具、工业机器人手臂和手腕的回转装置及工程机械回转机构等的液压系统中。

3.1.4 组合式液压缸

上述是液压缸的三种基本形式，为了满足特定的需求，还可以在这三种基本液压缸的基础上构成各种组合式液压缸。

1. 增压缸

增压缸也称为增压器，它利用活塞与柱塞有效面积的不同，将输入的低压油转变成高压油供液压系统中的高压支路使用。它有单作用和双作用两种形式，单作用增压缸的工作原理如图 3-6（a）所示，其中柱塞缸中输出的液体压力为高压，其值为

$$p_2 = p_1 \left(\frac{D}{d}\right)^2 = kp_1 \tag{3-14}$$

式中　p_1——输入活塞缸的液体压力（Pa）；
　　　D——活塞直径（m）；
　　　d——柱塞直径（m）；
　　　k——增压比，代表其增压程度，$k = D^2/d^2$。

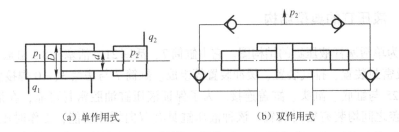

（a）单作用式　　　　　　　（b）双作用式

图 3-6　增压缸

2. 多级缸

多级缸又称为伸缩缸，它是由两级或多级活塞缸套装而成的。前一级缸的活塞就是后一级缸的缸套，活塞伸出的顺序是从大到小，相应的推力也是从大到小，而伸出的速度则是由慢变快。空载缩回的顺序一般是从小活塞到大活塞，收缩后液压缸总长度较短，占用空间较小，结构紧凑。多级缸适用于工程机械和其他行走机械，如起重机伸缩臂、车辆自卸等。

多级缸也有单作用式和双作用式两种，如图 3-7 所示，前者靠外力回程，后者靠液压回程。

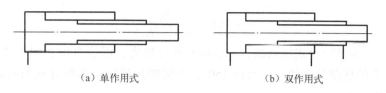

（a）单作用式　　　　　　　　（b）双作用式

图 3-7　多级缸

3. 齿条活塞缸

齿条活塞缸又称为无杆式液压缸，它由带齿条杆的双活塞缸和齿轮齿条机构所组成，如图 3-8 所示。齿条活塞的往复移动经齿轮齿条机构转换成齿轮轴周期性的往复运动，其多用于自动生产线、组合机床等的转位和分度机构中。

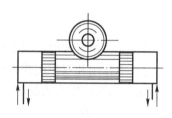

图 3-8　齿条活塞缸

任务 2　液压缸的结构及设计

3.2.1　液压缸的典型结构

图 3-9 为单活塞杆液压缸的结构图。它由缸筒 7、活塞 21、活塞杆 8、缸底 1、缸盖 14、缸头 18 以及密封装置、排气装置、缓冲装置等组成。缸筒 7 与法兰 3、10 焊接成一个整体，然后由螺钉 25 与缸底、缸头、缸盖连接。为了保证液压缸油腔密封可靠，在活塞与缸筒、活塞杆与缸盖之间均装有密封装置。该种液压缸具有双向缓冲功能，工作时压力油经进油口、单向阀 2 进入工作腔，推动活塞向右运动，当活塞运动到终点前，缓冲套 6 切断油路，油液只能经缓冲节流阀 11 排出，起到了节流缓冲作用；活塞向左运动亦然（图中一端只画了单向阀，另一端只画了节流阀）。为了使液压缸中残留的空气及时排出，在缸底和缸头上分别设置了带放气孔的单向阀。

从上面的例子可以看出，液压缸的结构可分为缸体组件、活塞组件、密封装置、缓冲装置和排气装置 5 个主要部分。

1. 缸体组件

缸体组件由缸筒、前后端盖（缸盖）、导向套和连接件等组成。它与活塞组件构成密封的油腔，承受很大的液压力，因此缸体组件要有足够的强度和刚度，较高的表面质量和可靠的密封性。

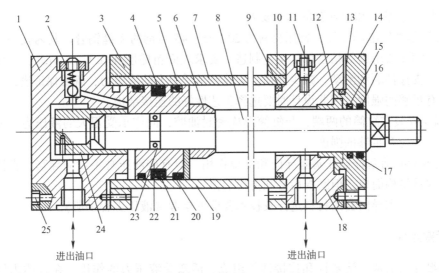

图 3-9 单活塞杆液压缸结构图

1—缸底；2—带放气孔的单向阀；3、10—法兰；4—方型断面组合密封圈；5—导向环；6—缓冲套；
7—缸筒；8—活塞杆；9、13、23—O形密封环；11—缓冲节流阀；12—导向套；14—缸盖；
15—阶梯断面组合密封圈；16—防尘圈；17—Y形密封圈；18—缸头；19—护环；
20—Yx型密封圈；21—活塞；22—导向环；24—无杆端缓冲套；25—连接螺钉

（1）缸筒与缸盖的连接形式。常见的缸体组件连接形式如图 3-10 所示。

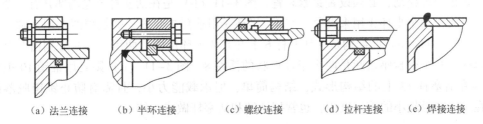

（a）法兰连接　　（b）半环连接　　（c）螺纹连接　　（d）拉杆连接　　（e）焊接连接

图 3-10 缸筒与缸盖的连接

① 法兰连接：是常用的一种连接方式。其优点是结构简单，连接可靠，加工方便，但是要求缸筒端部有足够的壁厚，用以安装螺栓或旋入螺钉。

② 半环连接：可以分为外半环连接和内半环连接两种连接形式，半环式的特点是连接工艺性好，连接可靠，结构紧凑，但同时会削弱缸筒强度。半环连接应用非常普遍，常用于无缝钢管缸筒与端盖的连接中。

③ 螺纹连接：有外螺纹连接与内螺纹连接两种，其优点是重量较轻，外形尺寸较小，缺点是端部结构复杂，装拆需要专用工具。这种形式的连接一般用于要求外形尺寸小、重量较轻的场合。

④ 拉杆连接：这种连接形式的特点是结构简单，工艺性好，通用性强，但端盖的体积和重量较大，拉杆受力后会拉伸变长，影响密封效果。只适用于长度不大的中、低压液压缸。

⑤ 焊接连接：其优点是结构简单，轴向尺寸小，工艺性好；缺点是缸筒易产生焊后变形。

(2) 缸筒、端盖和向导套的基本要求。

① 缸筒是液压缸的主体，常用材料为20、35、45号钢的无缝钢管。其内孔一般采用镗削、铰孔、滚压或珩磨等精密加工工艺制造，要求表面粗糙度在0.1~0.4μm，以保证活塞及密封件、支撑件顺利滑动，减少磨损。缸筒要承受很大的液压力，既要保证密封可靠，又要使连接有足够的强度，因此设计时要选择工艺性好的连接结构。

② 端盖安装在缸筒的两端，与缸筒形成密封油腔，同样承受很大的液压力，因此端盖及其连接件都应有足够的强度。

③ 向导套对活塞杆或柱塞起导向和支撑作用，但有些液压缸不设向导套，直接用端盖孔导向，这种结构简单，但磨损后必须更换端盖。

缸筒、端盖和导向套的材料选择及技术要求可参考《液压工程手册》。

2. 活塞组件

活塞组件由活塞、活塞杆和连接件等组成。活塞受液压力的作用，在缸体内做往复运动，因此必须有一定的强度和耐磨性，一般用耐磨铸铁或钢制成。活塞杆是连接活塞和工作部件的传力零件，要有足够的强度、刚度。活塞杆要在导向套内做往复运动，其外圆柱表面要耐磨和防锈，故其表面有时采用镀铬工艺。

活塞和活塞杆之间也有多种连接方式，如图3-11所示。图3-11（a）中活塞与活塞杆采用螺纹连接。这种结构在高压大负载且有冲击的情况下，活塞杆因车制了螺纹而削弱了强度，为防止螺母松动，必须设置锁紧装置。图3-11（b）是在活塞杆5左端部开有一个环形槽，槽内放置两个半环3用来夹紧活塞4，半环3用轴套2套住，弹簧挡圈1用来轴向固定轴套2。图3-11（c）的结构是在活塞杆6上开有两个环形槽，两组半环9分别由两个密封座7套住，两个密封座之间是两个半环形状的活塞8。图3-11（d）则是用锥销10把活塞11固定在活塞杆12上的结构形式，结构简单，但承载能力小，且需有防止锥销脱落的措施。在一些缸径较小的液压缸中，也常把活塞和活塞杆做成一体。

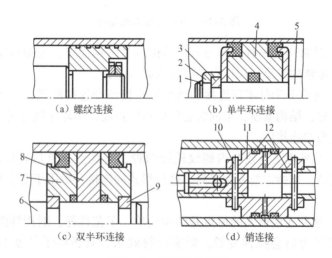

图3-11 活塞组件结构

1—弹簧挡圈；2—轴套；3、9—半环；4、8、11—活塞；
5、6、12—活塞杆；7—密封座；10—锥销

3. 密封装置

液压缸的密封是指活塞、活塞杆和端盖等处的密封，是用来防止液压缸内部（活塞与缸筒内孔的配合面）和外部的泄漏。液压缸中常见的密封形式有间隙密封、活塞环密封和橡胶密封圈密封等形式。

(1) 间隙密封。间隙密封是一种最简单的密封形式。它依靠相对运动副配合面之间的微小间隙来防止泄漏，一般间隙为 0.01～0.05mm。间隙密封结构简单，摩擦力小，寿命长，但对配合面的加工精度及表面粗糙度要求高，仅应用于直径较小、运动速度快的低压液压缸中。

(2) 活塞环密封。活塞环密封是依靠安装在活塞的环形槽中的金属环紧贴缸筒内壁实现密封，如图 3-12 所示。它的密封效果较间隙密封好，适用的压力和温度范围很宽，能自动补偿磨损和温度变化的影响、耐高温、使用寿命较长，易于维修保养；缺点是制造和装配工艺复杂。一般用于高压、高速且不要求保压的液压缸密封。

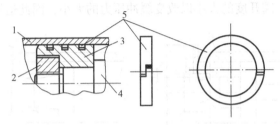

图 3-12 活塞环密封
1—缸筒；2—螺母；3—活塞；4—活塞杆；5—活塞环

(3) 橡胶密封圈密封。橡胶密封圈密封是液压系统中应用最广泛的一种密封，常用的有 O 形、V 形、Y 形及组合式等几种，其材料为耐油橡胶、尼龙、聚氨酯等。图 3-13 表示了橡胶密封圈在活塞杆和端盖密封处的应用。

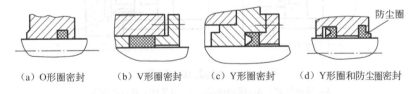

(a) O 形圈密封　(b) V 形圈密封　(c) Y 形圈密封　(d) Y 形圈和防尘圈密封

图 3-13 活塞杆与端盖的密封

4. 缓冲装置

当液压缸所驱动的工作部件质量较大、移动速度较快时，为避免因惯性力大，致使在行程终了时，活塞与端盖发生碰撞，产生液压冲击和噪声，甚至严重影响工作精度和引起整个系统及元件的损坏。在大型、高速或要求较高的液压缸中往往要设置缓冲装置。

缓冲的基本原理是：使活塞接近缸盖时，通过节流的方法增大回油阻力，使液压缸的排油腔产生足够的缓冲压力，活塞因运动受阻而减速，从而避免与缸盖快速相撞。常见的缓冲装置如图 3-14 所示。

（1）圆柱形环隙式缓冲装置。如图3-14（a）所示，当缓冲柱塞A进入缸盖内孔时，缸盖和活塞间形成环形缓冲油腔B，被封闭的油液只能经环形间隙δ排出，从而增大了回油阻力，使活塞速度降低。这种结构因节流面积不变，所以随活塞的速度降低，其缓冲作用也逐渐减弱。但这种结构简单，便于设计和降低成本，所以在一般系列化的成品液压缸中常采用这种缓冲装置。

（2）圆锥形环隙式缓冲装置。如图3-14（b）所示，由于缓冲柱塞A为圆锥形，其节流面积随缓冲行程的增加而减小，缓冲效果较好，但仍有液压冲击。

（3）可变节流槽式缓冲装置。如图3-14（c）所示，在缓冲柱塞A上开有三角节流沟槽，节流面积随缓冲行程的增大而逐渐减小，其缓冲压力变化较平缓。

（4）可调节流孔式缓冲装置。如图3-14（d）所示，当缓冲柱塞A进入到缸盖内孔时，回油口被柱塞堵住，只能通过节流阀C回油，调节节流阀的开度，可以控制回油量，从而控制活塞的缓冲速度。当活塞反向运动时，液压油通过单向阀D很快进入液压缸内，并作用在活塞的整个有效面积上，故活塞不会因推力不足而产生启动缓慢现象。这种缓冲装置可根据负载情况调整节流阀开度的大小以改变缓冲压力的大小，因此适用范围较广。

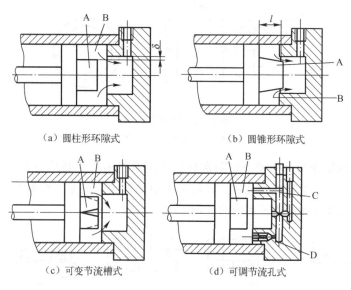

（a）圆柱形环隙式　　　　（b）圆锥形环隙式

（c）可变节流槽式　　　　（d）可调节流孔式

图3-14　液压缸缓冲装置
A—缓冲柱塞；B—缓冲油腔；C—节流阀；D—单向阀

5. 排气装置

液压缸在安装过程中或长时间停放重新工作时往往会渗入空气，以致影响运动的平稳性，严重时，系统不能正常工作。因此为了防止执行元件出现爬行、噪声和发热等不正常现象，需把缸内和系统中的空气排出。

对于要求不高的液压缸，通常不设专门的排气装置，而是将油口置于缸体两端的最高处，这样也能利用液流将空气带到油箱而排出，或在最高处设置放气孔，如图3-15（a）所示。但对于稳定性要求较高的液压缸，常在液压的最高处设有专门的排气阀等排气装置，如图3-15（b）和图3-15（c）所示。

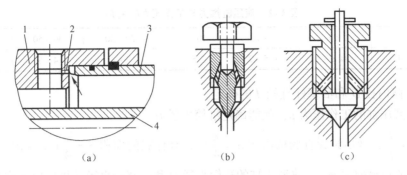

图 3-15 排气装置
1—缸盖；2—放气小孔；3—缸体；4—活塞环

3.2.2 液压缸的设计

液压缸是液压传动的执行元件，它和设备的工作机构有直接的联系。对于不同的设备及其工作机构，液压缸具有不同的用途和要求，因此在设计液压缸之前，应做好充分的调查研究，收集必要的原始资料和设计依据，包括：设备用途、性能和工作条件；工作机构的形式、结构特点、负载情况、行程大小和动作要求；液压缸所选定的工作压力和流量；同类型液压缸的技术资料和使用情况以及有关国家标准和技术规范等。

1. 液压缸的设计步骤

(1) 选择液压缸的类型和各部分结构形式。
(2) 确定液压缸的工作参数和结构尺寸。
(3) 结构强度、刚度的计算和校核。
(4) 导向、密封、防尘、排气和缓冲等装置的设计。
(5) 绘制装配图、零件图、编写设计说明书。

2. 液压缸主要尺寸的计算

液压缸的结构尺寸主要包括缸筒内径 D、活塞杆直径 d、缸筒长度 L。根据液压缸的负载、运动速度、行程长度和选取的工作压力，可以确定上述尺寸。

(1) 选择液压缸的工作压力。

最大负载 F 和液压缸的工作压力 p 决定了活塞的有效面积 $S\left(S=\dfrac{F}{p}\right)$，因此液压缸的工作压力要选择合适，选择小了，活塞的有效面积大，液压缸的结构尺寸就增大，相应的流量就大，因而不可取。压力选择大了，活塞的有效面积小，液压缸的结构尺寸就紧凑，但密封性能要求高。液压缸的工作压力可以根据工作负载或根据设备的类型采用类比法选取，如表 3-1 与表 3-2 所示。

表 3-1 各类液压设备常用的工作压力

设备类型	磨床	组合机床	车床、铣床、镗床	拉床	龙门刨床	农业机械、工程机械
工作压力 p/MPa	0.8~2	3~5	2~4	8~10	2~8	10~16

表 3-2　液压缸推力与工作压力的关系

推力 F/kN	<5	5~10	10~20	20~30	30~50	>50
工作压力 p/MPa	<0.8~1	1.5~2	2.5~3	3~4	4~5	≥5~7

(2) 缸筒内径 D 和活塞杆直径 d 的确定。

确定了液压缸的工作压力 p，就能确定缸筒内径 D。

由于 $S = \dfrac{F}{p}$，液压缸无杆腔的面积 $S = \dfrac{\pi}{4}D^2$，有杆腔的面积 $S = \dfrac{\pi}{4}(D^2 - d^2)$，同时要求考虑液压缸的机械效率 η_{cm}。故液压缸的缸筒直径 D 和活塞杆直径 d 可以由下式确定，即

无杆腔

$$D = \sqrt{\frac{4F}{\pi p \eta_{cm}}} = 1.13\sqrt{\frac{F}{p\eta_{cm}}} \tag{3-15}$$

有杆腔

$$D = \sqrt{\frac{4F}{\pi p \eta_{cm}} + d^2} \tag{3-16}$$

式中　p——作用在液压缸活塞上的有效液压力（Pa），当无背压时，p 为系统工作压力，当有背压时，p 为系统工作压力与背压之差；

　　　D——缸筒内径（m）；

　　　d——活塞杆直径（m）。

液压缸的活塞杆直径 d 可参考表 3-3 和表 3-4。

表 3-3　液压缸工作压力与活塞杆直径

工作压力 p/MPa	<2	2~5	5~10
活塞杆直径 d	(0.2~0.3)D	0.5D	0.7D

表 3-4　设备类型与活塞杆直径

设备类型	磨床、珩磨及研磨机	拉、插、刨床	钻、车、铣、镗床
活塞杆直径 d	(0.2~0.3)D	0.5D	0.7D

当液压缸的往复速度比 λ_v 有一定要求时，可以根据 λ_v 来确定液压缸的缸筒内径 D 和活塞杆直径 d，即

$$d = D\sqrt{\frac{\lambda_v - 1}{\lambda_v}} \tag{3-17}$$

液压缸的往复速度比 λ_v 与工作压力 p 的关系如表 3-5 所示。

表 3-5　液压缸工作压力与往复速度比

工作压力 p/MPa	≤10	12.5~20	>20
往复速度比 λ_v	1.33	1.64	2

计算所得的缸筒内径 D 和活塞杆直径 d 后，再按表 3-6 与表 3-7 取标准值，否则，所设计出的液压缸将无法采用标准密封元件。

表 3-6 液压缸的缸筒内径尺寸系列（摘自 GB/T 2348—1993） （单位：mm）

10	12	16	20	25	32	40	50	63	80	(90)	100
(110)	125	(140)	160	(180)	200	220	250	(280)	320	(360)	400

注：括号内的尺寸尽量不用。

表 3-7 液压缸的活塞杆直径尺寸系列（摘自 GB/T 2348—1993） （单位：mm）

4	5	6	8	10	12	14	16	18	20	22	25
28	32	36	40	45	50	56	63	80	90	100	110
125	140	160	180	200	220	250	280	320	360		

（3）缸筒长度 L 的确定。

液压缸的缸筒长度 L 由最大工作行程长度，即各种结构需要来确定：

$$L = l + B + A + M + C \tag{3-18}$$

式中　l——活塞的最大工作行程；

B——活塞长度，一般为 $(0.6 \sim 1)D$；

A——活塞杆导向长度，取 $(0.6 \sim 1.5)D$；

M——活塞杆密封长度，由密封方式决定；

C——特殊要求的其他长度（如液压缸两端缓冲装置所需长度）。

一般缸筒的长度最好不超过内径的 20 倍。另外，液压缸的结构尺寸有时还需考虑最小导向长度 H。

（4）最小导向长度的确定。

当活塞杆全部外伸时，从活塞支撑面中点到导向套滑动面中点的距离 H 称为液压缸的最小导向长度（图 3-16）。如果导向长度过小，将使液压缸的初始挠度（间隙引起的挠度）增大，影响液压缸的稳定性，因此设计时必须保证有一最小导向长度。

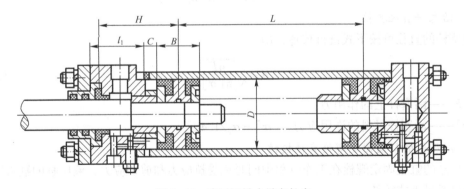

图 3-16　液压缸最小导向长度

对于一般的液压缸，其最小导向长度由下式确定：

$$H \geqslant \frac{L}{20} + \frac{D}{2} \tag{3-19}$$

式中　L——液压缸最大工作行程（m）；

D——缸筒内径（m）。

通常导向套滑动面的长度 A 在 $D < 80\text{mm}$ 时取 $A = (0.6 \sim 1.0)D$，在 $D > 80\text{mm}$ 时取 $A =$

$(0.6\sim1.0)d$；活塞的宽度 B 则取 $(0.6\sim1.0)D$。为保证最小导向长度，过度增大 A 和 B 都是不可取的，必要时可以在导向套与活塞之间装隔环，隔环宽度 C 由下式确定：

$$C = H - \frac{A+B}{2} \tag{3-20}$$

3. 液压缸的强度校核

对于液压缸的缸筒壁厚 δ、活塞杆直径 d 和缸盖固定螺栓的直径，在高压系统中必须进强度校核。

1）缸筒壁厚校核

在中、低压系统中，液压缸的壁厚往往由结构、工艺上的要求来确定，一般不校核。只有在压力较高和直径较大时，才校核缸筒壁最薄处的强度。

（1）薄壁圆筒。当液压缸的缸筒内径 D 和壁厚 δ 的比值大于 10 时，为薄壁圆筒，按下式校核缸筒强度，即

$$\delta \geqslant \frac{p_y D}{2[\sigma]} \tag{3-21}$$

式中 p_y——缸筒实验压力，当缸筒额定压力 $p_n \leqslant 16\text{MPa}$ 时，$p_y = 1.5 p_n$，当缸筒额定压力 $p_n > 16\text{MPa}$ 时，$p_y = 1.25 p_n$；

$[\sigma]$——缸筒材料的许用应力，$[\sigma] = \sigma_b/n$，其中 σ_b 为材料的抗拉强度，n 为安全系数，一般取 $n = 3.5\sim5$。

（2）厚壁圆筒。当液压缸的缸筒内径 D 和壁厚 δ 的比值小于 10 时，为厚壁圆筒，按下式校核缸筒强度，即

$$\delta \geqslant \frac{D}{2}\left(\sqrt{\frac{[\sigma]+0.4p_y}{[\sigma]-1.3p_y}} - 1\right) \tag{3-22}$$

2）活塞杆直径校核

活塞杆的直径可按下式进行校核，即

$$d \geqslant \sqrt{\frac{4F}{\pi[\sigma]}} \tag{3-23}$$

式中 F——活塞杆上的作用力；

$[\sigma]$——活塞杆材料的许用应力，$[\sigma] = \sigma_b/1.4$。

3）液压缸的缸盖固定螺栓直径校核

液压缸的缸盖固定螺栓在工作过程中同时承受拉应力和剪切应力，液压缸的缸盖固定螺栓直径可通过下式校核：

$$d \geqslant \sqrt{\frac{5.2kF}{\pi z[\sigma]}} \tag{3-24}$$

式中 F——液压缸负载；

k——螺纹拧紧系数，$k = 1.12\sim1.5$；

z——螺栓个数；

$[\sigma]$——螺栓材料的许用应力，$[\sigma] = \sigma_s/1.2\sim2.5$，$\sigma_s$ 为材料的屈服强度。

4. 液压缸稳定性校核

当活塞杆长度 L 和直径 d 的比值大于等于 10 时，为细长杆，在受压时，轴向力超过某一临界值时会失去稳定性，因此要进行稳定性校核。活塞杆所受载荷 F 应该小于临界稳定载荷 F_k，即

$$F \leqslant \frac{F_k}{n_k} \tag{3-25}$$

式中　n_k——稳定安全系数，取 $n_k = 2 \sim 4$。

5. 液压缸设计中应注意的问题

液压缸的设计和使用正确与否，直接影响到它的性能和是否容易发生故障。在这方面，经常发生的是液压缸安装不当、活塞杆承受偏载、液压缸或活塞下垂以及活塞杆的压杆失稳等问题。所以，在设计液压缸时，必须注意以下几点。

（1）液压缸结构形式的选择关系到液压缸的具体结构设计和性能设计，因此必须根据系统设计要求，对不同形式的液压缸进行充分分析和对比，然后参考同类设备使用情况来确定。

（2）在保证实现设计要求的前提下，应使液压缸外形尺寸尽可能小。

（3）应尽量使活塞杆在受拉状态下承受最大负载，但一般情况活塞杆多在受压状态下工作。因此，为避免产生纵向弯曲，应保证液压缸在受压状态下具有良好的稳定性。

（4）具体结构设计要按照推荐的结构形式进行，尽量采用标准件，结构尽可能简单，且便于加工、装配和维修。

（5）不一定所有液压缸都要设置缓冲和排气装置，应根据具体情况和要求而定。

（6）确定液压缸安装固定形式时，必须考虑到缸筒和活塞杆受热后会伸长的问题。因此，定位销只能安装在液压缸一端的两侧；双杆活塞缸的活塞杆与运动部件不能采用刚性连接。

任务3　液压缸的安装、使用与维护

3.3.1　液压缸的正确安装方法

1. 底脚形液压缸的安装方法

图 3-17 为底脚形大直径、大行程液压缸的安装示意图。图中底脚紧固螺栓（一般有 4 个）的大小，是根据液压缸的最高使用压力进行强度计算得出的。为避免底脚螺栓直接承受推力载荷，可在液压缸一个底脚的两侧安装止推挡块 A、B，如图 3-17（b）所示。活塞杆伸出（或缩回）时所产生的载荷，由止推挡块 B（或 A）直接承受，而底脚螺栓 2 仅承受上下方向的作用力。在液压缸拆卸后的再次安装过程中，止推块 A、B 还起到定位作用。在 3、4 处的压板挡块 C，只限制缸体上抬，不应限制缸体的轴向伸展。

同时还须注意以下几个方面。

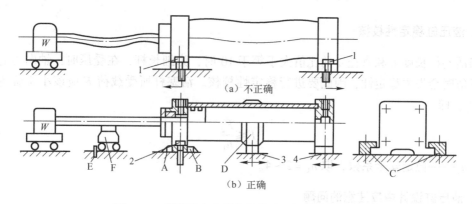

图 3-17 底脚形大直径大行程液压缸的安装方法

（1）液压缸的基座必须有足够的刚性。

（2）在设计大直径、大行程（行程达到 2000mm 以上）液压缸时，有必要在液压缸缸体上设置中间支座 D，在活塞杆上设置活动支撑台 F。当活塞杆伸出时，支撑台 F 也向左运动直至碰到限程挡块 E（E 处于中间位置）后停止不动，从而保证支撑台 F 停留在最佳位置；当活塞杆缩回时，最初支撑台 F 仍留在最佳位置，当活塞杆越过一半时就带着支撑台一起向右移动。

2. 法兰形液压缸的安装方法

法兰形液压缸的安装如图 3-18 所示。安装螺栓 A 不能直接承受载荷，载荷只能作用在支座 B 上，螺栓 A 仅起紧固作用。因此，当液压缸的有杆腔工作时，一定要按如图 3-18（a）所示进行安装；当液压缸无杆腔工作时，一定要按如图 3-18（b）所示进行安装。若在大直径、大行程液压缸水平安装的情况下，由于重量很大，则需要利用支撑挡块 C（或定位销）来承受液压缸的重量，最好还设置防止挠曲用的托架 E。

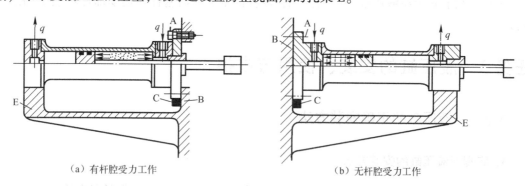

（a）有杆腔受力工作　　　　　　　（b）无杆腔受力工作

图 3-18 法兰形液压缸的安装方法

3. 耳环形液压缸的安装方法

图 3-19（a）为耳环形液压缸的正确安装方法。这种液压缸是以耳轴为支点，在耳轴垂直的平面内摆动的同时做往复直线运动，所以活塞杆顶端连接头的轴线方向必须与耳轴的轴线方向一致。图 3-19（b）为耳环形液压缸的不正确安装方法。由图可见，活塞杆顶端连

接头的轴线方向与耳轴的轴线方向不一致,严重影响了液压缸的寿命和强度。

有些使用场合,要求耳环形液压缸能以耳轴为中心作自由回转,此时可使用万向节头[图 3-19(c)]。如不用万向节头,可将耳轴孔加工得稍大些,并带有大圆弧,则也有一定效果[图 3-19(d)]。

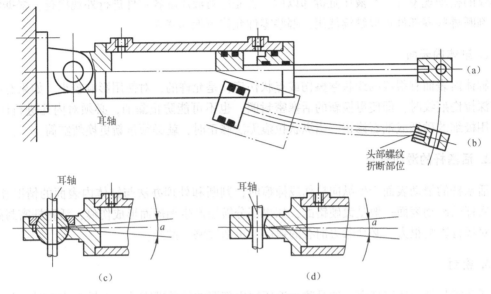

图 3-19 耳环形液压缸的安装方法

3.3.2 液压缸的调整

1. 排气装置的调整

排气装置一般的调整方法是:先将动作压力降低到 0.5~1MPa,以便于原来溶解在油中的空气分离出来,然后在使用活塞交替运动的同时,一手用纱布盖住空气的喷出口,另一手开、闭排气阀(塞)。当活塞到达向右的行程末端,在压力升高的瞬间,应打开右腔的排气阀(塞),而在向左行程开始前的瞬间,应关闭右腔的排气阀(塞)。这样反复几次,就能将液压缸右腔的空气排除干净;然后可用相应的办法排除左腔的空气。

2. 缓冲装置的调整

在液压装置作运转试验时,如应用缓冲液压缸,就需要调整缓冲调节阀。开始先把缓冲调节阀放在流量较小的位置,然后渐渐地增大节流口,直到满意为止。对于连续顺序动作的回路,如对循环时间有特别要求时,应预先对设计参数进行充分的考虑,并在运转试验中调整得符合要求。

3. 注意事项

在液压装置的运转试验中,还要检查进、出油口配管部分和活塞杆伸出部分有无漏油,以及活塞杆头部与被驱动体的结合部分和液压缸的安装螺栓等有无松脱现象。还要注意对耳轴和铰轴等轴承部分加油。

3.3.3 液压缸的维护

液压缸的一般维护是指更换密封元件、防尘元件，排除油管接头处的漏油及消除连接部位螺纹的松动现象等。在液压缸拆卸以后，首先应对液压缸各零件进行外观检查，根据经验即可判断哪些零部件可以继续使用，哪些零件允许更换和修理。

1. 缸体内表面

缸体内表面有很浅的线状摩擦伤或点状伤痕，是允许的，对使用影响较小。如果有纵向的较深拉伤痕纹时，即使更换新的活塞密封圈，也不可能防止漏油，必须对内孔进行研磨，可以用极细的砂纸或油石修正。当纵状拉痕无法修正时，就必须重新更换新缸筒。

2. 活塞杆的滑动表面

活塞杆的滑动表面产生纵向拉伤或撞痕时，判断和处理办法与缸体内表面的情况相同。但活塞杆的滑动表面一般是镀硬铬的，如果部分镀层产生剥落而形成伤痕，活塞杆密封处的漏油对运行影响很大。必须除去旧有的镀层，重新镀铬、抛光。

3. 密封

活塞密封件和活塞杆密封件是防止液压缸内部漏油的关键零件。在拆卸检查时，首先看密封件的唇边有无受伤以及密封摩擦面的磨损情况。当发现密封件唇口有轻微的伤痕，摩擦面略有磨损时，最好能更换新的密封件。对使用日久、材质发生硬化变脆的密封件，须更换。

4. 活塞杆导向套的内表面

有些伤痕，对使用没有妨碍。但活塞杆导向套内表面的不均匀磨损深度为 0.2~0.3mm 时，就应更换导向套。

5. 活塞表面

活塞表面上的不均匀磨损深度为 0.2~0.3mm 时，应更换新活塞。另外还要检查是否有端盖的碰撞、内压引起活塞裂纹。

6. 其他部分的检查

对于其他部分的检查，随液压缸构造及用途而异。但检查时应留意端盖、耳环、铰轴等部位有无裂缝，连接处的螺纹有无异常，焊接部分是否有脱焊、裂缝等现象。

3.3.4 液压缸常见故障分析

液压缸的常见故障及排除方法如表 3-8 所示。

表 3-8　液压缸的常见故障及排除方法

故障	产生原因	排除方法
爬行和局部速度不均匀	(1) 空气侵入液压缸 (2) 缸盖活塞杆孔密封装置过紧或过松 (3) 活塞杆与活塞不同心 (4) 液压缸安装位置偏移 (5) 液压缸安装内孔表面直线性不良 (6) 液压缸内表面锈蚀或拉毛	(1) 打开排气阀、排除空气 (2) 密封圈密封应保证能用手平稳地拉动活塞杆而无泄漏，活塞杆与活塞同轴度偏差不得大于0.01mm，否则应校正或更换 (3) 活塞杆全长直线度偏差不得大于0.2mm，否则应校正或更换 (4) 液压缸安装位置不得与设计要求相差大于0.1mm (5) 液压缸内孔椭圆度、圆柱度不得大于内径配合公差之半，否则应进行镗铰或更换缸体 (6) 进行镗磨，严重者更换缸体
冲击	(1) 活塞与缸体内径间隙过大或节流阀等缓冲装置失灵 (2) 纸垫密封冲破，大量泄油	(1) 保证设计间隙，过大者应换活塞。检查、修复缓冲装置 (2) 更换新纸垫，保证密封
缓冲过长	(1) 缓冲装置结构不正确，三角节流槽过短 (2) 缓冲节流回油口开设位置不对 (3) 活塞与缸体内径配合间隙过小 (4) 缓冲的回油孔道半堵塞	(1) 修正凸台与凹槽，加长三角节流槽 (2) 修改节流回油口的位置 (3) 加大至要求的间隙 (4) 清洗回油孔道
工作速度逐渐下降甚至停止	(1) 液压缸和活塞配合间隙太大或O形密封圈损坏，造成高低压腔互通 (2) 由于工作时经常用工作行程的某一段，造成液压缸孔径直线性不良（局部有腰鼓形），致使液压缸两端高低压油互通 (3) 缸端油封压得太紧或活塞杆弯曲，使摩擦力或阻力增加 (4) 泄漏过多，无法建立 (5) 油温太高，黏度太小，靠间隙密封或密封质量差的液压缸行速变慢。若油缸两端高低油互通，运动速度逐渐减慢直至停止 (6) 液压泵的吸入侧吸入空气，造成液压缸的运动不平稳，速度下降 (7) 为提高液压缸速度所采用蓄能器的压力或容量不足 (8) 液压缸的载荷过高 (9) 液压缸缸壁胀大，活塞通过胀大的部位，活塞密封的外缘即有漏油现象，此时液压缸速度要下降或停止不动 (10) 异物进入滑动部位，引起燃烧现象，造成工作阻力增大	(1) 单配活塞和油缸的间隙或更换O形密封圈 (2) 镗磨修复液压缸孔径，单配活塞 (3) 放松油封，以不漏油为限，校直活塞杆 (4) 寻找泄漏部位，紧固各接合面 (5) 分析发热原因，设法散热降温；如密封间隙过大则单配活塞或增装密封环 (6) 产生此种情况，液压泵将有噪声，故容易察觉。排除方法可按泵的有关措施进行 (7) 蓄能器容量不足时更换蓄能器，压力不足时可充压 (8) 将所加载荷必须控制在额定载荷的80%左右 (9) 镗磨修复液压缸孔径 (10) 排除异物，镗磨修复液压缸孔径

任务4 认识液压马达

液压马达是液压系统的执行元件，它将液体的压力能转换为机械能，用来驱动工作机构工作。它的结构与液压泵相似，从原理上讲，任何液压泵都可以做液压马达用，反之亦然。但由于泵和马达的用途和工作条件不同，对它们性能要求也不一样，故相同结构类型的液压马达与液压泵之间有很多区别。液压马达与液压泵工作方面的区别如表3-9所示。

表3-9 液压马达与液压泵工作方面的区别

项 目	液 压 泵	液 压 马 达
能量转换	机械能转换为液压能，强调容积效率	液压能转换为机械能，强调液压机械效率
轴转速	相对稳定，且转速较高	变化范围大，有高有低
轴旋转方向	通常为一个方向，但承受方向及液流方向可以改变	多要求双向旋转。某些马达要求能以泵的方式运转，对负载实施制动
运转状态	通常为连续运转，速度变化相对较小	有可能长时间运转或停止运转，速度变化大
输入（出）轴上径向载荷状态	输入轴通常不承受径向载荷	输出轴大多承受变化的径向载荷
自吸能力	有自吸能力	无要求

3.4.1 液压马达的分类

液压马达按其结构类型可分为齿轮式、叶片式、柱塞式等形式。齿轮式用于高转速、小转矩的场合。但是输出转矩和转速的脉动性较大。叶片式体积小，惯性小，动作灵敏，允许换向频率高，用于高转速、小转矩和动作灵敏的场合，不适用于低速工作场合。一般柱塞泵均可作为液压马达使用，但由于排量小，输出转矩不大，因此是一种高速小转矩的液压马达。

液压马达按其额定转速不同分为高速液压马达（额定转速高于500r/min）和低速液压马达（额定转速低于500r/min）两大类。

高速液压马达的基本形式有齿轮式、螺杆式、叶片式和轴向柱塞式等。它们的主要特点是转速较高、转动惯量小，便于启动和制动，调速和换向的灵敏度高。通常高速液压马达的输出转矩不大，所以又称为高转速小转矩液压马达。

低速液压马达的基本形式是径向柱塞式，例如单作用曲轴连杆式、液压平衡式和多作用内曲线式等。此外在轴向柱塞式、叶片式和齿轮式中也有低速的结构形式。低速液压马达的主要特点是排量大、体积大、转速低（有时可达每分钟几转甚至零点几转），因此可直接与工作机构连接，不需要减速装置，使传动机构大为简化，通常低速液压马达输出转矩较大。所以又称为低转速大转矩液压马达。

另外，液压马达按照排量能否调节有定量和变量之分；按照输油方向能否改变有单向和双向之分；按照输出转矩是否连续有旋转式和摆动式之分。

3.4.2 液压马达的工作原理

1. 齿轮式液压马达

图3-20为齿轮式液压马达的工作原理图，齿轮式液压马达与齿轮式液压泵的结构基本

相同,最大的不同是齿轮式液压马达的两个油口一样大,且内泄漏单独引出油箱。当高压油进入右腔时,由于两个齿轮的受压面积存在差异,因而产生转矩,推动齿轮转动。这种泵适用于高转速、低转矩的场合。

2. 叶片式液压马达

图 3-21 所示为叶片式液压马达的工作原理图,这种马达由转子、定子、叶片、配油盘转子轴和泵体等组成。当压力油进入压油腔后,在叶片 3、7 和叶片 1、5 上,一面作用有压力油,另一面无压力油,由于叶片 3、7 的受压面积大于叶片 1、5 的受压面积,从而由叶片受力差构成的力矩推动转子和叶片顺时针旋转。当改变输油方向时,液压马达就会反转。

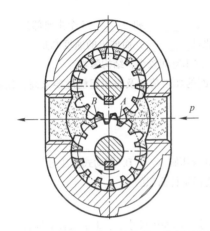 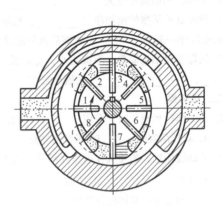

图 3-20 齿轮式液压马达的工作原理图　　图 3-21 叶片式液压马达的工作原理图

叶片式液压马达的转子惯性小,动作灵敏,可以频繁换向,但泄漏量较大,不宜用于低速场合。因此多用于转速高、转矩小、动作要求灵敏的场合。

3. 轴向柱塞式液压马达

图 3-22 所示为轴向柱塞式液压马达的工作原理图。斜盘 1、配油盘 4 固定不动,柱塞 2 可在回转缸体 3 的孔内移动。斜盘 1 的中心线与回转缸体 3 的中心线间的倾角为 γ。高压油经配油盘 4 的窗口进入回转缸体 2 的柱塞孔时,处在高压腔中的柱塞被顶出,压在斜盘上。

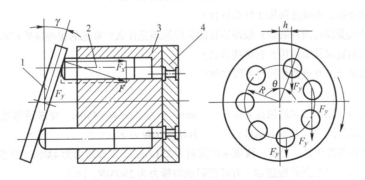

图 3-22 轴向柱塞式液压马达的工作原理图
1—斜盘;2—柱塞;3—回转缸体;4—配流盘

斜盘 1 对柱塞 2 的反作用力 F，可分解为与柱塞上液压力平衡的轴向分力 F_x 和作用在柱塞上的垂直分力 F_y。垂直分力使回转缸体产生转矩，带动马达轴转动。

思考和练习题

一、填空题

1. 液压缸是液压传动系统中重要的执行元件，是将_____转换为_____的能量转换装置，用来实现工作机构直线往复运动或小于 360°的摆动运动。
2. 液压缸按结构形式的不同，有_____、_____、_____、_____等形式，其中以_____液压缸应用最多。
3. 液压缸的结构可分为_____、_____、_____、_____和_____5 个主要部分。
4. 伸缩缸的活塞伸出顺序是_____，相应的推力变化是_____，而伸出的速度则是_____，空载缩回的顺序一般是_____，收缩后液压缸总长度较短，占用空间较小，结构紧凑。
5. 间隙密封结构简单，摩擦力小，寿命长，但对配合面的加工精度及表面粗糙度要求高，仅应用于_____、_____、_____的液压缸中。

二、选择题

1. 当工作行程较长时，采用（   ）较合适。
   A. 双杆活塞缸   B. 单杆活塞缸   C. 柱塞式液压缸   D. 摆动式液压缸
2. 差动液压缸，若使其往返速度相等，则活塞面积应为活塞杆面积的（   ）。
   A. 1 倍   B. 2 倍   C. $\sqrt{2}$ 倍
3. 在下列常见的缸体组件连接形式中，（   ）一般用于要求外形尺寸小、重量较轻的场合。
   A. 法兰连接   B. 螺纹连接   C. 拉杆连接   D. 焊接连接
4. 当液压缸的缸筒内径 D 和壁厚 δ 的比值（   ）时，为薄壁圆筒。
   A. 大于 10   B. 小于 10   C. 等于 10
5. 下列液压马达中，通常高速液压马达的基本形式有（   ），低速液压马达的基本形式是（   ）。
   A. 齿轮式   B. 螺杆式
   C. 叶片式   D. 轴向柱塞式
   E. 径向柱塞式

三、简答题

1. 如果要使机床往复运动速度相同，应采用什么类型的液压缸？
2. 什么是差动连接？差动连接用于什么场合？
3. 液压缸为什么要设有缓冲装置？缓冲装置的工作原理是什么？常见的缓冲装置有哪几种？
4. 液压缸排气装置起什么作用？有哪些形式？
5. 液压马达与液压泵有哪些相同与不同之处？

四、计算题

1. 某差动连接液压缸，已知进油流量 $q = 30\text{L/min}$，进油压力 $p = 4\text{MPa}$，要求活塞往复运动速度均为 6m/min，试计算此液压缸内径 D 和活塞杆直径 d，并求输出推力 F。
2. 设计一单杆活塞液压缸。已知：液压泵的流量为 25L/min，工作压力为 4MPa，要求往复运动速度相等，均为 6m/min，而且油缸无杆腔进油、有杆腔回油时推力为 25000N。试求：
   (1) 液压缸内径 D 和活塞杆直径 d；
   (2) 若缸筒材料选用无缝钢管，其许用应力 $[\sigma] = 120\text{MPa}$，试确定液压缸壁厚 δ。

实训 3　液压缸的拆装

一、实训目的
1. 了解各类液压缸的结构形式、连接方式、性能特点及应用等。
2. 掌握液压缸的工作原理。
3. 掌握液压缸的常见故障及排除方法，培养学生实际动手能力和分析问题、解决问题的能力。

二、工具器材
1. 实物：结合本章内容选择典型的液压缸。
2. 工具：内六角扳手 1 套、耐油橡胶板 1 块、油盆 1 个、钳工常用工具 1 套。

三、实训内容
1. 拆卸顺序
略
2. 主要零件的结构与作用
（1）观察所拆卸液压缸的类型及安装形式。
（2）活塞与活塞杆的结构及连接形式。
（3）缸筒与缸盖的连接形式。
（4）观察缓冲装置的类型。
3. 装配要领
装配前清洗各部件，将活塞杆与导向套、活塞杆与活塞、活塞与缸筒等配合面涂润滑液，然后按拆卸时的反向顺序装配。

项目4 液压控制元件

【本项目重点】

1. 三位阀的中位机能及电液换向阀的工作原理。
2. 先导式溢流阀的工作原理及溢流阀的应用。
3. 调速阀的工作原理及应用。
4. 液压控制元件的常见故障及其排除方法。

【本项目难点】

1. 电液换向阀的工作原理。
2. 调速阀的工作原理。
3. 液压控制元件的常见故障诊断。

任务1 液压控制元件概述

液压控制元件简称液压阀，用来控制液压系统中油液的压力、流量和流动方向，从而满足液压执行元件对压力、速度和换向的要求。

液压阀的基本结构主要包括阀芯、阀体和驱动阀芯在阀体内做相对运动的装置。阀芯的主要形式有滑阀、锥阀和球阀；驱动装置可以是手调机构，也可以是弹簧或电磁铁。液压阀的工作原理就是利用阀芯在阀体内的相对运动来控制阀口的通断及开口大小，来实现压力、流量和方向控制的。

4.1.1 液压阀的分类

液压阀作为液压传动系统中的控制元件，其应用数量大，种类繁多，并且有许多分类方法，常见的分类方法有以下几种。

1. 按功能分类

按功能分类，液压阀可分为方向控制阀、压力控制阀、流量控制阀三大类。

(1) 方向控制阀是用来控制液压系统中液流方向或通断的阀类，如单向阀、换向阀等。

(2) 压力控制阀是用来控制和调节液压系统液流压力以及利用压力实现控制的阀类，如溢流阀、减压阀、顺序阀等。

(3) 流量控制阀是用来控制和调节液压系统液流流量的阀类，如节流阀、调速阀等。

2. 按操纵方式分类

按操作方式分类，液压阀可分为手动阀、机动阀和电动阀。

手动阀又分为手轮、踏板、杠杆等形式；机动阀又分为挡块、弹簧、液压、气动等形式；电动阀又分为电磁铁控制和电－液联合控制等形式。

3. 按连接方式分类

按连接方式分类，液压阀可分为管式连接阀、板式连接阀、叠加阀、插装阀。

4. 按结构形式分类

在结构上主要表现为阀芯的结构不同，可分为滑阀、锥阀、球阀、喷嘴挡板阀。

4.1.2 液压阀的参数及型号

1. 参数

（1）公称通径。公称通径是指液压控制阀的主油口（进、出油口）的名义尺寸，它是液压控制阀的一个特征尺寸，用以表征阀的通流能力大小。一定的公称通径对应一定的额定流量。

（2）额定压力。额定压力是指液压控制阀长期工作所允许的最高压力。对压力控制阀而言，实际最高工作压力有时还与阀的调压范围有关。对换向阀来说，实际最高压力还可能受其功率极限的限制。

2. 型号

型号是液压阀的名称、种类、规格、性能、辅助特点等内容的综合标志，用一组规定的字母、数字、符号来表示。型号是行业技术语言的重要部分，也是选用、购销、技术交流过程中常用的依据。其说明见附录。

3. 液压阀的职能符号

液压阀的职能符号是用简略图形表示的，依靠液压元件的职能符号，能直观表示元件工作原理和职能。附录 GB/T 786.1—2009 规定画出的图形符号，是分析、绘制液压系统的基本单元。国标中每种液压元件都有各自明确的图形符号，本书分别与阀的结构原理图并列绘出。一般液压系统均由元件图形符号绘出，个别的可以用结构原理表示。

4.1.3 对液压阀的基本要求

（1）动作灵敏，使用可靠，工作时冲击和振动要小，使用寿命长。
（2）阀口开启时，压力损失要小，阀芯工作的稳定性要好。
（3）密封性能好，内泄漏少，无外泄漏。
（4）所控制的参数稳定，抗干扰能力强。
（5）结构紧凑，安装、调试、维护方便，通用性好。

任务2 液压方向控制阀

方向控制阀的基本工作原理是利用阀芯与阀体间相对位置的改变,实现油路间的通断,以满足系统对液流方向的要求。它分为单向阀和换向阀两类。

4.2.1 单向阀

液压系统中常用的单向阀有普通单向阀和液控单向阀两种,普通单向阀简称单向阀。

1. 普通单向阀

单向阀的作用是使油液只能沿一个方向流动,不许它反向倒流。要求其正向流动时压力损失小,反向截止时密封性能好。

单向阀结构形式上有直通式和直角式两种。直通式单向阀为管式连接,如图4-1(a)所示;直角式单向阀为板式连接,如图4-1(b)所示,图4-1(c)为单向阀的图形符号。

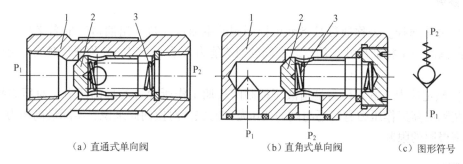

(a) 直通式单向阀　　(b) 直角式单向阀　　(c) 图形符号

图4-1 单向阀
1—阀体;2—阀芯;3—弹簧

单向阀由阀体、阀芯和弹簧等零件组成。当压力油从 P_1 口流入时,克服弹簧3作用在阀芯2上的力使阀芯右移,阀口开启,油液经阀口、阀芯上的径向孔和轴向孔,从 P_2 口流出。反之若油液从 P_2 口流入时,油压和弹簧的作用力共同作用在阀芯上,将阀芯锥面紧压在阀座上,阀口关闭,使油液不能通过。反向截止时,锥阀阀芯与阀座孔为线密封,其密封力随压力的增高而增大,故密封性能良好。

普通单向阀中的弹簧一般只起阀芯复位的作用,弹簧刚度和预压缩量较小,以免产生过大的压力损失,因此正向开启压力只需 0.03~0.05MPa,此时,单向阀可装在泵的出口处,防止系统中的液压冲击影响泵的正常工作。另外还可以用来分割油路,防止各油路工作中互相干扰。如果单向阀安装在系统的回油路中,作背压阀用,应该换上刚度较大的弹簧,使阀的开启压力达到 0.2~0.6MPa,使回油具有一定的背压,提高执行原件的运动平稳性。

2. 液控单向阀

图4-2所示为液控单向阀的结构。与普通单向阀相比,在结构上增加了控制油腔、控制活塞及控制油口K。当控制油口K处无压力油通入时,它的工作机理与普通单向阀一样,

压力油只能从通口 P_1 流向通口 P_2，不能反向流动。当控制油口通入压力油时，因控制活塞 1 右腔 a 通泄油口，油压推动控制活塞向右移动，顶杆 2 顶开阀芯 3，使通口 P_1 和 P_2 接通，油液就可以在两个方向自由通流。

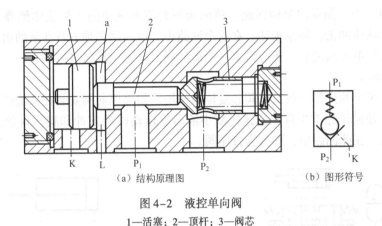

(a) 结构原理图　　　　(b) 图形符号

图 4-2　液控单向阀
1—活塞；2—顶杆；3—阀芯

液控单向阀根据泄油方式的不同，分为内泄式和外泄式。内泄式的泄油口和阀的油口 P_1 相通（可在背压腔的控制活塞杆上对称铣去两个缺口实现），外泄式的泄油口直接通油箱。一般在油口压力 P_1 较低时采用内泄式，压力较高时采用外泄式，以减小控制压力。

使用液控单向阀应该注意的是，必须保证有足够的控制压力，否则不能打开阀口；阀芯复位时，控制活塞的控制油腔的油液必须流回油箱（可通过回路中的换向阀实现）。

3. 双液控单向阀

在工程机械中，经常需要使液压执行元件（多为液压缸）在载荷作用下长时间地保持固定位置。这时可以采用两个液控单向阀来闭锁执行元件的进、回液口，且保证密封绝对可靠，使其不发生缓慢移动。为了使回路简单紧凑，常将这两个液控单向阀做成如图 4-3 所示的单一元件，称为双液控单向阀或液压锁。在系统中，A_2、B_2 两口接执行元件的进、出油口，A_1、B_1 两口接系统的进、回油管路。当 A_1 口进油时，压力油推开左侧阀芯进入 A_2 口，同时也推开右侧阀芯，使 B_2 口的回油从 B_1 口流出；反之，B_1 口进油时，压力油推开右侧阀芯进入 B_2 口，同时推开左侧阀芯，接通 A_2 和 A_1 口；A_1、B_1 两口均不进油时，则两阀芯同时关闭，可靠地将液压执行元件闭锁在相应的位置上。

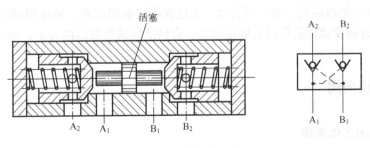

图 4-3　双液控单向阀

4. 单向阀的基本应用回路

1) 单向回路

图4-4所示为一简单的单向回路。单向阀不允许系统中的工作液体倒灌入液压泵,以防止系统发生液压冲击,将泵损坏。在这个回路中,单向阀必须安装在泵的出口和换向阀之间,而且在泵与单向阀之间,还应设置一个溢流阀,以避免液压泵过载。

2) 背压回路

普通单向阀中的弹簧一般只起阀芯复位的作用,如果单向阀安装在系统的回油路中,如图4-5所示,使回油路产生背压,这样减小液压缸运动时的前冲和爬行现象,提高液压缸运动的平稳性。在此回路中,称其为背压阀。

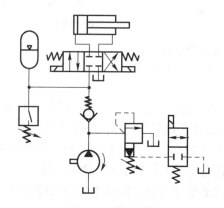

图4-4 单向回路

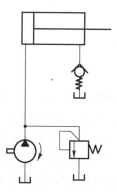

图4-5 背压回路

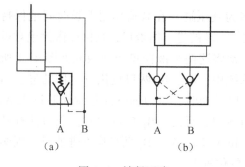

图4-6 锁紧回路

3) 锁紧回路

如图4-6(a)所示,单向锁紧回路常用于垂直工作的液压缸上,在液压缸的下腔接入一个液控单向阀,在A、B两条管路停止供液以后,液控单向阀关闭,将液压缸下腔液体锁住,避免活塞杆在垂直载荷或自重作用下而向下移动,使其停在所要求的位置上,一直到A或B管路重新供液为止。

如图4-6(b)所示,双向锁紧回路中,当A、B两油口停止供液以后,液压锁关闭,无论液压缸如何放置,液压锁都会将液压缸的两侧腔体锁住,进而使液压缸保持在固定位置,直到液压锁重新供油为止,如汽车起重机的液压支腿回路。

4.2.2 换向阀

1. 换向阀的工作原理

换向阀利用阀芯和阀体的相对运动,断开或者接通油路,变换油液流动的方向。从而使执行元件启动、停止或变换运动方向。

按结构类型可分为滑阀式、转阀式和球阀式，其中滑阀式在液压系统中应用最广。所以下面以滑阀式换向阀介绍其结构、种类和特点。

图4-7所示为换向阀的工作原理。在图示状态下，液压缸两腔不通压力油，活塞处于停止状态。若使阀芯1左移，阀体2的油口P和A连通、B和T连通，则压力油经P、A进入液压缸左腔，右腔油液经B、T流回油箱，活塞向右运动；反之，若使阀芯右移，则油口P和B连通、A和T连通，活塞便向左运动。由其工作原理可知，该阀共有4个油口（P、A、B、T），阀芯相对于阀体共有3个工作位置，所以该阀为三位四通换向阀。

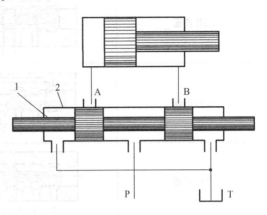

图4-7 换向阀的工作原理
1—阀芯；2—阀体

换向阀图形符号的含义如下。

(1) 滑阀式换向阀就是通过阀芯在阀体内滑动来变换工作位置的阀，阀芯的每一个相对工作位置代表换向阀的一个"位"，用一个方格表示，3个格即表示"三位"。所以按位数来分，换向阀可分为二位、三位、四位等。

(2) 换向阀与液压系统相连接的主油口数叫做"通"（不包括控制油口和外泄油口），一般有二通、三通、四通、五通等。箭头"↑"表示两油口相通，但不表示实际油流方向，"⊤"或"⊥"表示两油口不通。箭头、箭尾及不连通符号与任一方格的交点数表示油口的通路数。

(3) P表示通油泵或者压力油进口，T表示通油箱，A和B表示连接其他工作油路的油口。有时在图形符号上用L表示泄油口。

(4) 三位阀的中间位（符号的中间方格）和二位阀靠近弹簧的一侧为阀的常态位置，即阀芯未受到操纵力作用时所处的位置。在液压系统中，换向阀的符号与油路的连接一般应画在常态位上。

(5) 换向阀职能符号左位（右位）表示阀芯向右（左）移动，左位（右位）工作，阀内部油路的导通状况由职能符号左位（右位）描述。

表4-1 滑阀式换向阀主体部分的结构形式

名　　称	结构原理图	符　　号
二位二通		
二位三通		

续表

名　称	结构原理图	符　号
二位四通	A P B T	A B / P T
三位四通	A B P T	A B / P T
二位五通	T₁ A P B T₂	T₁ P T₂

2. 换向阀的操纵方式

滑阀式换向阀有多种操纵方式，主要包括手动、机动、电磁动、液动、电液动等方式。操纵方式和复位弹簧的符号要画在方格的两侧。

1) 机动换向阀

机动换向阀又称为行程阀。这种阀需安装在液压缸的附近，在液压缸驱动工作部件的行程中，靠安装在预定位置的挡块或凸轮压下滚轮通过推杆使阀芯移位，换向阀换向。机动换向阀常为二位阀，用弹簧复位，有二通、三通、四通等几种。二位二通阀又分为常开（常态位两油口相通）和常闭（常态位两油口不通）两种形式。图4-8 (b) 为其图形符号。

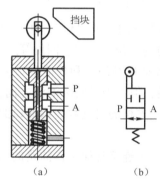

图4-8　机动换向阀
1、5—阀盖；2—弹簧；3—阀体；
4—阀芯；6—推杆；7—滚轮

机动换向阀结构简单，动作可靠，换向位置精度高。但由于必须安装在液压执行元件附近，所以连接管路较长，使液压装置不紧凑。

2) 手动换向阀

手动换向阀是用手动杠杆操纵阀芯换位的换向阀。按换向定位方式不同，分为弹簧复位式和钢球定位式，如图4-9所示。前者在手动操纵结束后，弹簧力的作用使阀芯能够自动回复到中间位置；后者由于定位弹簧的作用使钢球卡在定位槽中，换向后可以实现位置的保持。

手动换向阀结构简单，动作可靠。一般情况下还可以人为地控制阀开口的大小，从而控制执行元件的速度，在工程机械中得到广泛应用。

3) 电磁动换向阀

电磁动换向阀简称电磁换向阀。是靠通电线圈对衔铁的吸引转化而来的推力操纵阀芯换位的换向阀。图4-10为阀芯为二台肩结构的三位四通Y形中位机能的电磁换向阀。

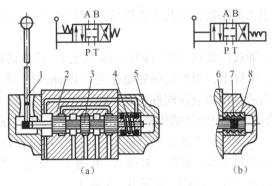

图 4-9 手动换向阀

1—手动杠杆；2—阀体；3—阀芯；4—弹簧；5—阀盖；6—定位槽；7—定位钢球；8—定位弹簧

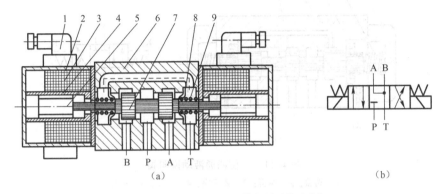

图 4-10 三位四通 Y 形电磁动换向阀

1—电插头；2—壳体；3—电磁铁；4—隔磁套；5—衔铁；
6—阀体；7—阀芯；8—弹簧座；9—弹簧

阀体的两侧各有一个电磁铁和一个对中弹簧。图示为电磁铁断电状态，在弹簧力的作用下，阀芯处在常态位（中位）。当左侧的电磁铁通电吸合时，衔铁通过推杆将阀芯推至右端，则 P、A 和 B、T 分别导通，换向阀在图形符号的左位工作；反之，右端电磁铁通电时，换向阀就在右位工作。

电磁铁不仅有交流和直流之分，而且有干式和湿式之别。交流电磁铁结构简单、使用方便，启动力大，动作快，但换向冲击大，噪声大，换向频率不能太高（约 30 次/min），当阀芯被卡住或由于电压低等原因吸合不上时，线圈易烧坏。直流电磁铁需直流电源或整流装置，但换向冲击小，换向频率允许较高（最高可达 240 次/min），而且有恒电流特性，电磁铁吸合不上时线圈也不会烧坏，故工作可靠性高。还有一种本整型（本机整流型）电磁铁，其上附有二极管整流线路和冲击电压吸收装置，能把接入的交流电整流后自用。干式电磁铁不允许油液进入电磁铁内部，推动阀芯的推杆处要有可靠的密封，摩擦阻力大，运动有冲击，噪声大，使用寿命较短（一般只能工作 50 到 60 万次）；湿式电磁铁如图 4-10 所示，其中装有隔磁套 4，回油可以进入隔磁套内，衔铁在隔磁套内运动，阀体内没有运动密封，阀芯运动阻力小，油液对衔铁的润滑和阻尼作用，使阀芯的运动平稳，噪声小，使用寿命长（可以工作 1000 万次以上），但其价格较贵。

由于电磁阀控制方便，有利于提高液压传动的自动化程度，所以在各种液压设备上应用广泛。但由于电磁铁吸引力的限制,因此电磁阀只适用于流量不大的场合。

4) 液动换向阀

当液压阀规格较大,通过的流量大时(63L/min以上),产生的液动力就很大,这时电磁力很难满足换向要求。实际上,当换向阀的通径大于10mm时,常采用液压力来操纵阀芯换位。采用液压力操纵阀芯换位的液压阀称为液动阀。

图4-11为三位四通液动换向阀的结构原理图和图形符号,K_1、K_2为液控口,当K_1、K_2均不通入压力油时,阀芯在两端弹簧的作用下处于中位(图示位置);当K_1通入压力油,K_2接油箱时,阀芯右移,阀左位工作,此时,P通A、B通T;反之,当K_2通入压力油,K_1接油箱时,阀芯左移,阀右位工作,此时,P通B、A通T。

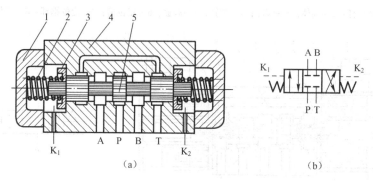

图4-11 三位四通液动换向阀
1—阀盖;2—弹簧;3—弹簧座;4—阀体;5—阀芯

5) 电液动换向阀

驱动液动换向阀的液压油可以采用机动阀、手动阀或电磁换向阀来进行控制。采用电磁换向阀控制液动换向阀的组合称为电液动换向阀,简称电液换向阀,它集中了电磁换向阀和液动换向阀的优点。这里,电磁换向阀起先导控制作用,称为先导阀,其通径可以很小;液动换向阀为主阀,控制主油路换向。液动换向主阀主要采用弹簧对中方式(也有采用液压对中方式的,应用较少,这里不介绍),如图4-12所示,作为先导阀的电磁换向阀的中位需采用Y形机能,保证在电磁铁不通电时,液动换向阀的左、右控制腔连通油箱,消除液压力影响,保证弹簧力可靠对中。

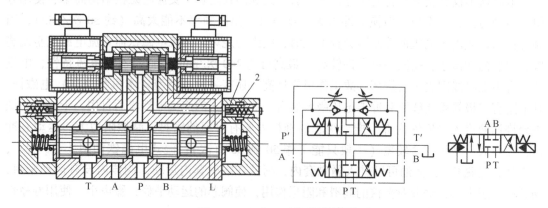

图4-12 三位四通电液换向阀
1—节流阀;2—单向阀

在电液换向阀的先导阀和主阀之间，常设一对阻尼调节器，它们可以是叠加式单向节流阀，如图4-12所示。当控制油进入主阀芯的控制腔时经过单向阀，控制油流出时经过节流阀（出油节流调速），通过调节节流阀的开口，控制阀芯的换位速度。

3. 滑阀的中位机能

三位换向阀的阀芯在中间位置时，各通口间有不同的连通方式，可满足不同的使用要求。这种典型的连通方式称为中位机能。换向阀的阀体一般设计成通用件，对同规格的阀体配以台肩结构、轴向尺寸及内部通孔等不同的阀芯可实现常态位各油口的不同中位机能。三位四通阀和三位五通阀才有中位机能，表4-2所示为三位四通换向阀常见的5种中位机能的名称、结构原理、图形符号和中位特点。

表4-2 换向阀的结构原理及图形符号

中位形式	结构原理图	图形符号	中位特点
O	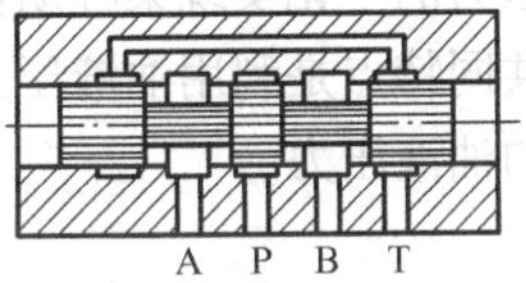	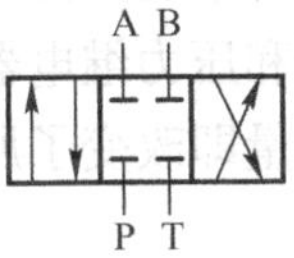	液压阀从其他位置转换到中位时，执行元件立即停止，换向位置精度高，但液压冲击大；液压执行元件停止工作后，油液被封闭在阀后的管路及件中，重新启动时较平稳；在中位时液压泵不能卸荷
H	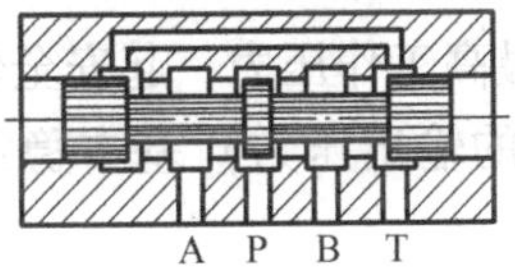	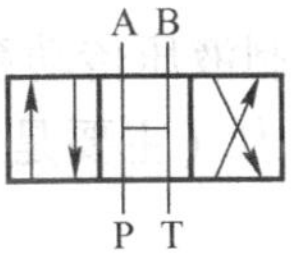	换向平稳，液压缸冲击量大，换向位置精度低；执行元件浮动；重新启动时有冲击；液压泵在中位时卸荷
Y	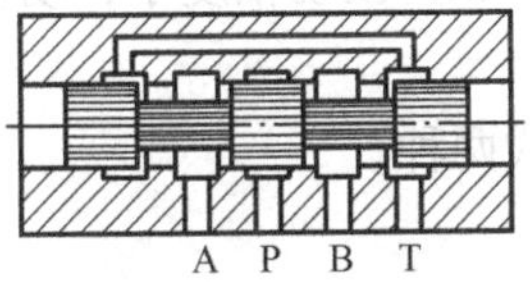	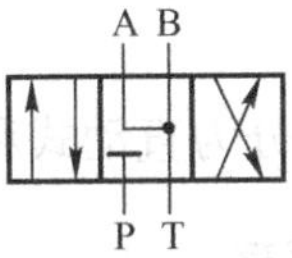	P口封闭，A、B、T导通。换向平稳，液压缸冲击量大，换向位置精度低；执行元件浮动；重新启动时有冲击；液压泵在中位时不卸荷
M	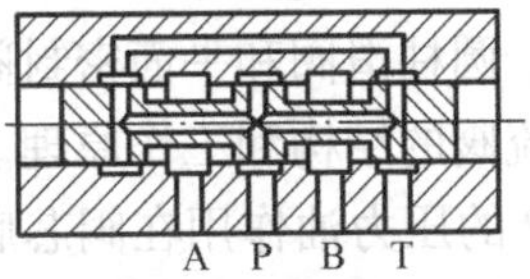	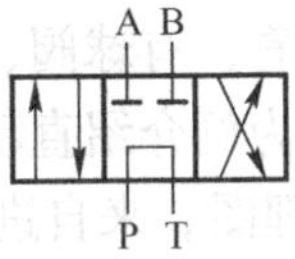	液压阀从其他位置转换到中位时，执行元件立即停止，换向位置精度高，但液压冲击大；液压执行元件停止工作后，执行元件及管路充满油液，重新启动时较平稳；在中位时液压泵卸荷
P	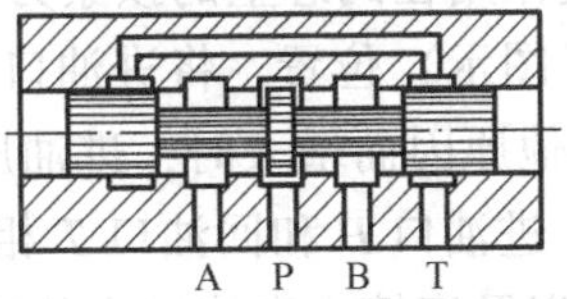	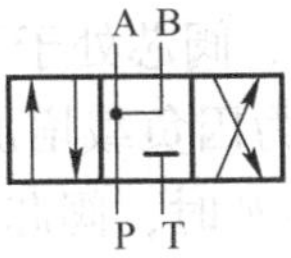	T口封闭，P、A、B导通。换向平稳，液压缸冲击量大，换向位置精度低；执行元件浮动（差动液压缸不能浮动）；重新启动时有冲击；液压泵在中位时不卸荷

中位机能不仅直接影响液压系统的工作性能，而且在换向阀由中位向左位或右位转换时对液压系统的工作性能也有影响。因此，在使用时应合理选择换向阀的中位机能。通常，中位机能的选用原则如下。

（1）系统保压与卸荷。当液压阀的P口被堵塞时，系统保压，这时的液压泵可以用于多缸系统。如果液压阀的P口与T口相通，这时液压泵输出的油液直接流回油箱，没有压力，称为系统卸荷。

（2）换向精度与平稳性。若 A、B 油口封闭，液压阀从其他位置转换到中位时，执行元件立即停止，换向位置精度高，但液压冲击大，换向不平稳；反之，若 A、B 油口都与 T 相通，液压阀从其他位置转换到中位时，执行元件不易制动，换向位置精度低，但液压冲击小。

（3）启动平稳性。若 A、B 油口封闭，液压执行元件停止工作后，阀后的元件及管路充满油液，重新启动时较平稳；若 A、B 油口与 T 相通，液压执行元件停止工作后，元件及管路中油液泄漏回油箱，执行元件重新启动时不平稳。

（4）液压执行元件"浮动"。液压阀在中位时，靠外力可以使执行元件运动来调节其位置，称为"浮动"。如 A、B 油口互通时的双出杆液压缸或 A、B、T 口连通时情况等。

任务 3　液压压力控制阀

压力控制阀是用来控制和调节液压系统压力并利用压力的变化实现某种动作的阀类。按功用可分为溢流阀、减压阀、顺序阀和压力继电器。其共同特点是利用油液压力和弹簧力相平衡的原理来工作。调节弹簧预压缩量即改变了所控制的油液压力。

4.3.1　溢流阀

溢流阀基本功能有两个，一是限制液压传动系统的最高工作压力，起安全保护作用，通常称为安全阀；另一个是保持系统压力（主要是液压泵的输出压力）基本稳定不变，起稳压作用，一般称为稳压阀或溢流阀。

对溢流阀的主要要求是：调压范围大，调压偏差小，压力波动幅度小，动作灵敏，过流能力大，噪声小。

溢流阀按其结构和工作原理，可分为直动式和先导式两种。

1. 直动式溢流阀的结构和工作原理

直动式溢流阀，从其阀芯结构来看，有球阀、锥阀、圆柱滑阀和平面密封阀等，其中锥阀和滑阀应用最为广泛，下面以锥阀为例介绍直动式溢流阀的结构和工作原理。

图 4-13 为直动式溢流阀结构原理图。来自进油口 P 的压力油作用在阀芯底部，若作用面积为 A，则压力油作用在该面上的力为 pA。调压弹簧作用在阀芯上的预紧力为 F_s（$F_s = kx_0$）。当进油压力较小（$pA < F_s$）时，阀芯处于下端（图示）位置，将进油口 P 和回油口 T 隔开，即不溢流。当系统的工作压力因负载增加或其他原因而增大时，进油压力将升高，当 $pA = F_s$ 时，阀芯即将开启。当 $pA > F_s$ 时，阀芯上移，进油口 P 和回油口 T 相通，溢流阀开始溢流。当溢流阀稳定工作时，若不考虑阀芯的自重以及摩擦力和液动力的影响，则 $p = F_s/A$，由于 F_s 变化不大，故可以认为溢流阀进油口出压力 p 基本保持恒定，这时溢流阀起溢流恒压的作用。

拧动手轮可调节溢流阀调压弹簧的预压缩量，进而改变溢流阀的溢流压力，以满足不同液压系统和元件的要求。

直动型溢流阀结构简单，灵敏度高，一般只能用于低压小流量的场合。如果控制压力高、通过流量大，必须增大其调压弹簧的刚度，不但手动调节困难，而且随着溢流量的变化，它所控制的系统压力波动程度也很严重，所以直动型溢流阀不适于在高压、大流量下工作，一般其最大调整压力为 2.5MPa。因此，在中高压或大流量系统中，一般只用直动型溢流阀作安全阀使用，而不用它作为稳压阀使用。在中高压或大流量系统中，使用最多的安全阀和稳压阀还是先导式溢流阀。

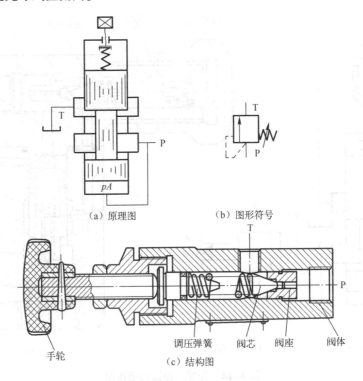

图 4-13 锥阀型直动式溢流阀结构原理图

2. 先导式溢流阀的结构和工作原理

图 4-14 所示为先导型溢流阀结构图，该阀由先导阀和主阀两部分组成。

压力油从进油口进入进油腔 P，经主阀芯的轴向孔 f 进入阀芯下腔，同时油液又经阻尼孔 e 进入主阀芯的上腔，并经孔 c、孔 d 作用于先导阀芯上。当系统压力低于先导阀调压弹簧调定的压力时，先导阀关闭，主阀芯上、下两腔的压力相等，主阀芯在主阀弹簧的作用下处于最下端原始位置（图示位置），进油腔 P 和回油腔 T 不相通，无溢流产生。当系统压力升高，作用在先导阀芯上的液压力大于调压弹簧的调定压力时，先导阀打开，主阀上腔的油液经先导阀口、孔 a、回油腔 T 流回油箱。这时就有压力油经主阀芯上的阻尼孔流动，因而就产生了压力降，使主阀芯上腔的压力 P_1 小于下腔的压力 P。当此压力差对主阀芯所产生的作用力超过主阀弹簧力 F_s 时，阀芯被抬起，进油口 P 和回油口 T 相通，主阀开始溢流，从而保持进油口压力不变，也即调定了系统的压力。

调节先导阀的调压手轮，便能调整弹簧的预压缩量，进而调节系统的溢流压力；更换不同刚度的调压弹簧，便能得到不同的调压范围。

先导型溢流阀上开有一个远程控制口 K，它和主阀芯的上腔相连，图示为控制口封闭状态。当要实行远程控制时，在此口连接一个调压阀，相当于给溢流阀的调压部分并联一个先导调压阀，溢流阀工作压力就由溢流阀本身的先导调压阀和远程控制口上连接的调压阀中较小的调压值决定。调节远程控制口上连接的调压阀（调节压力小于溢流阀本身先导阀的调定值）可以实现对于溢流阀的远程控制或使溢流阀卸荷。如不使用其功能，则堵上远程控制口即可。

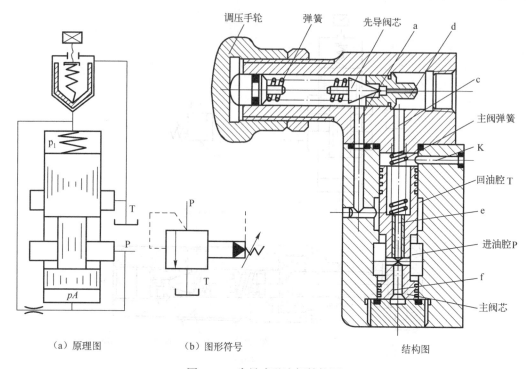

（a）原理图　　　（b）图形符号　　　　　　　结构图

图 4-14　先导式溢流阀结构图

先导型溢流阀中，先导阀用于控制和调节溢流压力，其阀口直径较小，即使在较高压力的情况下，作用在锥阀芯上的液压力也不大，因此调压弹簧的刚度不必很大，压力调整也比较轻便；而主阀的作用是溢流，主阀内的弹簧为平衡弹簧，其刚度很小，仅为了克服摩擦力使主阀芯及时复位而设置的。这样，当溢流量变化而引起弹簧压缩量变化时，进油口的压力变化不大。故先导型溢流阀的稳压性优于普通直动型溢流阀。但先导型溢流阀是二级阀，必须在先导阀和主阀都动作后才能起控制压力的作用，因此其灵敏度低于直动型阀。

3. 溢流阀的作用

1）作为安全阀用

图 4-15（a）所示为最简单、最常用的限压回路，也称为安全保护回路。它是将溢流阀（多为直动式溢流阀）并联在变量泵的出口处，起压力限定或安全保护作用。由于变量泵的输出流量可以根据执行元件的需要进行调节，在系统中不会产生多余的工作液体。因此，在正常工作条件下，溢流阀总是关闭的。当系统压力因负载增加或其他故障原因而增大，达到或超过溢流阀所限定的压力时，溢流阀开启，从而限制系统压力继续上升，对系统或元件起到过载保护作用。

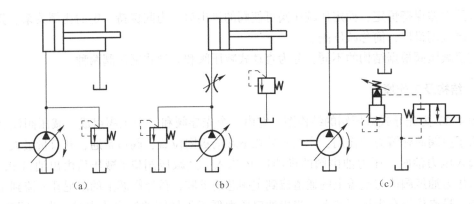

图 4-15 溢流阀的应用

2) 作为溢流阀用

图 4-15（b）所示为常见的稳压回路，也称为调压回路。在采用定量泵供油的液压系统中，由流量控制阀调节进入执行元件的流量，定量泵输出的多余油液则从溢流阀流回油箱。在工作过程中溢流阀口常开，系统的工作压力由溢流阀调整并保持基本恒定。

3) 作为卸荷阀用

如图 4-15（c）所示，将先导式溢流阀远程控制口 K 通过二位二通电磁阀与油箱连接。当电磁铁断电时，远程控制口 K 被堵塞。当电磁铁通电时，远程控制口 K 通油箱，此时，先导阀关闭，其前腔液体油压为零，少量液压油经主阀内的阻尼孔 e、遥控口 K，二位二通电磁阀回油箱，溢流阀主阀芯上端压力接近于零，此时溢流阀口全开，回油阻力很小，泵输出的油液便在低压下经溢流阀口流回油箱，使液压泵卸荷，减小系统功率损失，故溢流阀起卸荷作用。在此回路中，溢流阀与电磁阀的连接管道越短，溢流阀的动态性能就越好。

4) 作为背压阀用

如图 4-15（b）所示，溢流阀接在回油路上，可对回油产生阻力，即形成背压，利用背压可提高执行元件的运动平稳性。

5) 实现远程调压

如图 4-16 所示，在先导式溢流阀 1 的遥控口 K 上连接一个微型（小流量）溢流阀 2，只要 2 的调定压力 p_{2H} 小于阀 1 的调定压力 p_{1H}，就可以对主阀 2 的调定压力进行远距离调节。溢流阀 2 又称为远程调压阀。

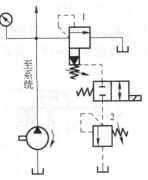

图 4-16 远程调压回路

4.3.2 减压阀

减压阀是一种将出口压力（也称为二次回路压力）调节到低于它的进口压力（又称为一次回路压力）的压力控制阀。利用减压阀可使同一系统具有两个或两个以上的压力回路。减压阀根据调节规律不同可以分为定值减压阀、定差减压阀和定比减压阀。定值减压阀可以获得比进口压力低且稳定的出口工作压力值，它不随外部干扰而改变。定差减压阀可使阀的进出口压力差保持恒定；而定比减压阀可使阀的进出口压力间保持一定的比例关系。其中定值减压阀应用最广，简称减压阀。

定值减压阀根据结构的不同，分为直动式减压阀和先导式减压阀两种。

1. 结构及工作原理

图 4-17 为先导式减压阀的结构图。它由一个先导阀和一个主阀组成。减压阀没有工作时，由于主阀芯弹簧力的作用，主阀芯处在下端的极限位置，阀口常通，开口量最大。在减压阀通入压力油时，压力油由阀的进油口 P_1 流入，经减压阀口 f 减压后由出油口 P_2 流出，出油口压力油经阀体与端盖上的通道流到主阀芯的下腔，再经阀芯上的阻尼孔 e 流到主阀芯的上腔，最终作用在先导阀芯上。当出油口压力低于先导阀的调定压力时，先导阀芯关闭，油液便不能在阻尼孔内流动，则主阀芯上、下两腔压力相等，主阀芯在弹簧的作用下处于最下端，缝隙 x 值最大，即减压口 f 开度为最大，阀处于非工作状态。当出口压力达到先导阀的调定压力时，先导阀芯被顶开，主阀芯上腔的油液便由外泄油口 L 流回油箱，主阀芯阻尼孔内就有油液流动，致使主阀芯上、下两端产生压力差，主阀芯在压力差的作用下，克服弹簧力上移，缝隙 x 值减小，即减压口 f 减小，进出口压降增大，使出口压力下降到调定值；反之，出口的压力减小时，阀芯下移，减压口 f 增大，使节流降压作用减弱，控制出口的压力维持在调定值。

调节先导阀调压弹簧的预压缩量，可获得减压阀不同的调定压力。

同样，先导型减压阀具有远程控制口 K，通过它可以实现远程控制。

2. 减压阀的功用

减压阀的主要功用是降低液压系统某一局部回路的压力，使之得到比液压泵供油压力低且稳定的工作压力，避免一次压力的波动对执行元件的影响，如图 4-18 所示。通常在控制回路、润滑供油回路、夹紧回路中应用较多。

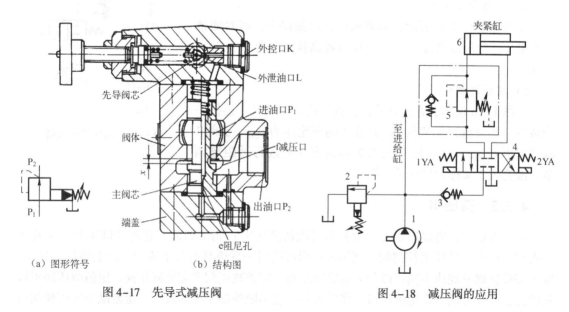

图 4-17　先导式减压阀　　　　图 4-18　减压阀的应用

需要指出的是应用减压阀组成减压回路虽然可以方便地使某一分支回路压力降低，但油液流经减压阀将产生压力损失，这增加了功率损失并使油液发热，对系统的工作不利。

4.3.3 顺序阀

顺序阀是利用油路中压力的变化来控制阀口通断，以实现各工作部件依次顺序动作的液压元件，其实质是用压力控制二位二通方向阀。

顺序阀按控制方式不同，分为内控式顺序阀和外控式顺序阀。内控式顺序阀直接利用阀的进口压力油控制阀的开启和关闭；外控式顺序阀利用外来的压力油控制阀的开启和关闭。按结构不同，可分为直动式顺序阀和先导式顺序阀。直动式顺序阀一般用于低压系统，先导式顺序阀用于中高压系统。

1. 顺序阀的工作原理和结构

图4-19为直动型顺序阀的结构和图形符号。压力油从两个进油口 P_1 进入，经阀体上的孔道 a 和端盖上的阻尼孔 b 流到控制活塞的底部，当进油口的液压力增大，使控制活塞能够克服阀芯上部的弹簧力时，阀芯上移，进、出油腔连通，油液从 P_2 流出至执行元件，该阀阀芯开启受进油口压力控制，属内控式顺序阀，符号如图4-19（b）所示。

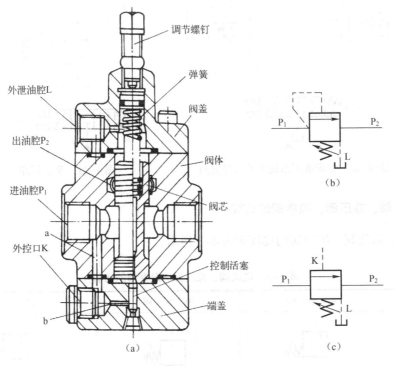

图4-19 直动型顺序阀

如果将图4-19（a）中的端盖旋转90°安装，进油口通向控制活塞的通道被切断，并除去外控口的螺塞，引入控制压力油，便成为外控式顺序阀。其符号如图4-19（c）所示。

用一个单向阀和顺序阀并联可组成单向顺序阀。这种阀的特点是当液压油反向流动时，可从单向阀顺利通过，而不受顺序阀的限制。

2. 顺序阀的特性和应用

内控式顺序阀与溢流阀很相似：阀口常闭，进口压力控制，但是阀的出口油液要工作，所以有单独的泄油口。因此，经过适当改造，溢流阀可以作顺序阀使用，反过来，顺序阀也可以作为溢流阀使用。

顺序阀多用于多个执行元件的顺序动作。其进口压力先要达到阀的调定压力值，而出口压力取决于负载。当负载压力高于阀的调定压力时，进口压力等于阀的出口压力值，阀口全开；当负载压力低于调定压力时，进口压力等于调定压力值，阀的开口为某一调定开口。

顺序阀在液压系统中主要应用有以下几个方面。

（1）执行多个执行元件的顺序动作，如图 4-20 所示。
（2）与单向阀组成平衡阀，如图 4-21 所示。
（3）内控顺序阀接在油缸回油路上，作背压阀使用。
（4）外控顺序阀可用作卸荷阀。

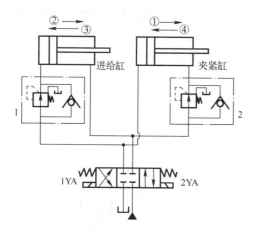
图 4-20 钻床液压系统中的顺序回路

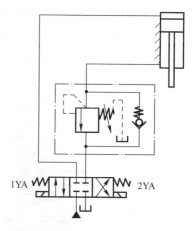
图 4-21 平衡回路

3. 溢流阀、减压阀、顺序阀的比较

溢流阀、减压阀、顺序阀的比较如表 4-3 所示。

表 4-3 溢流阀、减压阀、顺序阀的比较

项 目	溢流阀	减压阀	顺序阀
职能符号			
控制油路的特点	通过调整弹簧的压力控制进油路的压力，保证进口压力恒定，$p_2=0$ 阀芯不断浮动	通过调整弹簧的压力控制出油口的压力，保证出口压力 p_2 恒定	直动式通过调定调压弹簧的压力，控制进油路的压力；外控式由单独油路控制压力；阀芯开或者关
出油口情况	出油口与油箱相连	出油口与减压回路相连	出油口与工作回路相连

续表

项　目	溢　流　阀	减　压　阀	顺　序　阀
泄漏形式	内泄式	外泄式	内泄式、外泄式
常态	常闭（原始状态）	常闭（原始状态）	常闭（原始状态）
工作状态进油口压力值	进出油口相连，进油口的压力为调整压力，压降大	进油口压力高于出油口压力，出油口压力稳定在调整值上，压降大	进出油口相通，进油口压力允许继续升高。压降小
连接方式	并联	串联	实现顺序动作式串联，作卸荷阀用时并联
功用	定压、溢流、安全限压、稳压、保压	减压、稳压	不控制系统压力，只利用系统的压力变化控制油路的通断
控制阀口	进油腔压力 p_1 控制阀芯移动保证进口压力为定值	出油腔压力 p_2 控制阀芯移动保证出口压力为定值	进油腔压力 p_1 控制阀芯移动
外控口	有	有	有

【例 4.1】 如图 4-22 所示，液压系统液压缸的有效面积 $A_1 = A_2 = 100\text{cm}^2$，缸 I 的负载 $F = 3500\text{N}$，缸 II 运动时负载为零。不计摩擦阻力、惯性力和管路损失。溢流阀、顺序阀和减压阀的调整压力分别为 4MPa、3MPa 和 2MPa，求在下列三种工况下 A、B、C 三点的压力。

（1）液压泵启动后，两换向阀处于中位。

（2）1YA 通电，缸 I 活塞运动时及活塞运动到终端后。

（3）1YA 断电、2YA 通电，缸 II 活塞运动时及活塞碰到死挡铁时。

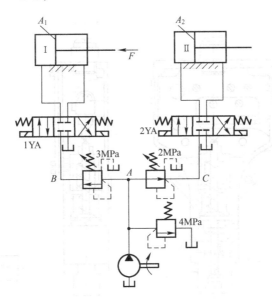

图 4-22　例 4.1 图

解：

（1）液压泵启动后，两换向阀处于中位时：顺序阀处于打开状态，减压阀口关小，A 点压力升高，溢流阀打开，这时

$$P_A = 4\text{MPa} \quad P_B = 4\text{MPa} \quad P_C = 2\text{MPa}$$

(2) 1YA 通电，缸 I 活塞运动时及活塞运动到终端后。

缸 I 活塞运动时

$$P_B = F/A_1 = 3.5 \times 10^4/100 \times 10^{-4} \text{Pa} = 3.5 \times 10^6 \text{Pa} = 3.5 \text{MPa}$$

缸 I 活塞运动到终端后

$$P_A = P_B = 4\text{MPa} \quad P_C = 2\text{MPa}$$

(3) 1YA 断电，2YA 通电，缸 II 活塞运动时及活塞碰到死挡铁时。

缸 II 活塞运动时，$P_C = 0$，如不考虑油液流经减压阀的压力损失，则

$$P_A = P_B = 0$$

缸 II 活塞碰到死挡铁时

$$P_C = 2\text{MPa} \quad P_A = P_B = 4\text{MPa}$$

4.3.4 压力继电器

压力继电器是将液压信号转变为电信号的一种信号转换元件，它根据液压系统的压力变化自动接通和断开有关电路，借以实现程序控制和安全保护作用。根据其结构原理不同，可分为柱塞式、弹簧管式和薄膜式等类型。

图 4-23 为柱塞式压力继电器的结构和图形符号。当 P 口连接的压力油压力达到压力继电器动作的调定压力时，作用于柱塞 1 上的液压力克服弹簧力，推动顶杆 2 向上移动，使微动开关 4 触点闭合，发出电信号。改变调节螺钉的预压力可以调整压力继电器的动作压力。

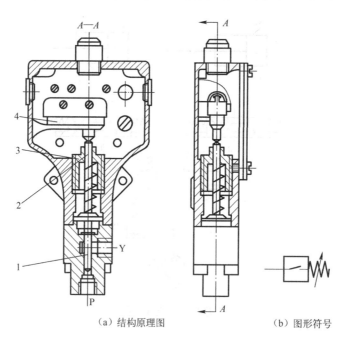

(a) 结构原理图　　(b) 图形符号

图 4-23 压力继电器
1—柱塞；2—顶杆；3—调节螺钉；4—微动开关

压力继电器发出的电信号可以直接操纵阀用电磁铁或其他中间继电器。

任务 4　液压流量控制阀

流量控制阀的功用是通过改变阀口通流面积来调节输出流量,从而控制执行元件的运动速度。常用的流量控制阀有节流阀和调速阀。

4.4.1　节流阀

节流阀的基本功能是在一定的阀口压差作用下,通过改变阀口的通流面积,来调节其通过流量,因而可对液压执行元件进行调速。另外节流阀实质上还是一个局部的可变液阻,因而还可利用它对系统进行加载。

1. 常用节流阀阀口的结构

节流口的形式很多,图 4-24 所示为常用的几种。图 4-24（a）为针阀式节流口,针阀芯作轴向移动时,改变环形通流截面积的大小,从而调节了流量。图 4-24（b）为偏心式节流口,在阀芯上开有一个截面为三角形（或矩形）的偏心槽,当转动阀芯时,就可以调节通流截面积大小而调节流量。这两种形式的节流口结构简单,制造容易,但节流口容易堵塞,流量不稳定,适用于性能要求不高的场合。图 4-24（c）为轴向三角槽式节流口,在阀芯端部开有一个或两个斜的三角沟槽,轴向移动阀芯时,就可以改变三角槽通流截面积的大小,从而调节流量。图 4-24（d）为周向缝隙式节流口,阀芯上开有狭缝,油液可以通过狭缝流入阀芯内孔,然后由左侧孔流出,转动阀芯就可以改变缝隙的通流截面积。图 4-24（e）为轴向缝隙式节流口,在套筒上开有轴向缝隙,轴向移动阀芯即可改变缝隙的通流面积大小,以调节流量。这 3 种节流口性能较好,尤其是轴向缝隙式节流口,其节流通道厚度可薄到 0.07~0.09mm,可以得到较小的稳定流量。

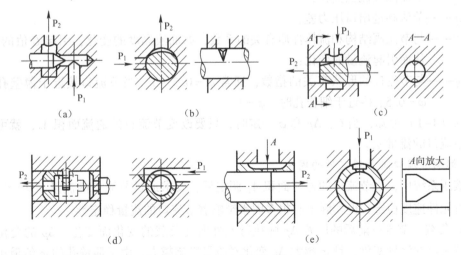

图 4-24　常用的节流口形式

2. 节流阀的典型结构与工作原理

节流阀的结构原理如图 4-25（a）所示,它的节流口是轴向三角槽式。打开节流阀时,

压力油从进油口 P_1 进入，经孔 a、阀芯 1 左端的轴向三角槽以及孔 b 和出油口 P_2 流出。阀芯 1 在弹簧力的作用下始终紧贴在推杆 2 的端部。旋转手轮 3，可使推杆沿轴向移动，改变节流口的通流面积，从而调节通过阀的流量。图 4-25（b）所示为普通节流阀的图形符号。

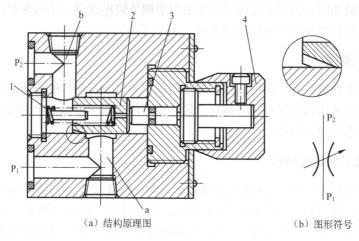

(a) 结构原理图　　　　　　(b) 图形符号

图 4-25　节流阀

3. 节流阀的特性

1) 节流口流量特性公式

通过节流口的流量与其结构有关，实际应用的节流口都介于理想薄壁孔和细长孔之间，故其流量特性可用式（4-1）表示

$$q_v = CA_T \Delta p^\varphi \tag{4-1}$$

式中　A_T——节流阀过流截面积；

　　　Δp——节流阀进出口压力差；

　　　C——与节流阀结构和流体性质有关的系数，如油液黏度的变化，引起 C 值的变化，从而引起流量的变化；

　　　φ——与节流口的形状有关的指数，通常 $\varphi = 0.5 \sim 1$。当节流口接近于薄壁孔时，$\varphi = 0.5$；接近于细长孔时，$\varphi = 1$。

由式（4-1）可知，当 C、Δp 和 φ 一定时，只要改变节流口的通流面积 A_T，就可以调节通过节流口的流量 q_v。

2) 影响节流口流量稳定性的因素

在液压系统中，当节流口的通流面积 A_T 调定后，要求通过节流口的流量 q_v 稳定不变，以使执行元件速度稳定，但实际上有很多因素影响着节流口的流量稳定性。

（1）负载。节流口前后的压差 Δp 随执行元件所受负载的变化而变化，Δp 的变化会引起通过节流口的流量变化，且 φ 越大 Δp 变化对流量影响越大。由于薄壁孔的 φ 值最小，因此节流口多采用薄壁孔。

（2）温度。油温变化引起油的黏度变化，式（4-1）中的 C 值就会发生变化，从而引起流量变化。节流口越长，影响越大，薄壁孔长度短，对温度变化最不敏感，所以节流口多采用薄壁孔。

(3) 节流口的堵塞。油液中的杂质及因氧化而生成的胶质和沥青等胶状物质会堵塞节流口或聚积在节流口上，聚积物有时又会被高速液流冲掉，使节流口面积时常变化而影响流量稳定性。通流面积越大，水力直径越大，节流通道越短，节流口就越不容易堵塞，流量稳定性也就越好。流量控制阀有一个保证正常工作的最小流量限制值，称为最小稳定流量。所以为了保证节流阀的正常工作，要根据回路流量要求和节流阀的最小稳定流量参数，选择适当的节流阀，并要定期更换油液。

4.4.2 调速阀

1. 结构及工作原理

调速阀是由定差减压阀和节流阀组成的复合阀。通常将定差减压阀串联在节流阀的进液口之前（或出液口之后），对节流阀阀口压力进行补偿，以保证阀口压差基本不变。因此这种调速阀又称为串联压力补偿节流阀，其结构原理和图形符号如图4-26所示。

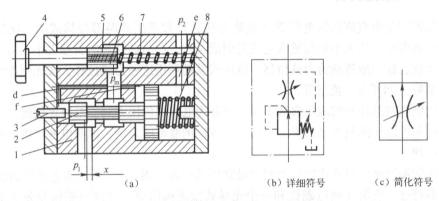

图4-26 调速阀

当调速阀处于图示稳定工况时，其节流阀口的通流面积为调定值，此时只需节流阀口两边的压差 $\Delta p = p_2 - p_m$ 保持恒定，其通过流量 Q 就可以保持稳定，而使液压缸的运动速度稳定。当系统的载荷增加，则出口压力 p_2 增大而使 Δp 减小，减压阀阀口的开口量 x 随之增加，液阻减小，于是节流口的入口压力 p_m 上升，而自动使 Δp 回升；反之，载荷减小，p_2 减小而使 Δp 增大，减压阀阀口的开口量 x 随之减小，液阻增加，于是节流口的入口压力 p_m 下降。如此进行自动调节，保持节流口压差基本恒定。如果负载过小，则出口压力 p_2 很小，压差 Δp 很小，减压阀阀口完全开启，它将失去自动调节作用，此时仅节流阀起作用。

2. 流量特性曲线

图4-27为节流阀和调速阀的压差流量特性曲线。

可以看出，当调速阀的进、出口压力差达

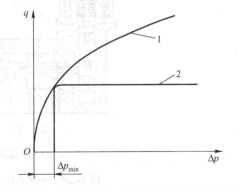

图4-27 节流阀和调速阀的压差流量特性曲线
1—节流阀；2—调速阀

到一定值时，流量维持恒定。在调速阀进、出口压力差 Δp 较小时，调速阀和节流阀的特性曲线重合，这是因为在进、出口压力差较小时，调速阀内的减压阀不起作用，实际工作的只是节流阀。调速阀正常工作所需的压力差因调速阀的压力系列不同而异，一般低压调速阀约为 0.5MPa，高压调速阀为 1MPa。

任务 5 其他液压控制阀

随着液压技术在工业、农业、国防和航空航天等领域的广泛应用，为了满足各种液压机器设备对自动化的要求，以及液压传动系统向着高压、高速、大功率方向发展的需要，近年来电液比例阀、电液伺服阀和电液数字阀等的研制与应用，取得了较快发展。由于这些控制阀的成功开发和利用，使液压机器设备的自动化程度得到了前所未有的提高，同时也使液压技术的总体水平上升到一个崭新阶段。

4.5.1 电液比例阀

电液比例阀是由直流比例电磁铁（也称为马达）和液压阀两部分构成的。比例电磁铁的特点是：其电磁力的大小只与输入电流近似成正比，而与动铁芯的位移大小无关，它可将电信号按比例、连续地转换为力或位移。液压阀就是利用这种力或位移，按比例连续地调节液压基本参数（如压力、流量等）。

电液比例阀按其控制的液压参数不同，可分为电液比例压力阀、电液比例流量阀、电液比例换向阀和电液比例复合阀四类。下面以电液比例溢流阀为例，说明电液比例阀的基本结构和工作原理。

电液比例溢流阀是电液比例压力阀中最常用的一种。图 4-28 所示为电液比例溢流阀的结构和图形符号。它由比例电磁铁和一个先导式溢流阀组成。比例电磁铁和先导调压阀一起，又称为电液比例先导调压阀。

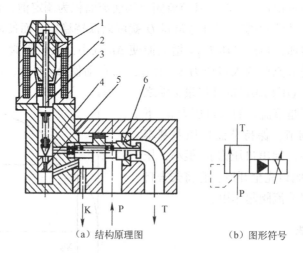

(a) 结构原理图　　(b) 图形符号

图 4-28　先导式比例溢流阀的结构和图形符号

1—直流比例电磁铁；2—线圈；3—推杆；4—先导阀芯；5—先导阀座；6—主阀芯

1. 比例阀的结构及工作原理

图 4-28（a）所示为先导式比例溢流阀的结构原理图。当输入电信号（通过线圈 2）时，直流比例电磁铁 1 便产生一个相应的电磁力，它通过推杆 3 和弹簧作用于先导阀芯 4，从而使先导阀的控制压力与电磁力成比例，即与输入信号电流成比例。图 4-28（b）所示为先导式比例溢流阀的图形符号。

2. 比例阀的应用举例

图 4-29（a）所示为利用比例溢流阀调压的多级调压回路，图中 1 为比例溢流阀，2 为电子放大器，改变输入电流即可控制系统获得多级工作压力。

它比利用普通溢流阀多级调压回路所用的液压元件数量少，回路简单，且能对系统压力进行连续控制。

图 4-29（b）所示为采用比例调速阀的调速回路，改变比例调速阀的输入电流即可使液压缸获得所需要的运动速度。比例调速阀可在多级调速回路中代替多个调速阀，也可用于远距离速度控制。

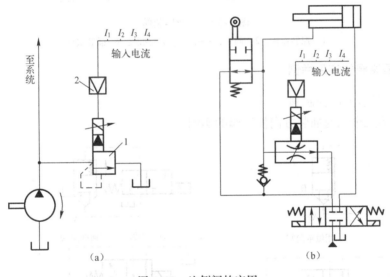

图 4-29 比例阀的应用
1—比例溢流阀；2—电子放大器

4.5.2 二通插装阀（又称为插装式锥阀或逻辑阀）

1. 二通插装阀的结构和工作原理

图 4-30（a）所示为二通插装阀的结构原理图，它由控制盖板 1、插装主阀（由阀套 2、弹簧 3、阀芯 4 及密封件组成）、插装块体 5 和先导元件组成。插装主阀采用插装式连接，阀芯为锥形。根据不同的需要，阀芯的锥端可开阻尼孔或节流三角槽，也可以是圆柱形阀芯。

控制盖板将插装主阀封装在插装块体内,并沟通先导阀和主阀。通过主阀芯的启闭,可对主油路的通断起控制作用。

二通插装阀相当于一个液控单向阀。图4-30中的A和B为主油路的两个仅有的工作油口(所以称为二通阀),K为控制油口。通过控制油口的启闭和对压力大小的控制,即可控制主阀芯的启闭和油口A、B的流向与压力。

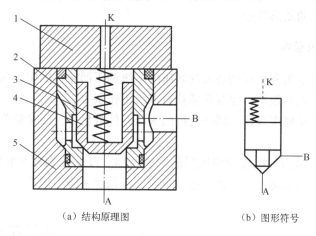

(a)结构原理图　　　　(b)图形符号

图4-30　二通插装阀
1—控制盖板；2—阀套；3—弹簧；4—阀芯；5—插装块体

2. 二通插装阀的应用举例

(1) 二通插装方向控制阀。

图4-31为几个二通插装方向控制阀的实例。

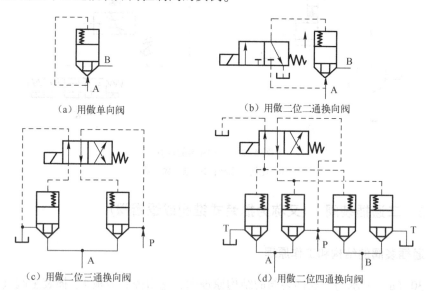

(a)用做单向阀　　　　(b)用做二位二通换向阀

(c)用做二位三通换向阀　　　　(d)用做二位四通换向阀

图4-31　二通插装方向控制阀

图4-31(a)用做单向阀,设A、B两腔的压力分别为p_A和p_B,当$p_A > p_B$时,锥阀关闭,A和B不通；当$p_A < p_B$且p_B达到一定数值(开启压力)时,便打开锥阀使油液从B流

向 A。

图 4-31（b）用做二位二通换向阀，在图示状态下，锥阀开启，A 和 B 腔相通；当二位三通电磁阀通电且 $p_A > p_B$ 时，锥阀关闭，A、B 油路切断。

图 4-31（c）用做二位三通换向阀，在图示状态下，A 和 T 连通，A 和 P 断开；当二位四通电磁阀通电时，A 和 P 连通，A 和 T 断开。

图 4-31（d）用做二位四通换向阀，在图示状态下，A 和 T、P 和 B 连通；当二位四通电磁阀通电时，A 和 P、B 和 T 连通。

（2）二通插装压力控制阀。

对 K 腔采用压力控制可构成各种压力控制阀，其结构原理如图 4-32（a）所示。用直动式溢流阀 1 作为先导阀来控制插装主阀 2，在不同的油路连接下便构成不同的压力阀。

图 4-32（b）表示 B 腔通油箱，可用做溢流阀。当 A 腔油压升高到先导阀调定的压力时，先导阀打开，油液流过主阀芯阻尼孔 R 时造成两端压差，使主阀芯克服弹簧阻力开启，A 腔压力油便通过打开的阀口经 B 腔流回油箱，实现溢流稳压。当二位二通阀通电时便可作为卸荷阀使用。

图 4-32（c）表示 B 腔接一有载油路，则构成顺序阀。

此外，若主阀采用油口常开的圆锥阀芯，则可构成二通插装减压阀；若以比例溢流阀作先导阀，代替图中直动式溢流阀，则可构成二通插装电液比例溢流阀

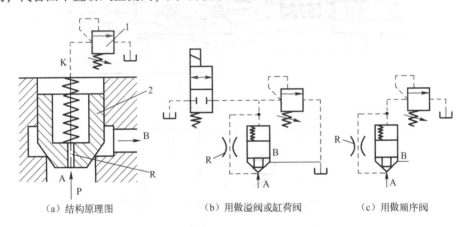

（a）结构原理图　　　（b）用做溢流阀或缸荷阀　　　（c）用做顺序阀

图 4-32　二通插装压力控制阀
1—先导阀；2—主阀；R—阻尼孔

（3）二通插装流量控制阀。

在二通插装方向控制阀的盖板上增加阀芯行程调节器以调节阀芯的开度，这个方向阀就兼具了可调节流阀的功能，即构成二通插装节流阀，其符号表示如图 4-33 所示。若用直流比例电磁铁取代节流阀的手调装置，则可组成二通插装电液比例节流阀。若在二通插装节流阀前串联一个定差减压阀，就可组成二通插装调速阀。

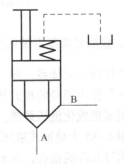

图 4-33　二通插装节流阀的符号

4.5.3 叠加阀

叠加式液压阀简称叠加阀，其阀体本身既是元件又是具有油路通道的连接体，阀体的上、下两面做成连接面。

叠加阀按功用的不同分为压力控制阀、流量控制阀和方向控制阀三类。

1. 叠加阀的结构及工作原理

图 4-34（a）为 Y1-F10D-P/T 先导型叠加式溢流阀的结构原理图，它由先导阀和主阀两部分组成，先导阀为锥阀，主阀相当于锥阀式的单向阀。

其工作原理是：压力油由 P 口进入主阀芯 6 右端的 e 腔，作用于锥阀芯 3 上。当系统压力低于调定压力时，锥阀关闭，主阀也关闭，阀不溢流；当系统压力达到调定压力时，锥阀芯 3 打开，使主阀芯的两端油液产生压力差，主阀口打开，实现了自油口 P 向油口 T 的溢流。

图 4-34（b）为其图形符号。

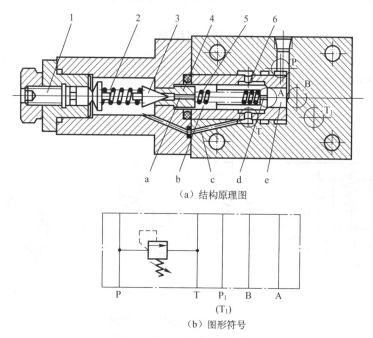

图 4-34　Y1-F10D-P/T 先导型叠加式溢流阀
1—推杆；2—弹簧；3—锥阀芯；4—阀座；5—弹簧；6—主阀芯

2. 叠加式液压系统的组装

叠加阀自成体系，每一种通径系列的叠加阀，其主油路通道以及螺钉孔的大小、位置、数量都与相应通径的板式换向阀相同。因此，将同一通径系列的叠加阀互相叠加，可直接连接而组成集成化液压系统。

图 4-35 为叠加式液压装置示意图，最下面的是底板，底板上有进油孔、回油孔和通向液压执行元件的油孔，底板上面第一个元件一般是压力表开关，然后依次向上叠加各压力控制阀和流量控制阀，最上层为换向阀，用螺栓将它们紧固成一个叠加阀组。

一般一个叠加阀组控制一个执行元件。

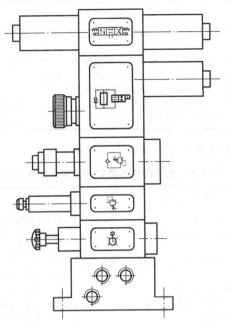

图 4-35 叠加式液压装置示意图

任务 6 液压控制元件的常见故障及排除方法

换向阀的常见故障及排除方法如表 4-4 所示。

表 4-4 换向阀的常见故障及排除方法

故障现象	原 因 分 析	排 除 方 法
阀芯不动或不到位	(1) 滑阀卡住 ① 滑阀（阀芯）与阀体配合间隙过小，阀芯在孔中容易卡住而不能动作或动作不灵 ② 阀芯（或阀体）碰伤，油液被污染 ③ 阀芯几何形状超差。阀芯与阀孔装配不同心，产生轴向液压卡紧现象 (2) 液动换向阀控制油路有故障 ① 油液控制压力不够，滑阀不动，不能换向或换向不到位 ② 节流阀关闭或堵塞 ③ 滑阀两端泄油口没有接回油箱或泄油管堵塞 (3) 电磁铁故障 ① 交流电磁铁因滑阀卡住，铁芯吸不到底面而烧毁 ② 漏磁、吸力不足 ③ 电磁铁接线焊接不良，接触不好 (4) 弹簧折断、漏装、太软，都不能使滑阀恢复中位，因而不能换向 (5) 电磁换向阀的推杆磨损后长度不够或行程不正确，使阀芯移动过小或过大，都会引起换向不灵或不到位	(1) 检修滑阀 ① 检查间隙情况，研磨修整或更换阀芯 ② 检查、修磨或重配阀芯，必要时更换新油 ③ 检查、修正几何偏差及同心度，检查液压卡紧情况，修复 (2) 检查控制油路 ① 提高控制油压，检查弹簧是否过硬，以便更换 ② 检查、清洗节流口 ③ 检查并接通回油箱。清洗回油管，使之畅通 (3) 检查并修复 ① 检查滑阀卡住故障，并更换电磁铁 ② 检查漏磁原因，更换电磁铁 ③ 检查并重新焊接 (4) 检查、更换或补装 (5) 检查并修复，必要时可更换推杆

续表

故障现象	原因分析	排除方法
换向冲击与噪声	（1）控制流量过大，滑阀移动速度太快，产生冲击声 （2）单向节流阀阀芯与阀孔配合间隙过大，单向弹簧漏装，阻尼失效，产生冲击声 （3）电磁铁的铁芯接触面不平或接触不良 （4）滑阀时卡时动或局部摩擦力过大 （5）固定电磁铁的螺栓松动而产生振动	（1）调小单向节流阀节流口，减慢滑阀移动速度 （2）检查、修整（修复）到合理间隙，补装弹簧 （3）清除异物，并修整电磁铁的铁芯 （4）研磨修整或更换滑阀 （5）紧固螺栓，并加防松垫圈

先导式溢流阀常见故障及排除方法如表4-5所示。

表4-5 先导式溢流阀常见故障及排除方法

故障现象	原因分析	排除方法
无压力	（1）主阀芯阻尼孔堵塞 （2）主阀芯在开启位置卡死 （3）主阀平衡弹簧折断或弯曲而使主阀芯不能复位 （4）调压弹簧弯曲或漏装 （5）锥阀（或钢球）漏装或破碎 （6）先导阀座破碎 （7）远程控制口通油箱	（1）清洗阻尼孔，过滤或换油 （2）检修，重新装配（阀盖螺钉紧固力要均匀），过滤或换油 （3）换弹簧 （4）更换或补装弹簧 （5）补装或更换 （6）更换阀座 （7）检查电磁换向阀工作状态或远程控制口通断状态
压力波动大	（1）主阀芯动作不灵活，时有卡住现象。 （2）主阀芯和先导阀座阻尼孔时堵时通 （3）弹簧弯曲或弹簧刚度太小 （4）阻尼孔太大，消振效果差 （5）调压螺母未锁紧	（1）修换阀芯，重新装配（阀盖螺钉紧固力应均匀），过滤或换油 （2）清洗缩小的阻尼孔，过滤或换油 （3）更换弹簧 （4）适当缩小阻尼孔（更换阀芯） （5）调压后锁紧调压螺母
振动和噪声大	（1）主阀芯在工作时径向力不平衡，导致溢流阀性能不稳定 （2）锥阀和阀座接触不好（圆度误差太大），导致锥阀受力不平衡，引起锥阀振动 （3）调压弹簧弯曲（或其轴线与端面不垂直），导致锥阀受力不平衡，引起锥阀振动 （4）通过流量超过公称流量，在溢流阀口处引起空穴现象 （5）通过溢流阀的溢流量太小，使溢流阀处于启闭临界状态而引起液压冲击	（1）检查阀体孔和主阀芯的精度，修换零件，过滤或换油 （2）封油面圆度误差控制在0.005～0.01mm以内 （3）更换弹簧或修磨弹簧端面 （4）限在公称流量范围内使用 （5）控制正常工作的最小溢流量

流量控制阀常见故障及排除方法如表4-6所示。

表4-6 流量控制阀常见故障及排除方法

故障现象	原因分析	排除方法
无流量通过或流量极少	（1）节流口堵塞，阀芯卡住。 （2）阀芯与阀孔配合间隙过大，泄漏大	（1）检查清洗，更换油液，提高油液清洁度，修复阀芯 （2）检查磨损、密封情况，修换阀芯
流量不稳定	（1）油中杂质黏附在节流口边缘上，通流截面减小，速度减慢 （2）节流阀内、外泄漏大，流量损失大，不能保证运行速度所需要的流量	（1）拆洗节流阀，清除污物，更换滤油器或更换油液 （2）检查阀芯与阀体之间的间隙及加工精度，超差零件修复或更换；检查有关连接部位的密封情况或更换密封件

思考和练习题

一、填空题

1. 液压控制阀是液压系统的_____元件。根据用途和工作特点不同，控制阀主要可分为_____、_____和_____三大类。
2. 压力阀的共同特点是利用_____和_____相平衡的原理来进行工作的。
3. 溢流阀为_____压力控制，阀口常用_____，先导阀弹簧腔的泄漏油与阀的出口相通。定值减压阀为_____压力控制，阀口常_____。
4. 流量控制阀是通过改变节流口的_____或通流通道的_____来改变局部阻力的大小，从而实现对流量进行控制的。

二、选择题

1. 为使三位四通阀在中位工作时能使液压缸闭锁，应采用（　　）中位机能。
   A. O 形　　　　　B. P 形　　　　　C. Y 形　　　　　D. H 形
2. 大流量的系统中，主换向阀应采用（　　）换向阀口。
   A. 电磁　　　　　B. 电液　　　　　C. 手动　　　　　D. 机动
3. 溢流阀（　　）。
   A. 常态下阀口是常开的　　　　　B. 阀芯随着系统压力的变动而移动
   C. 进出油口均有压力　　　　　　D. 一般连接在液压缸的回油油路上
4. （　　）在常态下，阀口是常开的，进出油口相通；（　　）在常态下，阀口是常闭的，进出油口不通。
   A. 溢流阀　　　　B. 减压阀　　　　C. 顺序阀　　　　D. 节流阀
5. 减压阀（　　）。
   A. 常态下阀口是常闭的　　　　　B. 出口压力低于进口压力并保持恒定
   C. 阀芯为二节杆　　　　　　　　D. 不能看做稳压阀

三、判断题

1. 单向阀可以用来做背压阀。（　　）
2. 溢流阀的进口压力即为系统压力。（　　）
3. 串联了定值减压阀的支路，始终能获得低于系统压力调定值的稳定的工作压力。（　　）
4. 因电磁吸力有限，对液动力较大的大流量换向阀应选用液动换向阀或电液换向阀。（　　）
5. 因液控单向阀关闭时密封性能好，故常用在保压回路中和锁紧回路中。（　　）
6. 采用顺序阀实现的顺序动作回路中，其顺序阀的调整压力应比先动作液压缸的最大工作压力低。（　　）
7. 内控式顺序阀利用外部控制油的压力来控制阀芯的移动。（　　）
8. 通过节流阀的流量与节流阀的通流面积成正比，与阀两端的压力差的大小无关。（　　）

四、问答题

1. 液压控制阀如何分类？
2. 何谓换向阀的中位机能？都有哪些类型？各种类型都有适用于哪些场合？
3. 画出二位四通、三位四通（O 形中位）电磁换向阀的图形符号。
4. 先导式溢流阀中的阻尼小孔起什么作用？是否可以将阻尼小孔加大或堵塞？
5. 溢流阀、减压阀与顺序阀的主要区别有哪些？
6. 何谓溢流阀的开启压力与调整压力？

7. 节流阀的最小稳定流量有什么意义？影响最小稳定流量的因素主要有哪些？

五、分析计算题

1. 3个溢流阀的调定压力如图4-36所示，试问泵的供油压力有几级？其压力值各为多少？

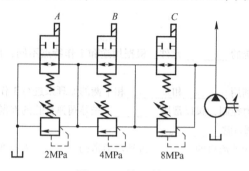

图4-36　第1题图

2. 如图4-37所示，溢流阀A、B、C的调定压力分别为 $P_A = 4\text{MPa}$，$P_B = 3\text{MPa}$，$P_C = 5\text{MPa}$，试问图4-37（a）和图4-37（b）中压力表读数各为多少？

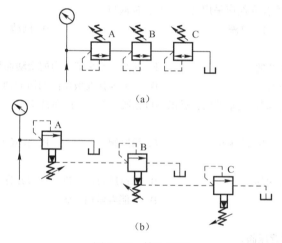

图4-37　第2题图

3. 图4-38为夹紧回路，溢流阀的调整压力 $p_1 = 5\text{MPa}$，减压阀的调整压力 $p_2 = 2.5\text{MPa}$，试分析活塞快速运动时，A、B两点的压力各为多少？减压阀的阀芯处于什么状态？工件夹紧后，A、B两点的压力各为多少？减压阀的阀芯各处于什么状态？

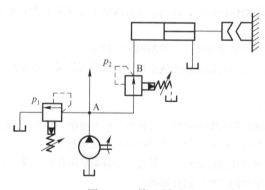

图4-38　第3题图

实训4　液压控制阀的拆装

一、实训目的
在液压系统中，液压控制阀是用来控制系统中液流的压力、流量和方向的元件。通过对常用方向控制阀、压力控制阀和流量控制阀的拆装，应达到以下目的。

1. 了解各类阀的不同用途、控制方式、结构形式、连接方式及性能特点。
2. 掌握各类阀的工作原理及调节方法。
3. 初步掌握常用液压控制元件的常见故障及其排除方法；培养学生的实际动手能力和分析问题、解决问题的能力。

二、实训器材
1. 实物：常用液压控制阀（液压控制阀的种类、型号甚多，建议结合本章的内容，选择典型的方向控制阀、压力控制阀和流量控制阀各2~3套）。
2. 工具：内六角扳手1套、耐油橡胶板1块、油盆1个及钳工常用工具1套。

三、实训内容
1. 方向控制阀的拆装

以手动换向阀的拆装为例（结构见图4-9）。

（1）拆卸顺序。

① 拆卸前转动手柄，体会左右换向手感，并用记号笔在阀体左右端做上标记。
② 抽掉手柄连接板上的开口销，取下手柄。
③ 拧下右端盖上的螺钉，卸下右端盖，取出弹簧、套筒和钢球。
④ 松脱左端盖与阀体的连接，然后从阀体内取出阀芯。

在拆卸过程中，注意观察主要零件结构和相互配合关系，并结合结构图和阀表面铭牌上的图形符号，分析换向原理。

（2）主要零件的结构及作用。

① 阀体：其内孔有4个环形沟槽，分别对应于P、T、A、B 4个通油口，纵向小孔的作用是将内部泄漏的油液导入泄油口，使其流回油箱。
② 手柄：操纵手柄，阀芯将移动，故称其为手动换向阀。
③ 钢球：它落在阀芯右端的沟槽中，就能保证阀芯的确定位置，这种定位方式称为钢球定位。
④ 弹簧：它的作用是防止钢球跳出定位沟槽。

（3）装配要领。

装配前清洗各零件，在阀芯、定位件等零件的配合面上涂润滑液，然后按拆卸时的反向顺序装配。拧紧左、右端盖的螺钉时，应分两次并按对角线顺序进行。

（4）思考题。

① 该阀是几位几通换向阀？具有何种滑阀机能？画出它的图形符号。
② 分析手柄在左位时，阀芯的动作过程及油路沟通情况。
③ 了解该阀的常见故障及其排除方法。

2. 压力控制阀的拆装

以先导式溢流阀的拆装为例（结构见图4-14）。

（1）拆卸顺序。

① 拆卸前清洗阀的外表面，观察阀的外形，转动调节手柄，体会手感。
② 拧下螺钉，拆开主阀和先导阀的连接，取出主阀弹簧和主阀芯。
③ 拧下先导阀上的手柄和远控口螺塞。

④ 旋下阀盖，从先导阀体内取出弹簧座、调压弹簧和先导阀芯。

注意：主阀座和导阀座是压入阀体的，不拆。

用光滑的挑针把密封圈撬出，并检查其弹性和尺寸精度，如有磨损和老化应及时更换。

在拆卸过程中，详细观察先导阀芯和主阀芯的结构以及主阀芯阻尼孔的大小，加深理解先导式溢流阀的工作原理。

（2）主要零件的结构及作用。

① 主阀体：其上开有进油口 P、出油口 T 和安装主阀芯用的中心圆孔。

② 先导阀体：其上开有远控口和安装先导阀芯用的中心圆孔（远控口是否接油路要根据需要确定）。

③ 主阀芯：为阶梯轴，其中 3 个圆柱面与阀体有配合要求，并开有阻尼孔和泄油孔。

注意：阻尼孔的作用，泄油孔的作用，调压弹簧、主阀弹簧的作用。

（3）装配要领。

装配前清洗各零件，在配合零件表面上涂润滑油，然后按拆卸时的反向顺序装配。应注意：检查各零件的油孔、油路是否畅通、无尘屑；将调压弹簧安放在先导阀芯的圆柱面上，然后一起推入先导阀体。

主阀芯装入主阀体后，应运动自如。

先导阀体与主阀体的止口、平面应完全贴合后，才能用螺钉连接。螺钉要分两次拧紧。并按对角线顺序进行。

注意：由于主阀芯的 3 个圆柱面与先导阀体、主阀体和主阀座孔相配合，同心度要求高。装配时，要保证装配精度。

（4）思考题。

① 主阀芯的阻尼孔有何作用？可否加大或堵塞？有何后果？

② 主阀芯的泄油孔如果被堵，有何后果？

③ 比较调压弹簧与主阀弹簧的刚度，并分析如此设计的原因。

④ 分析先导式溢流阀调整无效（压力调不高或调不低）的原因，初步掌握先导式溢流阀常见故障产生的原因及排除方法。

3. 流量控制阀的拆装

以普通节流阀的拆装为例（结构见图 4-25）。

（1）拆卸顺序。

① 旋下手柄上的止动螺钉，取下手柄，用卡簧钳卸下卡簧。

② 取下面板，旋出推杆和推杆座。

③ 旋下弹簧座，取出弹簧和节流阀芯（将阀芯放在清洁的软布上）。

④ 用光滑的挑针把密封圈从槽内撬出，并检查其弹性和尺寸精度。

（2）主要零件的结构及作用。

节流阀芯：为圆柱形，其上开有三角沟槽节流口和中心小孔，转动手柄，节流阀便做轴向运动，即可调节通过调速阀的流量。

在拆卸过程中，注意观察主要零件的结构以及各轴孔、油道的作用，并结合节流阀的结构图分析其工作原理。

（3）装配要领。

装配前，清洗各零件，在节流阀芯、推杆及配合零件的表面上涂润滑液，然后按拆卸的反向顺序装配。装配节流阀芯要注意它在阀体内的方向，切忌不可装反。

（4）思考题。

① 根据阀的结构简述液流从进油到出油的全过程。

② 分析节流阀芯上的中心小孔的作用。

③ 分析调速阀失灵的原因及故障排除方法。

项目 5　液压辅助元件

【本项目重点】

1. 蓄能器的工作原理及应用。
2. 过滤器的工作原理及应用。
3. 油箱的功用及油箱的设计。
4. 密封元件的工作原理及应用。

【本项目难点】

1. 各辅助元件的结构原理。
2. 密封元件的工作机理。

液压辅助元件有过滤器、蓄能器、管件、密封件、油箱和热交换器等,除油箱通常需要自行设计外,其余皆为标准件。液压辅助元件和液压元件一样,都是液压系统中不可缺少的组成部分。它们对系统的性能、效率、温升、噪声和寿命的影响不亚于液压元件本身,必须加以重视。

任务 1　认识油箱

5.1.1　油箱的作用和种类

油箱的基本功能是:储存工作介质;散发系统工作中产生的热量;分离油液中混入的空气;沉淀污染物及杂质。

按油面是否与大气相通,可分为开式油箱与闭式油箱。开式油箱广泛用于一般的液压系统;闭式油箱则用于水下和高空无稳定气压的场合,这里仅介绍开式油箱。

液压系统中的油箱有整体式和分离式两种。整体式油箱利用主机的内腔作为油箱,这种油箱结构紧凑,各处漏油易于回收,但增加了设计和制造的复杂性,维修不便,散热条件不好,且会使主机产生热变形。分离式油箱单独设置,与主机分开,减少了油箱发热和液压源振动对主机工作精度的影响,因此得到了普遍的应用,特别在精密机械上。

5.1.2　油箱的基本结构、设计、使用和维护

1. 油箱的基本结构

油箱的典型结构如图 5-1 所示。由图可见,油箱内部用隔板 7、9 将吸油管 1 与回油管 4 隔开。顶部、侧部和底部分别装有过滤器 2、油面指示器 6 和排放污油的放油阀 8。液压

泵及其驱动电动机安装在油箱上盖上。

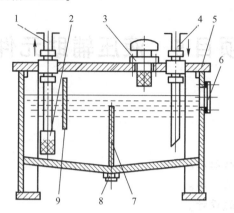

图 5-1 开式油箱示意图
1—吸油管；2—过滤器；3—空气过滤器；4—回油管；5—上盖；
6—油面指示器；7、9—隔板；8—放油阀

此外，近年来又出现了充气式的闭式油箱，它不同于开式油箱之处，在于油箱是整个封闭的，顶部有一充气管，可送入 0.05～0.07MPa 过滤纯净的压缩空气。空气或者直接与油液接触，或者被输入到蓄能器式的皮囊内不与油液接触。这种油箱的优点是改善了液压泵的吸油条件，但它要求系统中的回油管、泄油管承受背压。油箱本身还须配置安全阀、电接点压力表等元件以稳定充气压力，因此它只在特殊场合下使用。

2. 油箱的设计

在初步设计时，油箱的有效容量可按下述经验公式确定

$$V = mq_p \tag{5-1}$$

式中 V——油箱的有效容量；

q_p——液压泵的流量；

m——经验系数，低压系统 $m=2\sim4$，中压系统 $m=5\sim7$，中高压或高压系统 $m=6\sim12$。

对功率较大且连续工作的液压系统，必要时还要进行热平衡计算，以此确定油箱容量。下面根据图 5-1 所示的油箱结构示意图分述设计要点如下。

(1) 泵的吸油管与系统回油管之间的距离应尽可能远些，管口都应插于最低液面以下，但离油箱底要大于管径的 2～3 倍，以免吸空和飞溅起泡，吸油管端部所安装的滤油器，离箱壁要有 3 倍管径的距离，以便四面进油。回油管口应截成 45°斜角，以增大回流截面，并使斜面对着箱壁，以利散热和沉淀杂质。

(2) 在油箱中设置隔板，以便将吸、回油隔开，迫使油液循环流动，利于散热和沉淀。

(3) 设置空气滤清器与液位计。空气滤清器的作用是使油箱与大气相通，保证泵的自吸能力，滤除空气中的灰尘杂物，有时兼作加油口，它一般布置在顶盖上靠近油箱边缘处。

(4) 设置放油口与清洗窗口。将油箱底面做成斜面，在最低处设放油口，平时用螺塞或放油阀堵住，换油时将其打开放走油污。为了便于换油时清洗油箱，大容量的油箱一般均在侧壁设清洗窗口。

（5）最高油面只允许达到油箱高度的80%，油箱底脚高度应在150mm以上，以便散热、搬移和放油，油箱四周要有吊耳，以便起吊装运。

（6）油箱正常工作温度应为15~66℃，必要时应安装温度控制系统，或设置加热器和冷却器。

任务2 认识过滤器

液压油中往往含有颗粒状杂质，会造成液压元件相对运动表面的磨损、滑阀卡滞、节流孔口堵塞，使系统工作可靠性大为降低。在系统中安装一定精度的过滤器，是保证液压系统正常工作的必要手段。

5.2.1 过滤器的主要性能指标

1. 过滤器的过滤精度

过滤器的过滤精度是指滤芯能够滤除的最小杂质颗粒的大小，以直径 d 作为公称尺寸表示，按精度可分为粗过滤器（$d<100\mu m$）、普通过滤器（$d<10\mu m$）、精过滤器（$d<5\mu m$）、特精过滤器（$d<1\mu m$）。一般对过滤器的基本要求如下。

（1）能满足液压系统对过滤精度要求，即能阻挡一定尺寸的杂质进入系统。
（2）滤芯应有足够强度，不会因压力而损坏。
（3）通流能力大，压力损失小。
（4）易于清洗或更换滤芯。

各种液压系统的过滤精度要求如表5-1所示。

表5-1 各种液压系统的过滤精度要求

系统类别	润滑系统		传动系统		伺服系统
工作压力（MPa）	0~2.5	<14	14~32	>32	≤21
精度 d（μm）	≤100	25~50	≤25	≤10	≤5

2. 压降特性

压降特性主要是指油液通过过滤器滤芯时所产生的压力损失。滤芯的精度越高，所产生的压降越大。滤芯的有效过滤面积越大，其压降就越小。

3. 纳垢容量

纳垢容量是指过滤器在压力下降达到规定值以前，可以滤除并容纳污垢数量。污垢容量越大，过滤器的使用寿命越长。

4. 工作压力和温度

过滤器在工作时，要保证在油液压力的作用的滤芯不被破坏。在系统的工作温度下，过滤器要有较好的抗腐蚀性，工作性能要稳定。

5. 过滤比

滤油器上游油液单位容积中大于某一给定对的颗粒数与下游油单位容积中大于同一尺寸

的颗粒数之比。

6. 过滤能力

在一定压差下允许通过滤油器的最大流量。一般用滤油器的有效过滤面积来表示。

5.2.2 过滤器的种类和典型结构

按滤芯的材料和结构形式，过滤器可分为网式过滤器、线隙式过滤器、纸质滤芯式过滤器、烧结式过滤器及磁性式过滤器等。按过滤器安放的位置不同，还可分为吸滤器、压滤器和回油过滤器，考虑到泵的自吸性能，吸油过滤器多为粗滤器。

1. 网式过滤器

图 5-2 所示为网式过滤器的结构，其滤芯以铜网为过滤材料，在周围开有很多孔的塑料或金属筒形骨架上，包着一层或两层铜丝网，其过滤精度取决于铜网层数和网孔的大小。这种过滤器结构简单，通流能力大，清洗方便，但过滤精度低，一般用于液压泵的吸油口。

2. 线隙式过滤器

线隙式过滤器的结构如图 5-3 所示，用钢线或铝线密绕在筒形骨架的外部来组成滤芯，依靠铜丝间的微小间隙滤除混入液体中的杂质。其结构简单，通流能力大，过滤精度比网式过滤器高，但不易清洗，线隙式过滤器常用于低压系统的吸油管路。

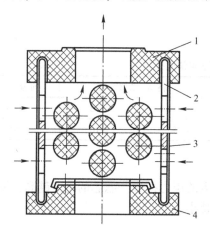

图 5-2 网式过滤器的结构
1—上盖；2—圆筒；3—铜丝网；4—下盖

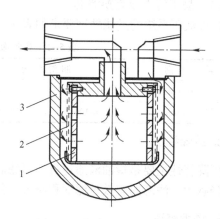

图 5-3 线隙式过滤器的结构
1—芯架；2—滤芯；3—壳体

3. 纸芯式过滤器

图 5-4 所示为纸芯式过滤器的结构，其滤芯分三层：外层为粗眼钢板网，中层为折叠成 W 形的滤纸，内层为金属丝网（与滤纸一并折叠在一起制成）。外层和内层起增大滤纸的强度和均匀折叠空间的作用。它的过滤精度较高（5~30μm），通流能力大，滤芯价格低，但不能清洗，需经常更换纸芯。纸芯式过滤器常用于过滤精度要求较高的精密机床、数控机床、伺服机构、静压支撑等系统中。

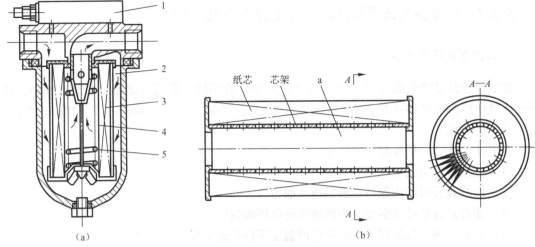

图 5-4 纸芯式过滤器的结构
1—堵塞状态发信装置；2—滤芯外层；3—滤芯中层；4—滤芯内层；5—支撑弹簧

多数纸芯式过滤器上设置了污染指示器，其结构原理如图 5-5 所示。当滤芯堵塞严重，油液流经过滤器时产生的压力差达到规定值时，活塞和永久磁铁即向右移动，把感簧管的触点吸合，于是电路接通，发出信号，提醒操作人员更换滤芯，或实现自动停机保护。

4. 烧结式过滤器

烧结式过滤器的结构如图 5-6 所示，其滤芯用金属粉末烧结而成，利用颗粒间的微孔来挡住油液中的杂质通过。其滤芯能承受高压，抗腐蚀性好，过滤精度高，适用于要求精滤的高压、高温液压系统。

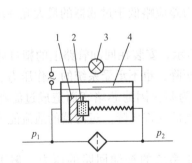

图 5-5 污染指示器的结构原理
1—活塞；2—永久磁铁；3—指示灯；4—感簧管

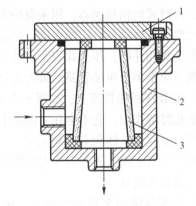

图 5-6 烧结式过滤器的结构
1—端盖；2—壳体；3—滤芯

5. 磁性式过滤器

磁性式过滤器是利用磁性来吸附油液中的铁末等可磁化的杂质的。由于这种过滤器对其他杂质不起作用，因此常和其他滤芯组成组合滤芯，制成具有复合式滤芯的过滤器。

5.2.3 过滤器的选用原则、安装位置及注意事项

1. 过滤器的选用原则

滤油器按其过滤精度（滤去杂质的颗粒大小）的不同，有粗过滤器、普通过滤器、精密过滤器和特精过滤器 4 种，它们分别能滤去大于 $100\mu m$、$10\sim100\mu m$、$5\sim10\mu m$ 和 $1\sim5\mu m$ 大小的杂质。

选用过滤器时，要考虑下列几点。
（1）过滤精度应满足预定要求。
（2）能在较长时间内保持足够的通流能力。
（3）滤芯具有足够的强度，不因液压的作用而损坏。
（4）滤芯抗腐蚀性能好，能在规定的温度下持久地工作。
（5）滤芯清洗或更换简便。

因此，过滤器应根据液压系统的技术要求，按过滤精度、通流能力、工作压力、油液黏度、工作温度等条件选定其型号。

2. 安装位置及注意事项

过滤器在液压系统中的安装位置通常有以下几种。

（1）安装在液压泵的吸油管路上，如图 5-7（a）所示。一般将粗过滤器（网式或线隙式）装在液压泵的吸油管路上，用以保护液压泵免遭较大颗粒杂质的直接伤害。为了不影响液压泵的吸油能力，装在吸油管路上的过滤器的通油能力应大于液压泵流量的 2 倍。

（2）安装在液压系统的压油管路上，如图 5-7（b）和图 5-7（c）所示。压油管路上可安装各种形式的精滤器，用来保护除液压泵外的其他液压元件。由于过滤器在高压下工作，因此要求过滤器有一定的强度；过滤器的最大压降不大于 0.35MPa。这种过滤器应与一压差式安全阀相并联，压差式安全阀的安全压力差应略低于过滤器的最大允许压降。过滤器的通流能力应不小于压油管路的最大流量。

（3）安装在回油管路上，如图 5-7（d）所示。安装在回油管路上的精过滤器对流回油箱的油液起滤清作用，它不会在主油路上造成压降，也不承受系统的工作压力。因此可选用强度较低的过滤器，体积和重量可以小一些。为防止因滤芯堵塞而造成过滤器前的压力过高，应并联一安全阀，其开启压力略低于过滤器的允许压降。过滤器的通流能力应不小于回油管路上的最大流量。

（4）安装在辅助泵输油管路上。闭式液压系统的补油回路的压力一般不大于 $0.8\sim1.5$MPa。将精过滤器安装在补油泵的输油管路上，可以防止杂质进入主油路，保护主油路的液压元件。过滤器的通流能力应不小于补油泵的流量。

（5）安装在支流管路上。对于开式液压系统，当液压泵的流量较大时，可在只有液压泵流量的 20%～30% 的支路安装过滤器，以减小过滤器的体积。

（6）单独过滤用过滤器。在一些大型液压系统中，多采用单独过滤方法，即用单独的液压泵和过滤器来滤除油液中的杂质。

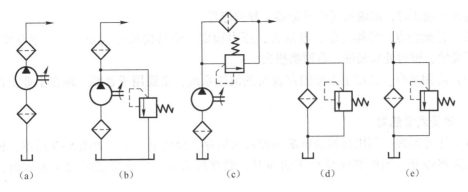

图 5-7 过滤器的安装方式

任务 3　认识蓄能器

蓄能器是液压系统中的储能元件,它能储存多余的压力油液,并在系统需要时释放。

5.3.1　蓄能器的作用、类型及其结构

1. 蓄能器的作用

蓄能器的作用是将液压系统中的压力油储存起来,在需要时又重新放出。其主要作用表现在以下几个方面。

(1) 作辅助动力源。在间歇工作或实现周期性动作循环的液压系统中,蓄能器可以把液压泵输出的多余压力油储存起来。当系统需要时,由蓄能器释放出来。这样可以减少液压泵的额定流量,从而减小电动机功率消耗,降低液压系统温升。

(2) 系统保压或作紧急动力源。对于执行元件长时间不动作,而要保持恒定压力的系统,可用蓄能器来补偿泄漏,从而使压力恒定。对某些系统要求当泵发生故障或停电时,执行元件应继续完成必要的动作,这时需要有适当容量的蓄能器作紧急动力源。

(3) 吸收系统脉动,缓和液压冲击。蓄能器能吸收系统压力突变时的冲击,如液压泵突然启动或停止;液压阀突然关闭或开启;液压缸突然运动或停止;也能吸收液压泵工作时的流量脉动所引起的压力脉动,相当于油路中的平滑滤波,这时需在泵的出口处并联一个反应灵敏而惯性小的蓄能器。

2. 蓄能器的类型与结构

蓄能器的结构形式通常有重力式、弹簧式和充气式等几种。目前常用的是利用气体压缩和膨胀来储存、释放液压能的充气式蓄能器。

1) 重力式蓄能器

(1) 工作原理。利用重物位置的变化来储存、释放能量。如图 5-8 所示,重物 1 通过柱塞 2 作用在油液 3 上。当重物的重力势能小于油压时,油液进入蓄能器,储存能量;当重

力势能大于油压时，油液被压出蓄能器，释放能量。

（2）性能特点。结构简单，容量大，压力稳定。但结构尺寸大而笨重，运动惯性大，反应不灵敏，密封处易漏油，有摩擦损失。

（3）应用场合。常用于大型固定设备的液压系统，主要用于蓄能，现在工业上已很少使用。

2）弹簧式蓄能器

（1）工作原理。利用弹簧的压缩和伸长来储存、释放压力能，如图5-9所示，弹簧和油液用活塞隔开。当弹簧能量小于油压时，储存压力能，当弹簧能量大于油压时，释放能量。

（2）性能特点。结构简单，反应灵敏，但容量小，易内泄且有压力损失。

（3）应用场合。供小容量、低压（$p \leqslant 1\text{MPa} \sim 1.2\text{MPa}$）回路用做蓄能和缓冲，不适用于高压或循环频率较高的工作场合。

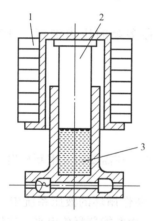

图5-8 重力式蓄能器
1—重物；2—柱塞；3—液压油

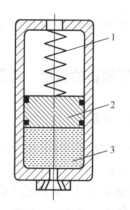

图5-9 弹簧式蓄能器
1—弹簧；2—活塞；3—液压油

3）充气式蓄能器

充气式蓄能器是利用气体膨胀和压缩进行工作的，是目前较常用的蓄能器。为了安全起见，所充气体常采用惰性气体（多为氮气）。根据结构可分为气瓶式、活塞式、气囊式和隔膜式4种。

（1）气瓶式蓄能器。

① 工作原理。气瓶式蓄能器又称为直接接触式蓄能器或非隔离式蓄能器，是一种利用气体的压缩和膨胀来储存、释放压力能，气体和油液在蓄能器中直接接触的蓄能器，如图5-10所示。

② 性能特点。结构简单、轮廓尺寸小、容量大、惯性小、反应灵敏、无摩擦损失，但气体容易混入油中，使油液的可压缩性增加，影响系统工作的平稳性，而且耗气量大，需经常补气，还要有气体压缩机、油面计等附属设备。

③ 应用场合。适用于要求不高的中、低压大流量系统。

（2）活塞式蓄能器。

① 工作原理。活塞式蓄能器中的气体和油液由活塞隔开，其结构如图5-11所示。活塞

1 的上部为压缩空气，气体由阀 3 冲入，其下部经油孔 a 通向液压系统，活塞 1 随下部压力油的储存和释放而在缸筒 2 内来回滑动。

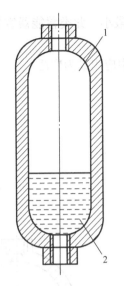

图 5-10 气瓶式蓄能器
1—压缩气体；2—液压油

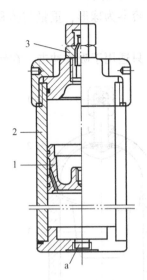

图 5-11 活塞式蓄能器
1—活塞；2—缸体；3—阀门

② 性能特点。气体不易混入油液中，所以油不易氧化，系统工作较平稳，结构简单，工作可靠，安装容易，维护方便，寿命长。缸筒和活塞制造精度高，由于活塞惯性和摩擦阻力的影响，反应不够灵敏。密封要求较高，容量小。

③ 应用场合。主要用于储能，不适于吸收压力脉动和压力冲击以及低压系统。最高工作压力为 17MPa，容量范围为 1~39L，温度适用范围为 -4~+80℃。

（3）气囊式蓄能器。

① 工作原理。气囊式蓄能器也是一种隔离式蓄能器，如图 5-12 所示。壳体 2 是一个无缝、耐高压、两端成球形的圆柱体。壳体上部装有一个充气阀 1，充气阀的下端与固定于壳体并完全封闭的气囊 3 相连。气囊由具有伸缩性的耐油橡胶制成。使用前先通过充气阀向气囊内冲入一定压力的气体。充气完毕后，将充气阀关闭，使气体被封闭在气囊内。当外部油液压力高于蓄能器内气体压力时，油液从蓄能器下部的进油口进入蓄能器，使气囊受压缩而储存液压能。当系统压力下降，低于蓄能器内压力油的压力时，蓄能器内的压力油就流出蓄能器。壳体下部有一个受弹簧作用的菌形阀 4，当气囊充分膨胀时，即油液全部排出时，菌形阀关闭，防止气囊受气压的作用而被挤出壳体之外。

② 性能特点。气体与油液完全隔离，气囊的惯性小、反应灵敏、容易维护、重量轻、结构紧凑、工作可靠、安装容易，充气后能长时间保存气体，且充气方便，是目前使用最为广泛的一种蓄能器。但气囊和壳体制造比较困难。

③ 应用场合。即可用于蓄能，又可用于缓和冲击、吸收脉动。气囊有折合型和波纹型两种。前者容量较大，适用于存储能量，后者则适合于吸收冲击压力。工作压力为 3.5MPa~32MPa，容量范围为 0.6~200L，温度适用范围为 -10~+65℃。

（4）隔膜式蓄能器

① 工作原理。隔膜式蓄能器的工作原理与气囊式蓄能器基本相同，用耐油橡胶隔膜把油和气分开，如图 5-13 所示。

② 性能特点。容器为球形，重量与体积的比值最小。此类蓄能器容量很小，一般容量为 0.95~11.4L。

③ 应用场合。只适用于吸收冲击，在航空机械中应用最为广泛。

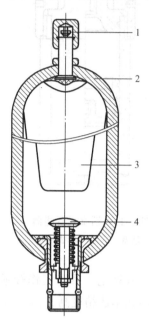

图 5-12 气囊式蓄能器

1—充气阀；2—壳体；3—气囊；4—提升阀（菌形阀）

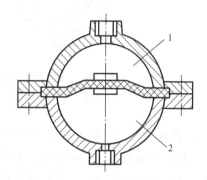

图 5-13 隔膜式蓄能器

1—气体；2—液压油

5.3.2 蓄能器的参数计算

容量是选用蓄能器的依据，其大小视用途而异，现以皮囊式蓄能器为例加以说明。

1. 作辅助动力源时的容量计算

当蓄能器作动力源时，蓄能器储存和释放的压力油容量和皮囊中气体体积的变化量相等，而气体状态的变化遵守波义耳定律，即

$$p_0 V_0^n = p_1 V_1^n = p_2 V_2^n \tag{5-2}$$

式中 p_0——皮囊的充气压力；

V_0——皮囊充气的体积，由于此时皮囊充满壳体内腔，故 V_0 也即蓄能器容量；

p_1——系统最高工作压力，即泵对蓄能器充油结束时的压力；

V_1——皮囊被压缩后相应于 p_1 时的气体体积；

p_2——系统最低工作压力，即蓄能器向系统供油结束时的压力；

V_2——气体膨胀后相应于 p_2 时的气体体积。

体积差 $\Delta V = V_2 - V_1$ 为供给系统油液的有效体积，将它代入式（5-2），则可求得蓄能器

容量 V_0，即

$$V_0 = \left(\frac{p_2}{p_0}\right)^{1/n} V_2 = \left(\frac{p_2}{p_0}\right)^{1/n}(V_1 + \Delta V) = \left(\frac{p_2}{p_0}\right)^{1/n}\left[\left(\frac{p_2}{p_0}\right)^{1/n} V_0 + \Delta V\right]$$

由上式得

$$V_0 = \frac{\Delta V \left(\frac{p_2}{p_0}\right)^{1/n}}{1 - \left(\frac{p_2}{p_0}\right)^{1/n}} \tag{5-3}$$

充气压力 p_0 在理论上可与 p_2 相等，但是为保证在 p_2 时蓄能器仍有能力补偿系统泄漏，则应使 $p_0 < p_2$，一般取 $p_0 = (0.8 \sim 0.85)p_2$，如已知 V_0，也可反过来求出储能时的供油体积，即

$$\Delta V = V_0 p_0^{1/n}\left[\left(\frac{1}{p_2}\right)^{1/n} - \left(\frac{1}{p_1}\right)^{1/n}\right] \tag{5-4}$$

在以上各式中，n 是与气体变化过程有关的指数。当蓄能器用于保压和补充泄漏时，气体压缩过程缓慢，与外界热交换得以充分进行，可认为是等温变化过程，这时取 $n=1$；而当蓄能器作辅助或应急动力源时，释放液体的时间短，气体快速膨胀，热交换不充分，这时可视为绝热过程，取 $n=1.4$。在实际工作中，气体状态的变化在绝热过程和等温过程之间，因此 $n = 1 \sim 1.4$。

2. 用来吸收冲击时的容量计算

当蓄能器用于吸收冲击时，其容量的计算与管路布置、液体流态、阻尼及泄漏大小等因素有关，准确计算比较困难。一般按经验公式计算缓冲最大冲击力时所需要的蓄能器最小容量，即

$$V_0 = \frac{0.004 q p_1 (0.0164 L - t)}{p_1 - p_2} \tag{5-5}$$

式中　p_1——允许的最大冲击（kgf/cm²）；

　　　p_2——阀口关闭前管内压力（kgf/cm²）；

　　　V_0——用于冲击的蓄能器的最小容量（L）；

　　　L——发生冲击的管长，即压力油源到阀口的管道长度（m）；

　　　t——阀口关闭的时间（s），实际应用中取 $t=0$。

5.3.3　蓄能器的选择、使用和安装

1. 蓄能器的选择

选择蓄能器应考虑的因素：工作压力及耐压；公称容积及允许的吸（排）流量或气体容积；允许使用的工作介质及介质温度等。其次，还应考虑蓄能器的重量及占用空间、价格、质量及使用寿命、安装维修的方便性及生产厂家的货源情况等。

蓄能器属于压力容器，必须有生产许可证才能生产，所以一般不要自行设计、制造蓄能器，应选择专业生产厂家的定型产品。

2. 蓄能器的使用

不能在蓄能器上进行焊接、铆焊及机械加工；蓄能器绝对禁止充氧气，以免引起爆炸；不能在充油状态下拆卸蓄能器。

检查气囊式蓄能器充气压力的方法：将压力表装在蓄能器的油口附近，用泵向蓄能器注满油液，然后使泵停止，让压力油通过与蓄能器相接的阀慢慢从蓄能器流出。在排油过程中观察压力表，压力表指针会慢慢下降。当达到充气压力时，蓄能器的提升阀关闭，压力表指针迅速下降到零，压力迅速下降前的压力即为充气压力。也可利用充气工具直接检查充气压力，但由于每次检查都要放掉一点气体，故不适用于容量很小的蓄能器。

3. 蓄能器的安装

蓄能器应安装在便于检查、维修的位置，并远离热源。用于降低噪声、吸收压力脉动和压力冲击的蓄能器，应尽可能靠近振动源。蓄能器的铭牌应置于醒目的位置。必须将蓄能器牢固地固定在托架或地基上，防止蓄能器从固定部位脱开而发生飞起伤人事故。非隔离式蓄能器及气囊式蓄能器应油口向下、充气阀向上竖直放置。蓄能器与液压泵之间应装设单向阀，防止液压泵卸荷或停止工作时蓄能器中的压力油倒灌。蓄能器与系统之间应装设截止阀，供充气、检查、维修蓄能器时或长时间停机时使用。

任务4　认识热交换器

液压系统的工作温度一般希望保持在 30~50℃ 的范围之内，最高不超过 65℃，最低不低于 15℃，如果液压系统靠自然冷却仍不能使油温控制在上述范围内时，就需要安装冷却器；反之，如环境温度太低，无法使液压泵启动或正常运转时，就须安装加热器。

5.4.1　冷却器

液压系统中用得较多的冷却器是强制对流式多管头冷却器，如图 5-14 所示，油液从进油口 5 流入，从出油口 3 流出，冷却水从进水口 7 流入，通过多根散热管 6 后由出水口 1 流出，油液在水管外部流动时，它的行进路线因冷却器内设置了隔板 4 而加长，因而增加了散热效果。近来出现一种翅片管式冷却器，水管外面增加了许多横向或纵向散热翅片，大大扩大了散热面积和热交换效果，其散热面积可达光滑管的 8~10 倍。

一般冷却器的最高工作压力在 1.6MPa 以内，使用时应安装在回油管路或低压管路上，所造成的压力损失一般为 0.01~0.1MPa。

5.4.2　加热器

液压系统的加热一般采用结构简单，能按需要自动调节最高和最低温度的电加热器，这种加热器的安装方式如图 5-15 所示，它用法兰盘水平安装在油箱侧壁上，发热部分全部浸在油液内，加热器应安装在油液流动处，以利于热量的交换。由于油液是热的不良导体，单个加热器的功率容量不能太大,以免其周围油液的温度过高而发生变质现象。

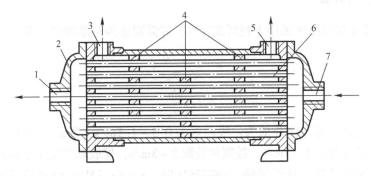

图 5-14 对流式多管头冷却器
1—出水口;2—壳体;3—出油口;4—隔板;5—进油口;6—散热管;7—进水口

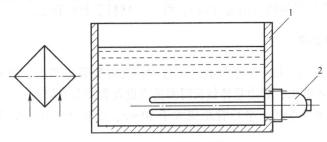

图 5-15 加热器的安装
1—油箱;2—电加热器

任务 5 认识管件与接头

液压系统中将管道、管接头和法兰等通称为管件,其作用是保证油路的连通,并便于拆卸、安装;根据工作压力、安装位置确定管件的连接结构;与泵、阀等连接的管件应由其接口尺寸决定管径。

5.5.1 管道

1. 管道的分类及应用

液压系统中管道的分类特点和应用场合如表 5-2 所示。

表 5-2 管道的分类特点和应用场合

种 类	特点和应用范围
钢管	价廉、耐油、抗腐、刚性好,但装配不易弯曲成形,常在拆装方便处用作压力管道,中压以上用无缝钢管,低压用焊接钢管
紫铜管	价格高,抗振能力差,易使油液氧化,但易弯曲成形,用于仪表和装配不便处
尼龙管	半透明材料,可观察流动情况,加热后可任意弯曲成形和扩口,冷却后即定形,承压能力较低,一般为 2.8~8MPa
塑料管	耐油、价廉、装配方便,长期使用会老化,只用于压力低于 0.5MPa 的回油或泄油管路
橡胶管	用耐油橡胶和钢丝编织层制成,价格高,多用于高压管路;还有一种用耐油橡胶和帆布制成,用于回油管路

2. 管道的尺寸计算

管道的内径 d 和壁厚可采用下列两式计算,并需圆整为标准数值,即

$$d = 2\sqrt{\frac{q}{\pi[v]}} \tag{5-6}$$

$$\delta = \frac{pdn}{2[\sigma_b]} \tag{5-7}$$

式中 $[v]$——允许流速,推荐值为:吸油管为 0.5~1.5m/s,回油管为 1.5~2m/s,压力油管为 2.5~5m/s,控制油管取 2~3m/s,橡胶软管应小于 4m/s;

N——安全系数,对于钢管,$p \leqslant 7$MPa 时,$n=8$;7MPa $< p \leqslant 17.5$MPa 时,$n=6$;$p > 17.5$MPa 时,$n=4$;

$[\sigma_b]$——管道材料的抗拉强度(Pa),可由《材料手册》查出。

3. 管道的安装要求

(1) 管道应尽量短,最好横平竖直,拐弯少,为避免管道皱折,减少压力损失,管道装配的弯曲半径要足够大,管道悬伸较长时要适当设置管夹及支架;

(2) 管道尽量避免交叉,平行管距要大于 10mm,以防止干扰和振动,并便于安装管接头;

(3) 软管直线安装时要有一定的余量,以适应油温变化、受拉和振动产生的 -2%~+4% 的长度变化的需要。弯曲半径要大于 10 倍软管外径,弯曲处到管接头的距离至少等于 6 倍外径。

5.5.2 管接头

管接头用于管道和管道、管道和其他液压元件之间的连接。对管接头的主要要求是安装、拆卸方便,抗振动、密封性能好。

1. 管接头的类型及其结构

目前用于硬管连接的管接头形式主要有扩口式管接头、卡套式管接头和焊接式管接头 3 种。用于软管连接主要有扣压式管接头。

1)硬管接头

硬管接头结构形式如图 5-16 所示,具体特点如下。

(1) 扩口式管接头,如图 5-16(a)所示,适用于紫铜管、薄钢管、尼龙管和塑料管等低压管道的连接,拧紧接头螺母,通过管套使管子压紧密封。

(2) 卡套式管接头,如图 5-16(b)所示,拧紧接头螺母后,卡套发生弹性变形便将管子夹紧,它对轴向尺寸要求不严,装拆方便,但对连接用管道的尺寸精度要求较高。

(3) 焊接式管接头,如图 5-16(c)所示,接管与接头体之间的密封方式有球面、锥面接触密封和平面加 O 形圈密封两种。前者有自位性,安装要求低,耐高温,但密封可靠性稍差,适用于工作压力不高的液压系统;后者密封性好,可用于高压系统。

此外尚有二通、三通、四通、铰接等数种形式的管接头,供不同情况下选用,具体可查

阅有关手册。

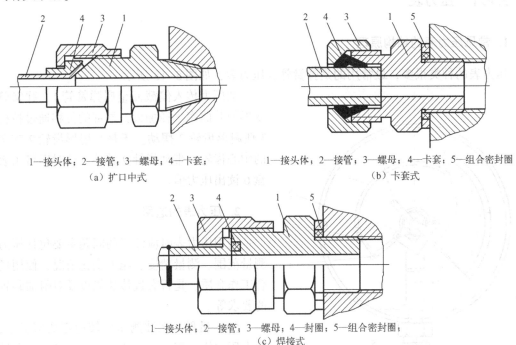

1—接头体；2—接管；3—螺母；4—卡套；
(a) 扩口中式

1—接头体；2—接管；3—螺母；4—卡套；5—组合密封圈；
(b) 卡套式

1—接头体；2—接管；3—螺母；4—封圈；5—组合密封圈；
(c) 焊接式

图 5-16　硬管接头结构形式

2) 软管接头

胶管接头随管径和所用胶管钢丝层数的不同，工作压力在 6～40MPa 之间，图 5-17 为扣压式胶管接头的具体结构。

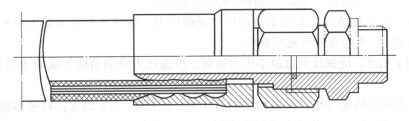

图 5-17　扣压式胶管接头

任务 6　压力表及压力表开关

液压系统必须设置必要的检测和显示装置。在对液压系统调试时，用来调定各有关部位的压力；在液压系统工作时，检查各有关部位压力是否正常。通常在液压泵的出口、主要执行元件的进油口、安装压力继电器的地方、液压系统中与主油路压力不同的支路及控制油路、蓄能器的进油口等处，均应安装压力检测装置。

压力检测装置通常采用压力表及压力传感器。压力表一般通过压力表开关与油路连接。为减少压力表的数量，一些压力表开关上有多个测压点，可与液压系统的不同部位相连。

5.6.1 压力表

1. 常见压力表的结构原理

压力表的种类很多，最常用的是弹簧管式压力表，如图5-18所示。

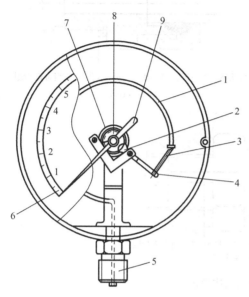

图5-18 弹簧管式压力表
1—弹簧管；2—扇形齿轮；3—拉杆；4—调节螺钉；
5—接头；6—表盘；7—游丝；8—中心齿轮；9—指针

油压力传入偏截面金属弹簧管1，弹簧管变形使其曲率半径加大，端部的位移通过拉杆3使扇形齿轮2摆动。于是与扇形齿轮2啮合的中心齿轮8带动指针9转动，这时即可由表盘6读出压力值。

2. 压力表的选用

选用压力表时应注意的问题主要包括压力测量范围、测量精度、压力变化情况、使用场合工作介质、是否有远传功能以及对附加装置的要求等。

（1）量程。在被测压力较稳定的情况下，最大压力值不超过压力表满量程的3/4；在被测压力波动较大的场合，最大压力值不超过压力表满量程的2/3。为提高示值精度，被测压力最小值应不低于全量程的1/3。

（2）测量压力的类型。要按被测压力是绝对压力、表压及差压这3种类型选择相应的测量仪表。

（3）压力的变化情况。要根据被测压力是静压力、缓变压力及动态压力来选择仪表。测量动态压力时，要考虑其频宽的要求。

（4）测量精度。应保证测量最小压力值时，所选压力表的精度等级能达到系统所要求的测量精度。

压力表有多种精度等级。普通精度的有1级、1.5级、2.5级等；精密型的有0.1级、0.16级、0.25级等。一般机床上的压力表用2.5~4级精度即可。

5.6.2 压力表开关

压力油路与压力表之间需装压力表开关。压力表开关可看做是一个小型的截止阀，用以接通或断开压力表与油路的通道。压力表开关有一点式、三点式、六点式等。

图5-19所示为六点式压力表开关，图示位置为非测量位置，此时压力表油路经沟槽a、小孔b与油箱连通。若将手柄向右推进去，沟槽a将使压力表油路与测量点处的油路连通，并将压力表油路与通往油箱的油路断开，这时便可测出该测量点的压力。

压力表中的过油通道很小，可防止表针的剧烈摆动。

不测量液压系统的压力时，应将手柄拉出，使压力表与系统油路断开，以保护压力表并延长其使用寿命。

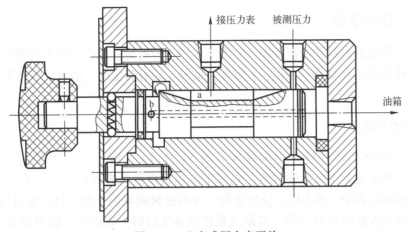

图 5-19 六点式压力表开关

任务 7 密封元件

在液压系统中，某些零件之间存在耦合关系。其耦合间隙可能是平面间隙，也可能是环形间隙。构成耦合关系的零件有的相对固定，有的相对运动。由于耦合零件之间存在间隙，不仅高压区的油液会经此间隙向低压区转移形成外漏和内漏，而且空气中的尘埃或异物会乘隙而入。这将导致液压系统的溶剂损失、油温升高、污染工作介质及环境等，因此必须采取有效的密封措施。按构成耦合面的两个零件之间是否有相对运动，密封元件分为动密封和静密封；按工作原理，密封元件分为间隙密封和接触密封。

5.7.1 间隙密封

间隙密封是通过对相对运动零件的精密加工，使其配合间隙非常微小（0.01～0.05mm）而实现密封，如图 5-20 所示。在圆柱配合面的间隙密封中，常在配合表面上开几条环形的小槽（宽 0.3～0.5mm，深 0.5～1mm，间距为 2～5mm）。油在这些小槽中形成涡流，能减缓漏油速度，还能在油压作用下使两配合件同轴，起到降低摩擦阻力和避免因偏心而增加漏油量等作用。这些小槽称为压力平衡槽。

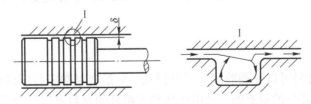

图 5-20 间隙密封

间隙密封结构简单，摩擦阻力小，磨损小，润滑性能好，是一种结构简单紧凑的密封方式，在液压泵、液压马达、各种液压阀中得到广泛的应用。其缺点是密封效果差，密封性能随工作压力的升高而变差。尺寸较大的液压缸，要达到间隙密封所需要的加工精度比较困难，也不够经济。因此间隙密封在液压缸中仅用于尺寸较小、压力较低、运动速度较高的活塞与缸体内孔间的密封。

5.7.2 接触密封

接触密封常用的密封件是密封圈。它既可以用于静密封，也可以用于动密封。密封件常以其截面形状命名，有 O 形、Y 形、V 形等。此外，还有防尘圈、油封、组合密封垫圈等密封装置。

1. O 形密封圈

O 形密封圈的主要材料为合成橡胶。图 5-21（a）所示为其安装前的常态形状，图 5-21（b）所示为其安装后的截面。它属于应用最广泛的密封件之一。其密封性好、结构简单、动摩擦阻力小、成本低、使用方便。O 形密封圈可用于静密封，也可用于动密封，且可同时对两个方向起密封作用。其缺点是用做动密封时，启动摩擦阻力较大，寿命相应缩短。

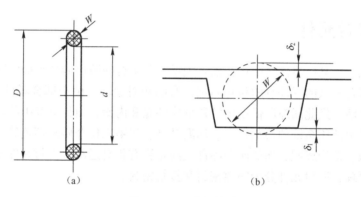

图 5-21 O 形密封圈

2. Y 形密封圈

Y 形密封圈一般用于圆柱环形间隙的密封，既可安装在轴上，也可安装在孔槽内。图 5-22 所示为几类 Y 形密封圈的示意图。Y 形密封圈不仅密封性好，而且摩擦阻力小，启动摩擦阻力与停车时间的长短和工作压力的高低关系不大，工作时运行平稳。Y 形密封圈适合在工作压力不大于 20MPa、工作温度为 -30～+100℃、运动速度不大于 0.5m/s 的条件下的矿物油中工作。

3. V 形密封圈

V 形密封圈的材料可以是橡胶或夹织物橡胶。V 形密封圈需与压环和支撑环一起使用，图 5-23 所示为这三部分的示意图。其中压环和支撑环的材料可以是金属、夹布橡胶或合成树脂。V 形密封圈的个数视工作压力的大小选取，并通过调整压紧力达到最佳密封效果。夹织物橡胶 V 形密封圈的最高工作压力可达 50MPa。V 形密封圈可以在活塞承受偏心载荷或在偏心状态下运动时很好地密封，但运动摩擦阻力及结构尺寸较大，不宜用于耦合件相对运动速度较大的场合。此外，为保证良好的密封性能，对压环和支撑环的制造精度和强度要求较高，对支撑环与缸体孔之间的间隙及缸体孔的表面粗糙度要求较高。

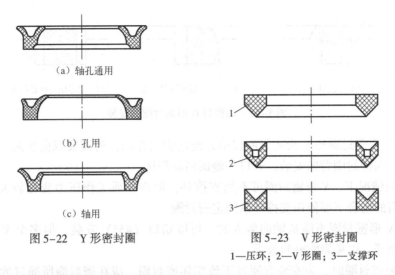

图 5-22 Y 形密封圈

图 5-23 V 形密封圈
1—压环；2—V 形圈；3—支撑环

5.7.3 密封圈使用注意事项

使用密封圈时要注意以下几点。

(1) 当密封圈用于圆柱环形间隙密封时，若密封圈的安装沟槽开在轴上，取密封圈的公称外径与轴的外径相等；若密封圈的安装沟槽开在轴的耦合件上，取密封圈的公称内径与轴的外径相等。

(2) 当 O 形密封圈用于平面密封时，如图 5-24 所示，O 形密封圈的外径

$$D_1 \geqslant (d_1 + 2B)$$

式中 d_1——密封孔的孔径；

B——固定沟槽的最小宽度，B 的大小与 O 形密封圈的截面直径有关。

图 5-24 (a) 所示结构加工简单，但仅用于单向密封。若用于自吸式液压泵的进口或瞬时流速大于 10m/s 的管路，因管路可能为负压，O 形密封圈可能被吸入，而空气在大气压作用下将侵入管路，影响液压系统的正常工作。另外，此时密封圈直接承受管内液体的压力冲击，因而会降低其使用寿命。为避免出现以上问题，设计时可选用如图 5-24 (b) 所示的沟槽内侧半封闭结构。

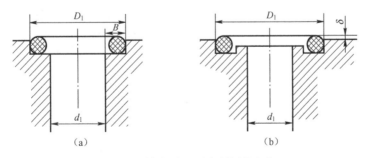

图 5-24 静密封 O 形密封圈的安装

(3) 当工作压力大于 10MPa 时，为防止 O 形密封圈被挤入间隙，可在 O 形密封圈的承压面设置挡圈，如图 5-25 所示。挡圈的材料为聚四氟乙烯、尼龙等，其硬度高于 O 形密封圈。

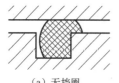 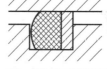 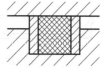

(a) 无挡圈　　　　(b) 单承压面设置挡圈　　　(c) 双承压面设置挡圈

图 5-25　动密封 O 形密封圈的安装

（4）因 Y 形密封圈和 V 形密封圈仅单方向起密封作用，若需要双向密封，则需要设置两个密封圈，两密封圈背向安装，开口一侧面向高压区。

（5）一般情况下，Y 形密封圈可不用支撑环，但在介质工作压力变化较大时，在相对滑动速度较高的场合下要使用支撑环以固定密封圈。

（6）当 V 形密封圈不能从轴向装入时，可以切口（45°）安装，但多个 V 形密封圈的切口应相互错开，以免影响密封效果。

（7）安装密封圈时，为安装方便且不致切坏密封圈，应在密封圈所通过的各部位（如缸筒和活塞杆的端部）加工 15°~30°的倒角，倒角应有足够的长度。

（8）注意密封圈的清洁，防止安装时带入铁屑、尘土、棉纱等杂物。

思考和练习题

1. 试述油箱的功用，设计时应注意哪些问题？
2. 过滤器有哪几种类型？一般安装在什么位置？
3. 蓄能器有哪几种类型？各有什么功能？
4. 接管头有哪几种类型？说明其结构特点？
5. 常用的油管有哪些？各适用于什么场合？
6. 常用的密封装置有哪些？各有何特点？

项目 6　液压基本回路

【本项目重点】

1. 压力控制回路的工作原理及应用。
2. 节流阀节流调速回路的速度负载特性。
3. 快速运动回路和速度换接回路的工作原理及应用。
4. 多缸动作回路的实现方式。

【本项目难点】

1. 平衡回路的工作原理及应用。
2. 容积调速回路的调节方法及应用。
3. 多缸快慢互不干扰回路的工作原理。

任何一个液压传动系统，无论多么复杂，都是由一些基本回路组成的。按照其在系统中所起的作用不同，可分为方向控制回路、压力控制回路、速度控制回路和多缸工作控制回路等。

熟悉这些基本回路，掌握它们的工作原理、系统组成以及特点，对于了解和分析整个液压系统，以及正确使用、维护液压系统是十分必要的。

任务 1　方向控制回路

方向控制回路是利用各种方向控制阀或双向变量泵，来控制液压系统中液压油的通断或流向，从而控制执行元件按工况需要相应地做出启动、停止或换向等一系列动作。

常用的方向控制回路有换向回路、锁紧回路、连续往复回路等。

6.1.1　换向回路

图 6-1 所示为利用行程开关控制三位四通电磁换向阀动作的换向回路。按下启动按钮，1YA 通电，阀左位工作，液压缸左腔进油，活塞右移；当触动行程开关 2ST 时，1YA 断电、2YA 通电，阀右位工作，液压缸右腔进油，活塞左移；当触动行程开关 1ST 时，1YA 通电、2YA 断电，阀又左位工作，液压缸又左腔进油，活塞又向右移。这样往复变换换向阀的工作位置，就可以自动改变活塞的移动方向。1YA 和 2YA 都断电，活塞停止运动。

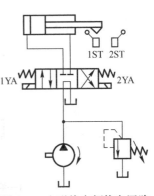

图 6-1　电磁换向阀换向回路

由二位四通、三位四通、三位五通电磁换向阀组成的换向回路是较常用的。电磁换向阀组成的换向回路操作方便,易于实现自动化,但换向时间短,故换向冲击大,适用于小流量、平稳性要求不高的场合。

6.1.2 锁紧回路

能使液压缸在任意位置上停留,且停留后不会再外力作用下移动位置的回路称为锁紧回路。采用 M 形和 O 形中位机能换向阀的回路,能实现锁紧,但由于滑阀型换向阀密封性较差,当执行元件长时间停止时,会出现松动,从而影响精度,因此多采用液压锁的锁紧回路。

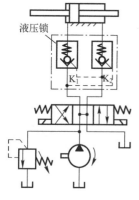

图 6-2 锁紧回路

图 6-2 所示为采用液压锁的锁紧回路。液压缸两个油口各装一个液控单向阀,当换向阀处于左位或右位工作时,液控单向阀控制口 K_2 或 K_1 通入压力油,液压缸的回油便可反向通过单向阀,活塞可向左或向右移动。当换向阀处于中位时,因阀的中位机能为 H 形,两个液控单向阀的控制油直接通油箱,故控制压力立即消失(Y 形中位机能也可),液控单向阀不再反向导通,液压缸因两腔油液封闭便被锁紧。由于液控单向阀的反向密封性很好,因此锁紧可靠。

6.1.3 连续往返回路

图 6-3 所示为采用液动换向阀和行程阀的连续往返换向回路。当手动换向阀 3 接通油路后,行程阀 7 接通,控制油液推动液控换向阀 4 左移,液压缸 9 左腔进油,推动活塞向右移动;当活塞杆上的撞块碰到右边的行程阀 8 时,液控换向阀 4 的控制油路接通回油油路,液控换向阀在弹簧作用下右移复位,液压缸 9 右腔进油,推动活塞向左移动,实现液压缸自动换向;当活塞杆上的撞块再碰到左边的行程阀 7 时,液控换向阀 4 又自动换向,达到液压缸连续自动换向的目的。

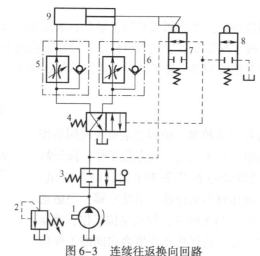

图 6-3 连续往返换向回路

1—液压泵;2—溢流阀;3—手动换向阀;4—液动换向阀;
5、6—单向调速阀;7、8—行程阀;9—液压缸

任务2 压力控制回路

压力控制回路是利用压力控制阀作为回路主要控制元件，控制液压系统整体或某一部分的压力，以满足执行元件对力或力矩的要求。这类回路的基本类型主要有调压回路、卸荷回路、减压回路、平衡回路、保压回路、增压回路和背压回路等。

6.2.1 调压回路

调压回路的功能是使系统的工作压力与负载相适应，保持系统压力稳定或限制系统的最高工作压力。在定量泵系统中，液压泵的供油压力可以通过溢流阀来调节。在变量泵系统中，用安全阀来限定系统的最高压力，防止系统过载。

1. 单级调压回路

图6-4所示的回路为由一个溢流阀和定量泵组成的单级调压回路。溢流阀用来控制回路的最高压力为恒定值。在工作过程中，溢流阀常开，液压泵的工作压力取决于溢流阀的调定压力，溢流阀的调定压力必须大于液压缸最大工作压力和油路中各种压力损失之和，一般为系统工作压力的1.1倍。

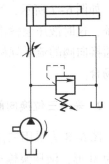

图6-4 单级调压回路

2. 多级调压回路

图6-5为二级调压回路。在图示状态下，泵出口压力由溢流阀1调定为较高压力；二位二通换向阀通电后，则由远程调压阀2调定为较低压力。阀2的调定压力必须小于阀1的调定压力。

图6-6所示为三级调压回路。主溢流阀1为先导式溢流阀，当电磁换向阀4位于中位时，泵的供油压力由阀1调定为最高压力。当换向阀4的电磁铁分别通电时，泵的供油压力由远程调压阀2、3调定为较低的压力。阀2和阀3的调定压力必须小于阀1的调定压力。

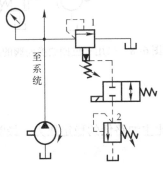 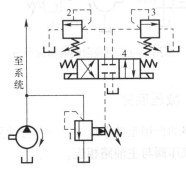

图6-5 二级调压回路　　　图6-6 三级调压回路

6.2.2 卸荷回路

在液压设备短时间停止工作期间，一般不宜关闭电动机，这是因为频繁启闭对电动机和泵的寿命有严重影响。若让液压泵在溢流阀调定压力下回油，又会造成很大的能量浪费，使油温升高，系统性能下降，因此需要卸荷回路解决上述问题。

卸荷是指液压泵在功率损耗接近于零的运转状态。功率为流量与压力之积，两者任一近似为零，功率损耗即近似为零，因此有流量卸荷和压力卸荷两种方法。流量卸荷法用于变量泵，但此时泵处于高压状态，磨损比较严重。压力卸荷法是使泵在接近零压下工作。

1. 采用二位二通换向阀的卸荷回路

如图 6-7 所示，当执行元件停止运动时，使二位二通换向阀电磁铁断电，其右位接入系统，这时液压泵输出的油液通过该阀流回油箱，使液压泵卸荷。应用这种卸荷回路，二位二通换向阀的流量规格应能流过液压泵的最大流量，一般适用于液压泵的流量小于 63L/min 的场合。

2. 采用三位换向阀的卸荷回路

图 6-8 为采用三位四通换向阀的中位滑阀机能实现卸荷的回路。图示换向阀的滑阀机能为 M 形，液压泵输出的油液经换向阀中间通道直接流回油箱，实现液压泵卸荷。此外中位滑阀机能为 H 形或 K 形时也可实现液压泵卸荷。

用换向阀中位机能的卸荷回路，卸荷方法比较简单。但压力较高，流量较大时，容易产生冲击，故适用于低压、小流量液压系统，不适用于一个液压泵驱动两个或两个以上执行元件的系统。

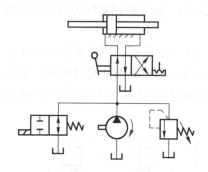
图 6-7 采用二位二通换向阀的卸荷回路

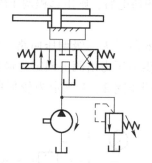
图 6-8 采用三位四通换向阀的卸荷回路

6.2.3 减压回路

减压回路的作用是使系统中某一部分油路具有比主油路低的稳定压力。最常见的减压回路通过定值减压阀与主油路相连。

1. 单级减压回路

图 6-9 所示为用于夹紧系统的单向减压回路。单向减压阀 5 安装在液压缸 6 与换向阀 4

之间，当 1YA 通电时，三位四通电磁换向阀左位工作，液压泵输出压力油通过单向阀 3、换向阀 4，经单向减压阀 5 减压后输入液压缸左腔，推动活塞向右运动，夹紧工件，右腔的油液经换向阀 4 流回油箱。当 2YA 通电时，换向阀 4 右位工作，液压缸 6 左腔的油液经单向减压阀 5 的单向阀、换向阀 4 流回油箱，回程时减压阀不起作用。单向阀 3 在回路中的作用是，当主油路压力低于减压油路的压力时，利用锥阀关闭的严密性，保证减压油路的压力不变，使夹紧缸保持夹紧力不变。还应指出，减压阀 5 的调整压力应低于溢流阀 2 的调整压力，才能保证减压阀正常工作（起减压作用）。

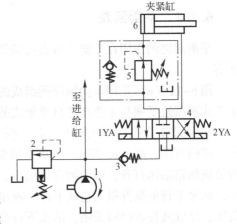

图 6-9 单级减压回路

2. 二级减压回路

图 6-10 所示为由减压阀和远程调压阀组成的二级减压回路。在图示状态下，夹紧压力由减压阀 1 调定。当二位二通阀通电后，夹紧压力则由远程调压阀 2 调定，故此回路为二级减压回路。若系统只需一级减压，可取消二通阀与远程调压阀 2，并堵塞减压阀 1 的外控口。

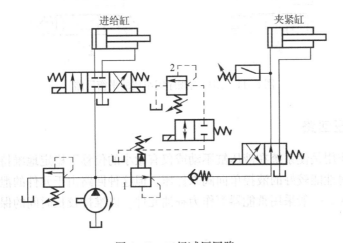

图 6-10 二级减压回路

为使减压回路可靠地工作，其最高调整压力应比系统压力低一定的数值，如中高压系统减压阀约低 1MPa（中低压系统约低 0.5MPa），否则减压阀不能正常工作。当减压支路的执行元件速度需要调节时，节流元件应装在减压阀的出口，因为减压阀起作用时，有少量泄油从先导阀流回油箱，节流元件装在出口；可避免泄油对节流元件调定的流量产生影响。减压阀出口压力若比系统压力低得多，会增加功率损失和系统升温，必要时可用高低压双泵分别供油。

6.2.4 平衡回路

平衡回路的作用在于防止垂直或倾斜放置的液压缸和与之相连的工作部件因自重而自行下落。

图 6-11（a）是用单向顺序阀组成的平衡回路。调整单向顺序阀的开启压力，使其稍大于立式液压缸活塞与工作部件自重形成的下腔背压，即可防止活塞因自重而下落。在这里，单向顺序阀起了平衡阀的作用，所以这种回路称为平衡回路。该回路在活塞下行时，回油腔有一定的背压，故运动平稳，但功率损失较大。而图 6-11（b）中，在活塞下行时，顺序阀被进油路油压打开，回油的背压很小，因此回油路功率损失也较小。这种平衡回路因背压小，活塞下行的惯性很大造成下冲，液压缸上腔的液压油来不及补充，会出现瞬时降压甚至负压，导致液控顺序阀关闭，活塞下行受阻又使液压缸上腔压力上升打开顺序阀，活塞处于时走时停的不稳定运动状态。可在回油路上加背压阀改善活塞运动的稳定性。

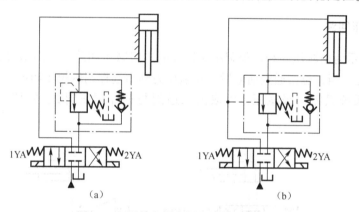

图 6-11 用单向顺序阀组成的平衡回路

6.2.5 保压回路

保压回路的作用是使系统在液压缸不动或仅有微小的位移下稳定地维持住压力。最简单的办法是使用密封性能较好的液控单向阀来保压，但这种回路由于元件的泄漏使得其保压的时间不能维持很久。一般采用蓄能器等作为补油元件，以维持较长时间的保压。常见的保压回路有以下几种。

1. 利用蓄能器的保压回路

在如图 6-12（a）所示的回路中，当主换向阀在左位工作时，液压缸向前运动且压紧工件，进油路压力升高至调定值，压力继电器使二通阀导通，泵处于卸荷状态，单向阀自动关闭。液压缸则由蓄能器保压。缸压力不足时，压力继电器复位使泵重新工作。保压时间的长短取决于蓄能器容量及系统的泄漏量，调节压力继电器的工作区间即可调节缸中压力的最大值和最小值。图 6-12（b）所示为多缸系统中的一缸保压回路，这种回路当主油路压力降低时，单向阀 3 关闭，支路由蓄能器保压并补偿泄漏，压力继电器 5 的作用是当支路中压力达到预定值时，使主油路开始动作。

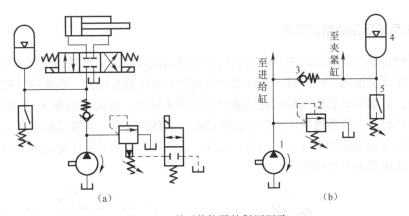

图 6-12 利用蓄能器的保压回路
1—液压泵；2—溢流阀；3—单向阀；4—蓄能器；5—压力继电器

2. 自动补油保压回路

图 6-13 所示为采用液控单向阀和电接触式压力表的自动补油式保压回路，其工作原理为：当 1YA 得电，换向阀右位接入回路，液压缸上腔压力上升至电接触式压力表的上限值时，上触点发出信号，使电磁铁 1YA 失电，换向阀处于中位，液压泵卸荷，液压缸由液控单向阀保压。当液压缸上腔压力下降到预定下限值时。电接触式压力表又发出信号，使 1YA 得电，液压泵再次向系统供油，使压力上升，当压力达到上限值时，上触点又发出信号，使 1YA 失电。因此，这一回路能自动地使液压缸补充压力油，使其压力能长期保持在一定范围内。

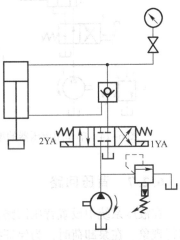

图 6-13 自动补油式保压回路

6.2.6 增压回路

增压回路的作用是提高系统中某一支路的工作压力，以满足局部工作机构所需的高压。采用了增压回路，可省去高压泵且系统的整体工作压力仍然较低，这样就可以降低成本、节省能源和简化结构。

1. 单作用增压器的增压回路

图 6-14 所示为由单作用增压器组成的单向增压回路。增压缸中有大、小两个活塞，并由一根活塞杆连接在一起。当手动换向阀 3 右位工作时，输出压力油进入增压缸 A 腔，推动活塞向右运动，右腔油液经手动换向阀 3 流回油箱，而 B 腔输出高压油，高压油液进入工作缸 6，推动单作用式液压缸活塞下移。在不考虑摩擦损失与泄漏的情况下，单作用增压器的增压倍数（增压比）等于增压器大小腔有效面积之比。当手动换向阀 3 左位工作时，增压缸活塞向左退回，工作缸 6 靠弹簧复位。为补偿增压缸 B 腔和工作缸 6 的泄漏，可通过单向阀 5 由辅助油箱补油。用增压缸的单向增压回路只能供给断续的高压油，因此它适用于行程较短、单向作用力很大的液压缸中。

2. 双作用增压器的增压回路

单作用增压器只能断续供油，若需获得连续输出的高压油，可采用如图 6-15 所示的双作用增压器连续供油的增压回路。液压泵压力油进入增压器左端大、小油腔，右端大油腔的回油通油箱，右端小油腔增压后的高压油经单向阀 4 输出，此时单向阀 1、3 被封闭。当活塞移动到右端时，二位四通换向阀的电磁铁通电，油路换向后，活塞反向左移。同理，左端小油腔输出的高压油通过单向阀 3 输出。这样，增压器的活塞不断往复运动，两端便交替输出高压油，从而实现了连续增压。

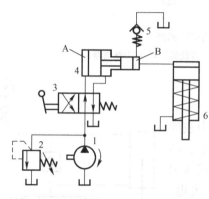

图 6-14 单作用增压器的增压回路

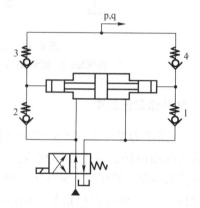

图 6-15 双作用增压器的增压回路
1、2、3、4—单向阀

6.2.7 背压回路

在液压系统中设置背压回路，可以提高执行元件的运动平稳性或减少工作部件运动时的爬行现象。在泵卸荷时，为保证控制油路具有一定的压力，常常在回油路上设置背压阀，如由溢流阀、单向阀、顺序阀、节流阀组成背压回路，以形成一定的回路阻力，用以产生背压，一般背压为 0.3~0.8MPa。

图 6-16 所示为采用溢流阀的背压回路。将溢流阀装在回油路上，回油时油液经溢流阀流回油箱，油液通过溢流阀要克服一定的阻力，这就使运动部件及负载的惯性力被消耗掉。提高了运动部件的速度稳定性，且能够承受负值负载。根据需要，可调节溢流阀的调压弹簧，来调节回油阻力大小，即调节背压的大小。图 6-16 (a) 所示为双向背压回路，液压缸往复运动的回油都要经过背压阀（溢流阀）流回油箱，因此在两个运动方向上都能获得背压。图 6-16 (b) 所示为单向背压回路，当三位四通换向阀左位工作时，回油经溢流阀、换向阀流回油箱，在回油路上获得背压。当三位四通换向阀右位工作时，回油经换向阀流回油箱，不经溢流阀，因而没有背压。

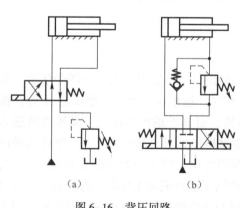

图 6-16 背压回路

任务3 速度控制回路

速度控制回路的功能是使执行元件获得能满足工作需求的运动速度。它主要包括调速回路、快速运动回路和速度换接回路等。

6.3.1 调速回路

调速回路的基本原理：从液压马达的工作原理可知，液压马达的转速 $n_M = q/V_M$，即 n_M 由输入流量 q 和液压马达的排量 V_M 决定；液压缸的运动速度 $v = q/A$，即 v 由输入流量 q 和液压缸的有效作用面积 A 决定。

通过上面的关系可知，由于液压缸的有效面积 A 是定值，只有改变流量 q 的大小来调速，而改变输入流量 q 可以通过采用流量控制阀或变量泵来实现。改变液压马达的排量 V_M，可通过采用变量液压马达来实现。因此，调速回路主要有以下3种方式。

① 节流调速回路：由定量泵供油，用流量控制阀调节进入或流出执行机构的流量来实现调速。

② 容积调速回路：调节变量泵或变量马达的排量来调速。

③ 容积节流调速回路：用限压变量泵供油，由流量阀调节进入执行机构的流量；并使变量泵的流量与调节阀的调节流量相适应来实现调速。

1. 节流调速回路

节流调速回路是通过调节流量控制阀的通流截面积大小来改变进入执行机构的流量，进而调节执行元件的速度。

根据流量控制阀在回路中所处位置的不同，分为进油节流调速回路、回油节流调速回路和旁路节流调速回路。

1) 进油节流调速回路

进油节流调速回路是在执行元件的进油路上串联节流阀，如图6-17（a）所示。该回路中，使用定量泵并且必须并联一个溢流阀。回路中液压缸的输入流量由节流阀调节，而定量泵输出的多余油液则经溢流阀流回油箱；液压泵的工作压力等于溢流阀的调定压力（由于这种回路中的压力经溢流阀调定后，基本保持不变，因此它又称为定压式节流调速回路）。通过改变节流阀的通流截面积，即可改变流入液压缸的液压油的流量，从而调节执行元件的运行速度。

(1) 速度负载特性（机械特性）。调速回路的速度负载特性是以它所驱动的液压缸工作速度和外负载之间的关系来表达的。

液压缸稳定工作时，忽略摩擦力，其受力平衡方程式为

$$p_1 A = p_2 A + F$$

若液压缸的出油口直接通油箱，则 $p_2 \approx 0$，所以

$$p_1 = \frac{F}{A}$$

节流阀两端的压差

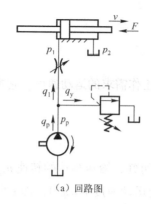
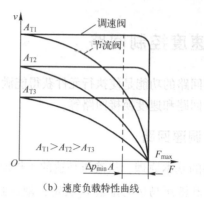

(a) 回路图　　　　　　　(b) 速度负载特性曲线

图 6-17　节流调速回路

$$\Delta p = p_p - p_1 = p_p - \frac{F}{A}$$

经节流阀进入液压缸的流量

$$q_1 = CA_T \Delta p^\varphi \left(p_p - \frac{F}{A}\right)^\varphi$$

液压缸的速度

$$v = \frac{q_1}{A} = \frac{CA_T}{A} \left(p_p - \frac{F}{A}\right)^\varphi \tag{6-1}$$

式（6-1）即为速度负载特性方程。由该式可知，液压缸速度 v 与节流阀的通流面积 A_T 成正比，因此可实现无级调速，调速范围较大。但当 A_T 调定后，速度随负载的增大而减小，因此，这种调速回路的速度负载特性较弱。

由式（6-1）描述的速度与负载的关系如图 6-17（b）所示。

速度随负载变化的程度称为速度刚度。由图 6-17（b）可知，曲线越陡，说明负载变化对速度的影响越大，即速度刚度越低。

由图 6-17 和式（6-1）可以得到，进油节流调速回路的速度负载特性有以下特点。

① 当节流阀通流截面积 A_T 不变时，负载 F 越小则速度刚度越大，即速度负载特性越好。

② 当负载 F 不变时，节流阀通流截面积 A_T 越小（液压缸速度越小），则速度刚度越大，即速度负载特性越好。

③ 活塞面积 A_1 越大，速度刚度越大，即速度负载特性越好。

④ 最大承载能力一定。$F_{max} = p_p A$，在 p_p 已调定的情况下，不随 A_T 或 v 的变化而变化。

（2）功率和效率。

液压泵的输出功率：

$$P_p = p_p q_p$$

液压缸的输出功率：

$$P_1 = Fv = F\frac{q_1}{A} = p_1 q_1$$

回路的功率损失：

$$\Delta P = P_p - P_1 = p_p q_p - p_1 q_1 = p_p(q_1 + q_y) - (p_p - \Delta p)q_1 = p_p q_y + \Delta p q_1$$

由上式可知，进油节流调速回路的功率损失由两部分组成，即溢流损失 $\Delta P_y = p_p q_y$ 和节流损失 $\Delta P_J = \Delta p q_1$。

由于存在两部分功率损失，故这种调速回路的效率较低。

由于节流阀安装在进油路上，回油路无背压。当负载消失时，工作部件会产生前冲现象，故不能承受负值负载。为提高运动的稳定性，常在回油路上增设一个 0.2~0.3MPa 的背压阀。进油节流调速回路适用于轻载、低速、负载变化不大和对速度稳定性要求不高的小功率液压系统，如车床、镗床、钻床、组合机床等机床的进给运动和一些辅助运动中。

2) 回油节流调速回路

将节流阀串联在执行元件的回油路上，借助节流阀控制液压缸的排油流量 q_2 来实现速度调节，为回油节流调速回路，如图 6-18 所示。由于进入液压缸的流量 q_1 受到回油路上排出的流量 q_2 的限制，因而用节流阀来调节液压缸的排油量 q_2，也就调节了进油量 q_1，定量泵多余的油液仍经溢流阀回油箱，溢流阀的调定压力 p_p 基本保持定值。

重复式（6-1）的推导，可以得到回油节流调速的速度负载特性方程。只是此时背压 $p_2 \neq 0$，且节流阀两端压差 $\Delta p = p_2$，而液压缸的工作压力 p_1 等于泵压 p_p，所得结果与式（6-1）相同。可见进、回油节流调速回路具有相同的速度负载特性。但是仍然存在以下不同点。

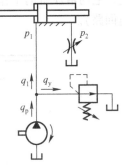

图 6-18 回油节流调速

(1) 承受负值负载的能力。所谓负值负载，就是作用力的方向与执行元件的运动方向相同的负载。回油节流调速的节流阀在液压缸的回油腔能形成一定的背压，能承受一定的负值负载；对于进油节流调速回路，要使其能承受负值负载，就必须在执行元件的回油路上加上背压阀。这必然会导致增加功率消耗，增大油液发热量。

(2) 实现压力控制的方便性。进油节流调速回路较易实现压力控制。因为当工作部件在行程终点碰到死挡块（或压紧工件）时，缸的进油腔油压会立即上升到某一数值，利用这个压力变化，可使并接于此处的压力继电器发出电气信号，对系统的下一步动作（例如另一液压缸的运动）实现控制。而在回油节流调速回路中，进油腔压力没有变化，不易实现压力控制。虽然在工作部件碰到死挡块后，缸的回油腔压力下降为零，可以利用这个变化使压力继电器实现降压，但电气控制线路比较复杂，且可靠性也不高。

(3) 运动平稳性。回油节流调速回路由于回油路上存在背压，可以有效地防止空气从回油路吸入，因而低速运动时不易爬行，高速运动时不易振颤，即运动平稳性好。进油节流调速回路在不加背压阀时不具备这种特点。

(4) 油液发热对回路的影响。进油节流调速回路中，通过节流阀产生的节流功率损失转变为热量，一部分由元件散发出去，另一部分使油液温度升高，直接进入液压缸，会使缸的内外泄漏增加，速度稳定性不好。而回油节流调速回路油液经节流阀温升后，直接回油箱，经冷却后再进入系统，对系统泄漏影响较小。

(5) 启动性能。回油节流调速回路中若停车时间较长，液压缸回油箱的油液会泄漏回油箱，重新启动时背压不能立即建立，会引起瞬间工作机构的前冲现象。对于进油节流调速，只要在开启时关小节流阀，即可避免启动冲击。

回油节流调速回路广泛用于功率不大、有负值负载和负载变化较大的情况下，或者要求运动平稳性较高的液压系统中，如铣床、钻床、平面磨床、轴承磨床和进行精密镗削的组合机床。从停车后启动冲击小和便于实现压力控制的方便性而言，进油节流调速比回油节流调速更方便。实际应用中普遍采用进油节流调速，并在回油路上加一背压阀以提高运动的平稳性。

3）旁路节流调速回路

将节流阀安装在执行元件并联的旁油路上，即构成旁路节流调速，如图6-19所示。节流阀调节了液压泵溢回油箱的流量，从而控制进入执行元件的流量。调节节流阀开口的大小，即实现了对执行元件调速的目的。在此回路中，溢流阀用做安全阀，常态时关闭，系统过载时打开，其调定压力为回路最大工作压力的1.1~1.2倍。故液压泵输出压力p_p不再恒定，它与液压缸的工作压力相等，且随着负载的变化而变化（此回路又称为变压式节流调速回路）。

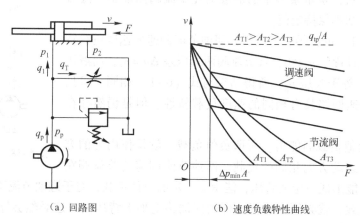

（a）回路图　　　　　　（b）速度负载特性曲线

图6-19　旁路节流调速回路

（1）速度负载特性（机械特性）。

活塞的受力平衡方程

$$p_p = p_1 = \Delta p = \frac{F}{A}$$

由于旁路节流调速回路中泵压随负载变化，故泵的泄漏量也在变化，对液压缸的工作速度有很大影响，泄漏的大小与回路的工作压力有关。因此，进入液压缸的流量为

$$q_1 = q_p - q_t = (q_{tp} - \Delta q_p) - q_t = (q_{tp} - kp_p) - CA_T\Delta p^\varphi = q_{tp} - k\frac{F}{A} - CA_T\left(\frac{F}{A}\right)^\varphi$$

液压缸的速度

$$v = \frac{q_1}{A} = \frac{q_{tp} - k\dfrac{F}{A} - CA_T\left(\dfrac{F}{A}\right)^\varphi}{A} \tag{6-2}$$

式（6-2）即为速度负载特性方程，根据此方程可描述速度与负载的关系如图6-19（b）所示。

由图6-19和式（6-1）可知，进油节流调速回路的速度负载特性有以下特点。

① 当节流阀通流截面积 A_T 不变时，负载 F 越大，速度刚度越大，即速度负载特性越好。

② 当负载 F 不变时，节流阀通流截面积 A_T 越小（液压缸速度越大），则速度刚度越大，即速度负载特性越好。

③ 减小泵的输出流量 q 和加大活塞面积 A_1，速度刚度越大，即速度负载特性越好。

④ 最大承载能力随通流截面积 A_T 的增加而减小，即旁路节流调速回路的低速承载能力很差，调速范围也很小。

（2）功率和效率。

旁路节流调速回路只有节流损失而没有溢流损失，泵压直接随负载变化，即节流损失和输入功率随负载而增减，因此本回路的效率较高。

旁路节油调速回路的速度负载特性很弱，低速承载能力又差，故其应用比前两种回路少。由于旁油节流调速回路在高速、重负载下工作时功率大、效率高，因此适用于动力较大、速度较高，而速度稳定性要求不高且调速范围小的液压系统中，如牛头刨床的主运动传动系统、锯床进给系统等。

4）节流调速回路工作性能的改进

使用节流阀的3种节流调速回路，都存在着变负载下的运动不稳定性。为解决此问题，回路中的流量控制元件可以改用调速阀。

在采用调速阀的节流调速回路中，虽然解决了速度稳定性问题，但由于调速阀中包含了减压阀和节流阀的损失，并且同样存在着溢流损失，故此回路的功率损失比节流阀调速回路还要大些。

2. 容积调速回路

节流调速回路效率低、发热大，只适用于小功率系统。而容积调速回路因无节流损失或溢流损失，故效率高、发热小。

容积调速回路的工作原理是通过改变回路中变量泵或变量马达的排量来调节执行元件的运动速度。

容积调速回路按所用执行元件的不同可分为泵—缸式容积调速回路和泵—马达式容积调速回路。而泵—马达式容积调速回路又可分为变量泵—定量马达式容积调速回路、定量泵—变量马达式容积调速回路和变量泵—变量马达式容积调速回路3种。

按油路循环方式不同，容积调速回路可分为开式容积调速回路和闭式容积调速回路两种。在开式容积调速回路中，液压泵从油箱吸油，将压力油供给执行元件，执行元件排出的油液直接返回油箱。开式容积调速回路结构简单、油液能够得到较好的冷却和沉淀。但开式容积调速回路中空气和杂质易侵入回路，影响系统正常工作。而且开式回路要求油泵的自吸能力较强，否则，需采用辅助泵向其供油。在闭式容积调速回路中，液压泵出口与执行元件进口相连，执行元件出口接液压泵进口，油液在液压泵和执行元件之间循环，不经过油箱。这种回路结构紧凑，空气和杂质不易进入回路，但散热效果差，需补油装置。

1）泵—缸式容积调速回路

如图6-20所示，液压系统工作时，变量液压泵输出的压力油液全部进入液压缸，推动活塞运动。调节变量液压泵转子与定子之间的偏心距（单作用叶片泵）或斜盘的倾斜角度

（轴向柱塞泵），改变泵的输出流量，就可以改变活塞的运动速度，实现调速。回路中的溢流阀起安全保护作用，正常工作时常闭，当系统过载时才打开溢流，因此，溢流阀限定了系统的最高压力。

2) 泵—马达式容积调速回路

（1）变量泵—定量马达式容积调速回路。图6-21所示为变量泵—定量马达式调速回路。在该系统中改变变量泵的排量可以调节液压马达的转速。工作时溢流阀5关闭，起安全阀作用，用以防止系统过载，并且回路最大工作压力由安全阀调定。辅助泵1持续补油以保持变量泵的吸油口有一较低的压力且由溢流阀2调定，这样可以避免空气侵入和产生气穴现象，改善泵的吸油性能。辅助泵1的流量为变量泵最大输出流量的10%~15%。

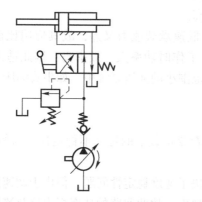
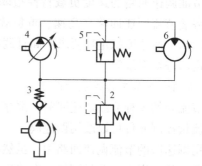

图6-20 泵—缸式容积调速回路　　图6-21 变量泵—定量马达容积调速回路

这种调速回路的特点是效率较高，具有恒转矩特性，调速范围较大，元件泄漏对速度有很大影响。可应用于小型内燃机车、液压起重机、船用绞车等有关装置中。

（2）定量泵—变量马达式容积调速回路。图6-22所示为定量泵—变量马达式容积调速回路。由于泵4的输出流量为定值，故调节变量马达6的排量，便可对马达的转速进行调节。辅助泵1为系统补油，2是辅助泵1的溢流阀，也是主回路的安全阀，其压力根据液压马达的最大负载调定。

这种回路也存在着随负载增加速度下降的情况。另外，由于实际工作过程中，当V_M小于某一值时，马达产生的输出转矩不足以克服自身的摩擦转矩时，马达就停转了（$n_M=0$），所以实际调速特性存在一定"死区"，故这种调速方法目前很少单独使用。

（3）变量泵—变量马达式容积调速回路。变量泵—变量马达式容积调速回路如图6-23所示。由于液压泵和液压马达的排量都可以改变，扩大了液压马达的调速范围。回路中各元件对称布置，改变变量泵1的供油方向，马达2即可正向或反向旋转。单向阀6和8用于辅助泵双向补油；单向阀7和9使安全阀3在两个方向都能起过载保护作用。

一般机械要求低速时输出转矩大，高速时能输出较大的功率，这种回路恰好可以满足这一要求。在低速段，先将马达排量调到最大，用变量泵调速，当泵的排量由小调到最大，马达转速随之升高，输出功率随之线性增加，此时因马达排量最大，马达能获得最大输出转矩，且处于恒转矩状态。在高速段，泵为最大排量，用变量马达调速，将马达排量由大调到小，马达转速继续升高，输出转矩随之下降，此时因泵处于最大输出功率状态，故马达处于恒功率状态。

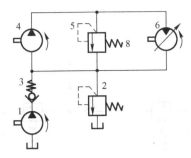
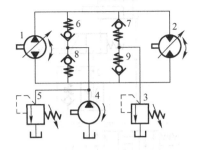

图 6-22 定量泵—变量马达容积调速回路　　图 6-23 变量泵—变量马达容积调速回路

3. 容积节流调速回路

利用改变变量泵排量和调节调速阀流量配合工作来调节速度的回路，称为容积节流调速回路。变量泵输出的油液经调速阀进入液压缸，调节调速阀即可改变进入液压缸的流量而实现调速，此时变量泵的供油量会自动地与之相适应。

6.3.2 快速运动回路

快速运动回路又称为增速回路，其功能在于使执行元件获得所需的高速，以提高系统的工作效率或充分利用功率。常用的快速运动有以下两种形式。

1. 液压缸差动连接回路

图 6-24 所示为液压缸差动连接增速回路。当阀 1 和阀 3 在左位工作（电磁铁 1YA 通电、3YA 断电）时，液压缸形成差动连接，实现快速运动。当阀 3 在右位工作（电磁铁 3YA 通电）时，差动连接即被切断，液压缸回油经过调速阀，实现工进。当阀 1 切换至右位工作（电磁铁 2YA 通电）时，缸快退。这种回路结构简单，价格低廉，应用普遍。

2. 双泵供油的快速运动回路

如图 6-25 所示，当执行元件空载运动时，系统压力小于先导式溢流阀 3 的开启压力，则阀 3 关闭。低压大流量泵 1 输出的压力油经过单向阀 4 后和高压小流量泵 2 输出的压力流汇合后，共同向系统供油，使执行元件快速运动。当执行元件开始工作进给时，系统的压力增大，外控溢流阀 3 打开，单向阀 4 关闭，低压大流量泵 1 通过溢流阀 3 卸荷，这时由高压小流量泵独自向系统供油，实现执行元件的工作进给。这种快速运动回路功率损失小，效率高，常用于空载快速运动速度与正常工作进给运动速度差别较大的系统。

6.3.3 速度换接回路

速度换接回路的功用是使液压执行元件实现运动速度的变换，即在原来设计或调节好的几种运动中，从一种速度换成另一种速度。对这种回路的要求是速度换接要平稳，即不允许在速度变换的过程中有前冲（速度突然增加）的现象。常见的形式有以下几种。

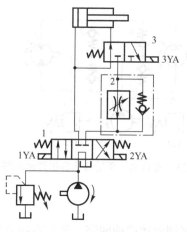

图 6-24 液压缸差动连接回路

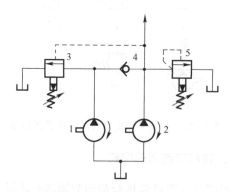

图 6-25 双泵供油的快速运动回路

1. 快速与慢速换接回路

如图 6-26 所示的回路,在图示状态下,液压缸快进,当活塞所连接的挡块压下行程阀 4 时,行程阀关闭,液压缸右腔的油液必须通过节流阀 6 才能流回油箱,液压缸就由快进转换为慢速工进。当换向阀 2 的左位接入回路时,压力油经单向阀 5 进入液压缸右腔,活塞快速向左返回。这种回路的快慢速换接比较平稳,换接点的位置比较准确,缺点是行程阀的安装位置不能任意布置,管路连接较为复杂。若将行程阀改为电磁阀,安装连接就比较方便了,但速度换接的平稳性和可靠性,以及换接精度都不如前者。

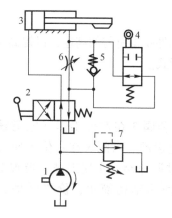

图 6-26 用行程阀的快慢速换接回路

2. 两种不同慢速运动的换接回路

两种不同慢速运动的换接回路主要用于工进与工进(即两种不同工作进给)的速度换接。图 6-27 所示为用两个调速来实现的不同工进速度的换接回路。图 6-27(a)中两个调速阀 A 和 B 并联,由换向阀实现换接。两个调速阀可以独立调节各自的流量,互不影响。但是,这种换接回路一个调速阀工作时另一个调速阀内无油通过,它的减压阀处于最大开口位置,速度换接时大量油液通过该处,将使工作部件产生突然前冲现象。因此它不宜用于在加工过程中实现速度换接,只可用在速度预选的场合。但若改为图 6-27(b)所示的回路,两调速阀串联的二工进速度换接回路。当阀 1 左位工作且阀 3 断开时,控制阀 2 的通或断使油液经调速阀 A 或既经 A 又经 B 才能进入液压缸左腔,从而实现第一次工进或第二次工进。但阀 B 的开口需调得比 A 小,即二工进速度必须比一工进速度低。

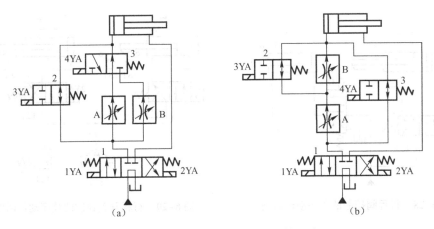

图 6-27 两种不同慢速运动的换接回路

任务 4 多缸工作控制回路

在液压系统中，由一个液压泵向多个执行元件供油时，往往要求各执行元件按一定的顺序动作，如在加工零件时需要执行元件按照定位、夹紧、加工、退刀的顺序动作等。顺序动作回路就是控制多个执行元件按照一定的顺序先后动作的回路。

顺序动作回路按照控制方式的不同有行程控制和压力控制等。

6.4.1 行程控制的顺序动作回路

利用行程阀或行程开关使执行元件运动到一定位置时，发出控制信号来使下一个执行元件开始运动。

行程阀控制的顺序动作回路如图 6-28 所示，A、B 两缸的活塞皆在左位。当阀 C 左位工作时，缸 A 先向右运行，实现动作①。当活塞杆上的挡块压下行程阀 D 后，使行程阀 D 的上位进入工作位置，缸 B 向右运行，实现动作②。当阀 C 右位工作时，缸 A 左行退回，实现动作③。随着挡块左移，阀 D 复位，缸 B 左行退回，实现动作④，至此，完成了两缸的顺序动作循环。这种回路换接位置准确，动作可靠。但行程阀必须安装在液压缸附近，不易改变动作顺序。

行程开关控制的顺序动作回路如图 6-29 所示，按下启动按钮，阀 1 电磁铁通电，左位工作，液压缸 3 右行，实现动作①。当缸 A 右行到预定位置，挡块压下行程开关 1ST 时，使阀 2 的电磁铁通电，其左位工作，液压缸 B 右行，实现动作②。当缸 4 运行到预定位置，挡块压下行程开关 2ST 时，使阀 1 的电磁铁断电，缸 A 左行，实现动作③。当缸 3 左行到原位时，挡块压下行程开关 3ST，使阀 2 的电磁铁断电，液压缸 B 向左行，实行动作④，当缸 B 到达原位时，挡块压下行程开关 4ST，使其发出信号表明工作循环结束。这种采用电气行程开关控制的顺序动作回路，能方便地调整行程大小和改变动作顺序，因此，应用较为广泛。

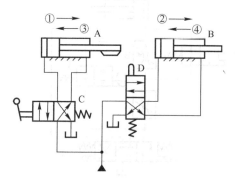
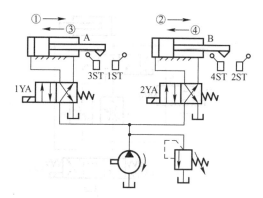

图 6-28　行程阀控制的顺序动作回路　　　　图 6-29　行程开关控制的顺序动作回路

6.4.2　压力控制的顺序动作回路

压力控制的顺序动作回路是利用液体本身的压力来控制执行元件的先后动作顺序。它常采用顺序阀或压力继电器来控制。

压力继电器控制的顺序动作回路如图 6-30 所示，当电磁铁 1YA 通电时，液压缸 A 左行，实现动作 1，当缸 A 碰上止挡块后，系统压力升高，安装在缸 A 附近的压力继电器发出信号，使电磁铁 2YA 通电，则缸 B 左行，实现动作 2。采用压力继电器控制的顺序动作回路，控制比较灵活方便，但由于其灵敏度高，易受油路中压力冲击影响而产生错误动作，故只适用于压力冲击较小的系统，且同一系统中压力继电器的数目不宜过多。

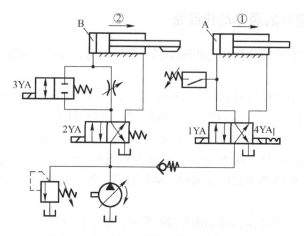

图 6-30　压力继电器控制的顺序动作回路

思考和练习题

一、填空题

1. 基本回路包括控制执行元件运动速度的_____，控制液压系统全部或局部压力的_____，用来控制几个液压缸的多缸控制回路以及用来改变执行元件运动方向的_____。
2. 在远程调压回路中，回路中调压阀调节的最高压力应_____主溢流阀的调定压力。
3. 常用的调速回路有_____调速回路、_____调速回路和_____调速回路。
4. 回油节流调速回路中，由于有背压力的存在，它可以起到_____。

二、简答题

1. 什么是液压基本回路？常用的液压基本回路有哪几种？
2. 什么是压力控制回路？常用的压力控制回路有哪几种？
3. 什么是调速回路？常用的调速回路有哪几种？
4. 什么叫卸荷回路？有何作用？常用的卸荷回路有哪些？其特点如何？
5. 减压回路的功能是什么？举例说明二级减压回路的基本组成及工作原理。
6. 在进油、回油和旁路节流调速回路中，泵的泄漏对执行元件的运动速度有无影响？液压缸的泄漏对速度有无影响？为什么？
7. 锁紧回路中三位换向阀的中位机能是否可任意选择？为什么？
8. 在液压系统中为什么要设置背压回路？背压回路与平衡回路有什么区别？

三、判断题

1. 变量泵容积调速回路的速度刚性受负载变化影响的原因与定量泵节流调速回路有根本的不同，如负载转矩增大，泵和马达的泄漏增加，马达转速下降。（ ）
2. 采用调速阀的定量泵节流调速回路，无论负载如何变化始终能保证执行元件运动稳定。（ ）
3. 旁通型调速阀（溢流节流阀）只能安装在执行元件的进油路上，而调速阀还可安装在执行元件的回路和旁油路上。（ ）
4. 在变量泵—变量马达闭式回路中，辅助泵的功能在于补充泵和马达的泄漏。（ ）
5. 因液控单向阀关闭时密封性能好，故常用于保压回路和锁紧回路中。（ ）
6. 在压力控制的顺序动作回路中，顺序阀和压力继电路的调定压力应为执行元件前一动作的最高压力。（ ）
7. 在卸荷回路中，常用的卸荷方法有流量卸荷和压力卸荷两种。（ ）
8. 在保压回路中，保压性能的两个主要指标为保压时间和压力稳定性。（ ）

四、分析计算题

1. 在如图 6-31 所示的液压回路中，已知缸面积 $A_1 = 100\text{cm}^2$，活塞杆面积 $A_2 = 50\text{cm}^2$，负载 $F_L = 25\text{kN}$。试求：

① 为了使节流阀前后压力差为 0.3MPa，溢流阀的调定压力应为多少？

② 溢流阀按上述压力调定后，当负载 F_L 降为 15kN 时，活塞的运动速度怎样变化？

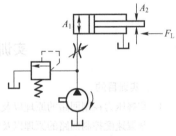

图 6-31　第 1 题图

2. 读如图 6-32 所示的液压系统，回答问题。

（1）写出元件 1、2、3 的名称。

（2）根据液压缸动作循环图填写电磁铁动作循序表。

（3）写出快退时的进、回油路线。

（4）若液压缸无杆腔有效面积为 $A_1 = 50\text{cm}^2$，有杆腔的有效面积 $A_2 = 20\text{cm}^2$，液压泵的额定流量为 10L/min，阀 2 开口允许通过的流量为 4L/min，求缸的工进速度。

3. 如图 6-33 所示的回路，已知两活塞向右运动时缸 I 的负载压力为 3MPa，缸 II 的负载压力为 1MPa。顺序阀、减压阀和溢流阀的调定压力如图 6-33 所示，三种压力阀全开时的压力损失各为 0.2MPa，其他阀及管路的损失忽略不计。试说明图示状态下两液压缸的动作顺序，并说明 A、B、C、D 四点处的压力变化情况。

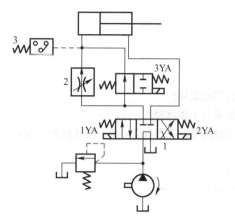

动作顺序	1YA	2YA	3YA
快进			
工进			
快退			
原位停止			

图 6-32 第 2 题图

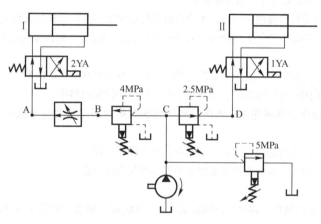

图 6-33 第 3 题图

实训 5　基本液压控制回路的组建

一、实训目的

1. 掌握压力控制回路的原理以及组建的方法。
2. 掌握速度控制回路的原理以及组建的方法。
3. 分析各回路的工作特性。
4. 初步掌握基本液压控制回路的常见故障及其排除方法，培养学生的实际动手能力和分析问题、解决问题的能力。

二、实训器材

1. 实物：液压实训台以及各回路涉及的液压控制阀、油管等。
2. 工具：钳工常用工具 1 套。

三、实训内容

1. 多级调压回路的组建

（1）实训步骤

① 按照图 6-6，取出需要用的液压元件，检查型号是否正确。

② 将检查的性能完好的液压元件安装在实验台面板合适的位置。通过快换接头和液压软管按回路要求

连接。

③ 进行电气线路连接,并把选择开关拨至所要求的位置。

④ 启动 YB-4 泵,调节 1 的压力为 4MPa。

⑤ 使电磁阀左侧电磁铁处于通电状态,调节 2 的压力为 3MPa,调整完毕电磁铁断电。

⑥ 使电磁阀右侧电磁铁处于通电状态,调节 3 的压力为 2MPa,调整完毕电磁铁断电。

⑦ 调节完毕,回路就能达到 3 种不同压力,重复上述循环,观察各压力表数值。

(2) 思考题

① 调压回路的作用是什么?

② 如何调定系统压力?

2. 调速回路的组建

(1) 实训步骤

① 按照图 6-17,取出需要用的液压元件,检查型号是否正确。

② 将检查的性能完好的液压元件安装在实验台面板合理位置。通过快换接头和液压软管按回路要求连接。

③ 进行电气线路连接,并把选择开关拨至所要的位置。

④ 放松溢流阀,启动液压泵,调节溢流阀的压力为 2MPa。

⑤ 通过调节节流阀开口,控制液压缸速度。

⑥ 分别在节流阀进油口、出油口测压力。

(2) 思考题

① 调速回路的工作原理是什么?

② 如何调节执行元件的运动速度?

项目 7　典型液压系统分析

【本项目重点】

1. 组合机床动力滑台液压传动系统的工作原理。
2. 汽车起重机液压传动系统的工作原理。
3. 液压传动系统的故障诊断与分析方法。

【本项目难点】

液压传动系统的故障诊断。

由若干液压元件和管路构成为实现某种规定功能的组合即为液压回路。液压回路按给定的用途和要求组成的整体称为液压系统。为了能正确阅读和设计液压系统图，应熟悉各种液压元件的工作原理和特点、熟悉各种常用的基本回路。并以执行元件为中心，把整个液压系统分解为几种基本回路，然后弄懂，最后再分析它们之间的相互关系，联成整体，了解整个系统的工作原理和特点。本章通过几个典型的液压系统例子和对系统设计的简介，介绍液压技术在不同行业的实际生产中的应用。通过对它们进行反复深入的理解，学会熟练地对新的液压系统进行分析，且为设计新的液压系统打下基础。看系统原理时，一般是先看两头，后看中间，并按执行元件的数量将其分为若干个子系统。对子系统，一般是先看主油路，后看辅助油路。

任务 1　组合机床动力滑台液压系统

7.1.1　概述

组合机床示意图如图 7-1 所示。它是由一些通用部件（如动力头、动力滑台等）和专用部件（如主轴箱、夹具等）组合而成的用于大批量生产的专用机床。动力滑台是组合机床上用来实现走刀运动的主要通用部件，有机械驱动和液压驱动，多数滑台采用液压驱动，以便实现多种进给。液压动力滑台是利用液压缸将压力能转变为滑台直线运动的机械能而实现运动的，它可通过配用不同的主轴头来实现钻、扩、铰、镗、铣及攻螺纹等各种加工工序。

液压动力滑台对液压系统的性能要求主要是进给速度稳定、换向平稳、有较大的调速范围、能实现自动工作循环、功率利用合理、系统效率高和发热少等。液压动力滑台的规格型号有多种，现以其中 YT4543 型液压动力滑台为例分析其液压系统的工作原理和特点，图 7-2 所示为此型液压动力滑台的液压系统原理图。该滑台的液压系统在电气和机械装置的配合下，可以实现"快进—第一次工作进给—第二次工作进给—止挡铁停留—快退—原位停止"的自动工作循环。

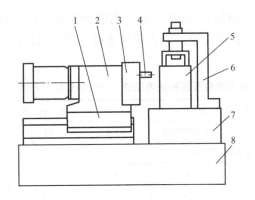

图 7-1 有动力滑台的组合机床

1—动力滑台；2—动力头；3—主轴箱；4—刀具；5—工件；6—夹具；7—工作台；8—底座

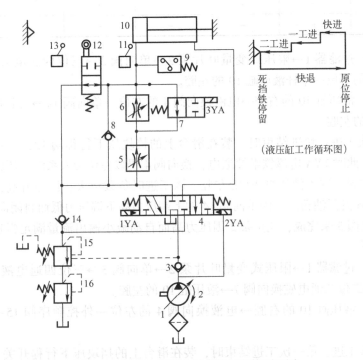

图 7-2 YT4543 型动力滑台液压系统原理图

1—过滤器；2—变量泵；3、8、14—单向阀；4—电液换向阀；5、6—一、二次工进调速阀；7—电磁换向阀；9—压力继电器；10—液压缸；11、13—行程开关；12—行程阀；15—顺序阀；16—背压阀

7.1.2 动力滑台液压系统的工作原理

参考电磁铁、行程阀和行程开关的动作顺序表 7-1（表中"+"表示电磁铁通电、行程阀和行程开关压下、压力继电器动作；"-"表示与"+"相反）分析液压系统原理图。

(1) 快进：按下启动按钮时，电磁铁 1YA 通电，此时电液换向阀 4 由中位换到左位工作，由于快进时动力滑台负载较小，系统工作压力不高，因此外控顺序阀 15 关闭，变量泵 2 输出最大流量。限压式变量叶片泵 2 输出的液压油经单向阀 3、三位四通电液换向阀 4、行程阀 12 的图示状态进入液压缸 10 的左腔。右腔的回油经电液换向阀 4 的左位、单向阀 14、行程阀 12 又回到液压缸的左腔，形成差动连接，增大流量，从而加快运动的速度。其液压油路如下。

表 7-1 动力滑台液压系统电磁铁、行程阀和行程开关动作顺序表

动作工况	信号来源		电磁铁			行程阀
	行程开关	压力继电器	1YA	2YA	3YA	
快进	按下启动按钮		+	-	-	-
一工进	-	-	+	-	-	+
二工进	+	-	+	-	+	+
止挡铁停留	-	-	+	-	+	+
快退	-	+	-	+	-	±
原位停止	+	-	-	-	-	-

① 进油路：过滤器 1→限压式变量叶片泵 2→单向阀 3→三位四通电液换向阀 4 的左位→行程阀 12 的下位→单杆液压缸 10 的左腔。

② 回油路：液压缸 10 的右腔→电液换向阀 4 的左位→单向阀 14→行程阀 12 的下位→单杆液压缸 10 的左腔。

(2) 第一次工进：快进结束时，装在滑台上的挡块压下行程阀 12，使该阀换到上位，切断了此通道。此时 1YA 电磁铁继续通电，换向阀 4 仍以左位接入系统，压力油经调速阀 5 和二位二通电磁阀 7 进入液压缸 10 的左腔。因工进时负载增大，压力升高，顺序阀 15 打开，经背压阀 16 流回油箱。又因单向阀 14 的上端压力高下端压力低而封闭向上的流动。速度的降低由调速阀 5 来完成，变量泵 2 因压力高而自动减小输出流量满足慢速运动的要求。其液压油路如下。

① 进油路：过滤器 1→限压式变量叶片泵 2→单向阀 3→三位四通电液换向阀 4 的左位→调速阀 5→二位二通电磁换向阀 7→液压缸 10 的左腔。

② 回油路：液压缸 10 的右腔→电液换向阀 4 的左位→外控顺序阀 15→背压阀 16→油箱。

(3) 第二次工进：第一次工进结束时，装在滑台上的挡块压下行程开关 13，行程开关发出电信号让二位二通电磁换向阀 7 的电磁铁 3YA 通电，使经过此换向阀的通道断开，油液必须通过两调速阀进入液压缸的左腔。调速阀 6 的通流面积应调节成比调速阀 5 的通流面积小，那么第二次工进的速度比第一次工进的速度要小。液压缸右腔的回油线路与第一次工进时相同。其液压油路如下。

① 进油路：过滤器 1→限压式变量叶片泵 2→单向阀 3→三位四通电液换向阀 4 的左位→调速阀 5→调速阀 6→液压缸 10 的左腔。

② 回油路：和第一次工进回油路相同。

(4) 止挡铁停留：当滑台工进的两次工进完成后，碰上止挡铁的滑台停留在此处不再前进，停留在此处。系统压力继续升高，当升到压力继电器调定值时，它发出电信号给时间继电器，由时间继电器调定在止挡铁处停留的时间。

(5) 快退：到时间继电器设定的停留时间后，时间继电器发出电信号，使 1YA、3YA

两电磁铁断电，2YA 通电，三位四通电液换向阀 4 换到右位工作。由于此时滑台无外负载，系统压力下降，变量泵 2 的输出流量又恢复到最大，进、回油路又无调速阀节流，所以动力滑台便以最大的速度快速退回。其液压油路如下。

① 进油路：过滤器 1→限压式变量叶片泵 2→单向阀 3→三位四通电液换向阀 4 的右位→液压缸 10 的右腔。

② 回油路：液压缸 10 的左腔→单向阀 8→电液换向阀 4 的右位→油箱。

（6）原位停止：当滑台快退到原位时，滑台上的止挡铁压下在原位处的行程开关 11，行程开关发出电信号给 2YA 电磁铁使其断电，此时所有电磁铁均断电，三位四通电液换向阀 4 处在中位，油液流动被阻断，液压缸 10 停止运动，变量泵 2 输出的油直接回油箱，此时泵处于卸荷状态。

7.1.3 动力滑台液压系统的特点

动力滑台的液压系统主要用了以下几个基本回路：限压式变量泵和调速阀组成的容积节流调速回路；单杆缸的差动连接增速回路；行程阀、电磁换向阀和顺序阀组成的速度转换回路；串联调速阀的两次工进回路；电液换向阀的换向回路和卸荷回路。这些回路决定了系统有如下特点。

（1）采用限压式变量泵和调速阀组成的容积节流调速回路，使动力滑台得到稳定的低速运动（速度最小可为 6.6mm/min）、较好的速度负载特性、较大的调速范围（工进速度 6.6mm/min～660mm/min）。并在回油路上安装了背压阀，改善了运动的平稳性。

（2）采用限压式变量泵和差动连接回路，前者能在快进、快退时输出最大的流量，在二次工进时输出的流量和调速阀节流口通过的流量相适应，而在止挡铁停留时只输出补偿系统泄漏所需流量，在滑台原位停止时泵低压卸荷，此系统无溢流造成的功率损失，效率较高，发热少。在快进时又采用了差动连接来进一步增速，能量的利用更为经济合理。

（3）采用行程阀和顺序阀组成的速度转换回路，实现快进和工进的转换，换向位置精度高，换向平稳。

（4）两次工进回路采用了串联调速阀的进油节流调速，因工进速度较低，用电磁换向阀可保证启动、工进速度转换时冲击较小、转换平稳、位置精度较好。

（5）工作进给结束时，止挡铁停留，滑台停留位置有很高的精度。

（6）组合机床动力滑台一般是以速度控制为主的液压系统。

任务 2　汽车起重机液压系统

7.2.1　概述

汽车起重机是应用较广的一类起重运输机械。它机动性好，承载能力大，适应性强，能在温度变化大、环境条件较差的场合工作。

图 7-3 是 Q2-8 型汽车起重机外形图。它由汽车 1、转台 2、支腿 3、吊臂变幅液压缸 4、基本臂 5、吊臂伸缩液压缸 6 和起升机构 7 等组成。它的最大起重量为 80kN，最大起重高度为 11.5m。

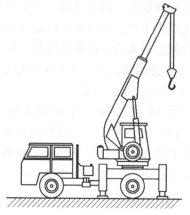

图 7-3　Q2-8 型汽车起重机外形图

7.2.2　液压系统的工作原理

Q2-8 型汽车起重机液压系统如图 7-4 所示，该液压系统为中高压系统，以轴向柱塞泵作为动力源，由汽车发动机通过汽车底盘变速箱上的取力箱驱动。柱塞泵的工作压力为 21MPa，排量为 40mL/r，转速为 1500r/min。柱塞泵通过中心回转接头（图中未画出）从油箱中吸油，输出的压力油经手动阀送到各个执行元件。整个系统由支腿收放、吊臂变幅、吊臂伸缩、转台回转和吊重起升 5 个回路所组成，且各部分具有一定的独立性。整个液压系统分为上下两部分，除液压泵、滤油器、溢流阀、阀组 A 和支腿部分外，其余元件全部安装在可旋转的上车部分。油箱装在上车部分兼作配重。上下两部分油路通过中心回转接头连接。支腿收放回路和其他动作回路之间采用一个二位三通手动换向阀 3 进行切换。

1. 支腿收放回路

由于汽车轮支持能力有限，且为弹性变形体，作业时很不安全，因此起重机在起重作业前，必须放下前、后支腿来支撑汽车，架空轮胎，而在行驶时将支腿收起，使轮胎着地。为此，汽车的前、后两端各设置两条支腿，每条支腿都装有液压缸。前支腿两个液压缸同时用一个三位四通手动换向阀 6 控制其收、放动作，而后支腿两个液压缸则用另一个三位四通手动换向阀 5 控制其收、放动作。为确保支腿能停放在任意位置并能可靠的锁住，在支腿液压缸的控制回路中设置了双向液压锁。

当三位四通手动换向阀 6 左位工作时，前支腿放下，其油路如下。

进油路：液压泵 1→滤油器 2→手动换向阀 3 左位→手动换向阀 6 左位→液控单向阀→前支腿液压缸上腔。

回油路：支腿液压缸下腔→液控单向阀→手动换向阀 6 左位→手动换向阀 5 中位→油箱。

当手动换向阀 6 右位工作时，前支腿收回，其主油路如下。

进油路：液压泵 1→滤油器 2→手动换向阀 3 左位→手动换向阀 6 右位→液控单向阀→前支腿液压缸下腔。

回油路：前支腿液压缸上腔→液控单向阀→手动换向阀 6 右位→手动换向阀 5 中位→油箱。

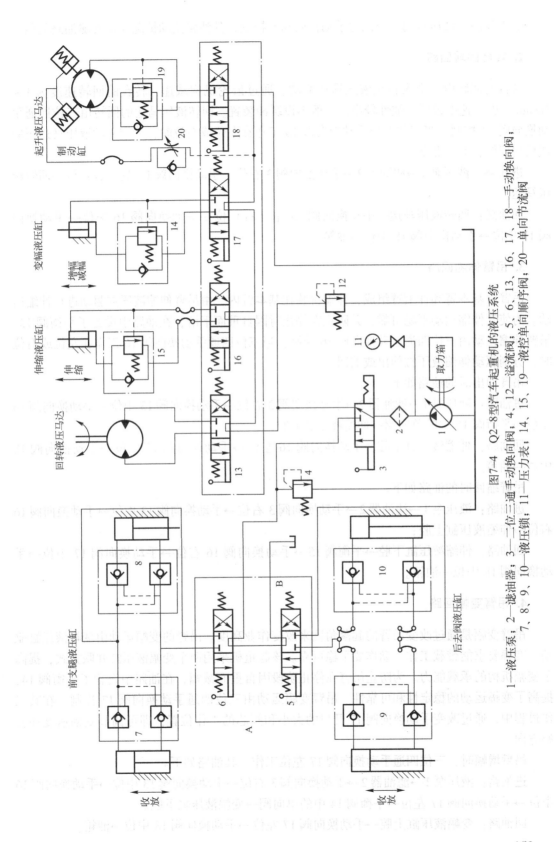

图7-4 Q2-8型汽车起重机的液压系统

1—液压泵;2—滤油器;3—二位三通手动换向阀;4、12—溢流阀;5、6、13、16、17、18—手动换向阀;
7、8、9、10—液压锁;11—压力表;14、15、19—液控单向顺序阀;20—单向节流阀

· 153 ·

后支腿两个液压缸用三位四通手动换向阀 5 控制，其油路流动情况与前支腿油路类似。

2. 转台回转回路

转台的回转由一个大转矩液压马达驱动。通过齿轮机构减速，转台的回转速度为 1～3r/min。由于速度较低，惯性较小，一般不设缓冲装置。回转液压马达的回转由三位四通手动换向阀 13 控制，当三位四通手动换向阀 13 工作在左位或右位时，分别驱动液压马达正向或反向回转，其油路如下。

进油路：液压泵 1→滤油器 2→手动换向阀 3 右位→手动换向阀 13 左（右）位→回转液压马达。

回油路：回转液压马达→手动换向阀 13 左（右）位→手动换向阀 16 中位→手动换向阀 17 中位→手动换向阀 18 中位→油箱。

3. 吊臂伸缩回路

吊臂由基本臂和伸缩臂组成，伸缩臂装在基本臂内，由吊臂伸缩液压缸驱动进行伸缩运动。为使其伸缩运动平稳可靠，并防止在停止时因自重而下滑，在油路中设置了平衡阀 15。吊臂伸缩运动由三位四通手动换向阀 16 控制，当三位四通手动换向阀 16 工作在左位或右位时，分别驱动伸缩液压缸伸出或缩回。

吊臂伸出时的油路如下。

进油路：液压泵 1→滤油器 2→手动换向阀 3 右位→手动换向阀 13 中位→手动换向阀 16 左位→平衡阀 15 中的单向阀→伸缩液压缸下腔；

回油路：伸缩液压缸上腔→手动换向阀 16 左位→手动换向阀 17 中位→手动换向阀 18 中位→油箱。

吊臂缩回时的油路如下。

进油路：液压泵 1→滤油器 2→手动换向阀 3 右位→手动换向阀 13 中位→手动换向阀 16 右位→伸缩液压缸上腔；

回油路：伸缩液压缸下腔→平衡阀 15→手动换向阀 16 右位→手动换向阀 17 中位→手动换向阀 18 中位→油箱。

4. 吊臂变幅回路

吊臂变幅是通过改变吊臂的起落角度来改变作业高度。吊臂的变幅运动由变幅液压缸驱动，变幅要求能带载工作，动作要平稳可靠。该起重机采用两个变幅液压缸并联方式，提高了变幅机构的承载能力。为防止吊臂在停止阶段因自重而减幅，在油路中设置了平衡阀 14，提高了变幅运动的稳定性和可靠性。吊臂变幅运动由三位四通手动换向阀 17 控制。在其工作过程中，通过改变手动换向阀 17 开口的大小和阀芯的工作位置，即可调节变幅速度和变幅方向。

吊臂增幅时，三位四通手动换向阀 17 左位工作，其油路如下。

进油路：液压泵 1→滤油器 2→手动换向阀 3 右位→手动换向阀 13 中位→手动换向阀 16 中位→手动换向阀 17 左位→平衡阀 14 中的单向阀→变幅液压缸下腔。

回油路：变幅液压缸上腔→手动换向阀 17 左位→手动换向阀 18 中位→油箱。

吊臂减幅时，三位四通手动换向阀 17 右位工作，其油路如下。

进油路：液压泵 1→滤油器 2→手动换向阀 3 右位→手动换向阀 13 中位→手动换向阀 16 中位→手动换向阀 17 右位→变幅液压缸上腔。

回油路：变幅液压缸下腔→平衡阀 14→手动换向阀 17 右位→手动换向阀 18 中位→油箱。

5. 吊重起升回路

吊重起升回路是系统的主要工作回路。吊重的起吊和落下作业由一个大转矩液压马达驱动卷扬机来完成。起升液压马达的正向或反向回转由三位四通手动换向阀 18 控制。马达转速的调节（即起吊速度）可通过改变发动机转速及手动换向阀 18 的开度来实现。在油路中设置了平衡阀 19，用以防止重物因自重而下滑。由于液压马达的内泄漏比较大，当重物吊在空中时，尽管回路中设置有平衡阀，重物仍会向下缓慢滑落。为此，在液压马达驱动轴上安装了制动器。当起升机构工作时，在系统油压的作用下，制动器液压缸使闸块松开，当液压马达停止转动时，在制动器弹簧的作用下，闸块将轴抱死进行制动。当重物在空中停留的过程中重新起升时，有可能出现在液压马达的进油路还未建立起足够的压力支撑重物时，制动器便解除了制动，造成重物短时间失控而向下滑落。为避免此种现象的出现，在制动油路中设置了单向节流阀 20。通过调节节流阀 20 开口的大小，能使制动器抱闸迅速，而松闸则能缓慢进行。

7.2.3 Q2-8 型汽车起重机液压系统的特点

（1）系统为单泵开式串联系统，采用换向阀串联组合，不仅各机构的动作可以独立进行，且在轻载作业时，可实现起升和回转复合动作，以提高工作效率。

（2）系统中采用了平衡回路、锁紧回路和制动回路，保证了起重机的工作可靠，操作安全。

（3）系统采用了三位四通手动换向阀换向，不仅可以灵活方便地控制换向动作，还可以通过手柄操纵来控制流量，实现节流调速。在起升工作中，将此节流调速方法与控制发动机转速的方法结合使用，可以实现各工作部件微速动作。

（4）各三位四通手动换向阀均采用 M 形中位机能，使换向阀处于中位时，能使系统卸荷，减少系统的功率损失，适宜于起重机进行间歇性工作。

任务 3　外圆磨床液压传动系统

7.3.1　概述

外圆磨床是工业生产中应用极为广泛的一种精加工机床。主要用途是磨削各种圆柱面、圆锥面及阶梯轴等零件，采用内圆磨头附件还可以磨削内圆及内锥孔等。为了完成上述零件的加工，磨床必须具有砂轮旋转、工件旋转、工作台带动工件的往复直线运动和砂轮架的周期切入运动等。此外，还要求有砂轮架快速进退和尾架顶尖的伸缩等辅助运动。在这些运动中，除砂轮旋转、工件旋转运动由电动机驱动外，其余则采用液压传动方式。根据磨削工艺的特点，机床对工作台的往复运动性能要求最高。

对外圆磨床工作台往复运动的要求如下。

（1）工作台运动速度能在 0.05~4m/min 范围内实现无级调速，若在高精度磨床上进行镜面磨削，其修整砂轮的速度最低为 10~30mm/min，并要求运动平稳、无爬行现象。

（2）在上述的速度变化范围内能够自动换向，换向过程要平稳，冲击要小，启动、停止要迅速。

（3）换向精度要高。同一速度下，换向点变动量（同速换向精度）应小于 0.02mm；不同速度下，换向点变动量（异速换向精度）应小于 0.2mm。

（4）换向前工作台在两端能够停留。磨削时砂轮在工件两端一般不越出工件，为了避免工件两端因磨削时间短而引起尺寸偏大，在换向时要求两端有停留，停留时间能在 0~5s 内调节。

（5）工作台可做微量抖动。切入磨削或磨削工件长度略大于砂轮宽度时，为了提高生产率和改善表面粗糙度，工作台需做短距离（1~3mm）频繁的往复运动，其往复频率为 1~3 次/s。

7.3.2 外圆磨床工作台换向回路

为了使外圆磨床工作台的运动获得良好的换向性能，提高换向精度，其液压系统需选用合适的换向回路。

磨床工作台的换向回路一般分为两类：一类是时间控制制动式换向回路；另一类是行程控制制动式换向回路。在时间控制制动式换向回路中，主换向阀切换油口使工作台制动的时间为一调定数值，因此工作台速度大时，其制动行程的冲出量就大，换向点的位置精度较低。时间控制制动式换向回路一般只适用于对换向精度要求不高的机床，如平面磨床等。

对于外圆磨床和内圆磨床，为了使工作台运动获得较高的换向精度，通常采用行程控制制动式换向回路，如图 7-5 所示。

在图 7-5 中，换向回路主要由起先导作用的机动先导阀 1 和液动主换向阀 2 组成（二阀组合成机液动阀），其特点是先导阀不仅对操纵主阀的控制压力油起控制作用，还直接参与工作台换向制动过程的控制。当工作台向右移动的行程即将结束时，挡块拨动先导阀拨杆，使先导阀芯左移，其右边的制动锥 T 便将液压缸右腔回油路的通流面积逐渐关小，对工作台起制动作用，使其速度逐渐减小。当液压缸回油通路接近于封闭（只留下很小一点开口量），工作台速度已变得很小时，主阀的控制油路开始切换，使主阀芯左移，导致工作台停止运动并换向。在此情况下，不论工作台原来的速度快慢如何，总是在先导阀芯移动一定距离，即工作台移动某一确定行程之后，主阀才开始换向，所以称这种换向回路为行程控制制动式换向回路。

行程控制制动式换向的整个过程可分为制动、端点停留和反向启动 3 个阶段。工作台制动过程又分为预制动和终制动两步：第一步是先导阀 1 用制动锥关小液压缸回油通路，使工作台急剧减速，实现预制动；第二步是主换向阀 2 在控制压力油作用下移到中间位置，这时液压缸两腔同时通压力油，工作台停止运动，实现终制动。工作台的制动分两步进行，可避免发生大的换向冲击，实现平稳换向。工作台制动完成之后，在一段时间内，主换向阀使液压缸两腔互通压力油，工作台处于停止不动的状态，直至主阀芯移动到使液压缸两腔油路隔开，工作台开始反向启动为止，这一阶段称为工作台端点停留阶段。停留时间可以用阀 2 两端的节流阀 L_1 或 L_2 调节。

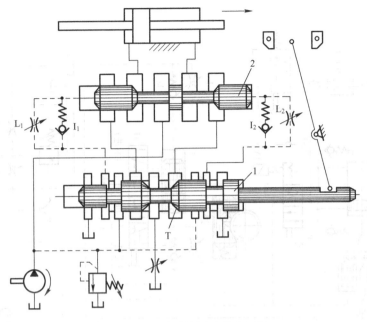

图 7-5　行程控制制动式换向回路

由上述可知，行程控制制动式换向回路能使液压缸获得很高的换向精度，适于外圆磨床加工阶梯轴的需要。

7.3.3　M1432A 型万能外圆磨床液压传动系统的工作原理

M1432A 型万能外圆磨床主要用来磨削圆柱形（包括阶梯形）或圆锥形外圆柱面，在使用附加内圆磨具时还可磨削圆柱孔和圆锥孔。该机床的液压系统能够完成的主要任务有工作台的往复运动，砂轮架的快速进退运动和周期进给运动，尾座顶尖的退回运动，工作台手动与液动互锁，砂轮架丝杠螺母间隙的消除及机床的润滑等。

1. 工作台的往复运动

M1432A 型万能外圆磨床工作台的往复运动用 HYY21/3P-25T 型专用液压操纵箱进行控制，该操纵箱主要由开停阀 A、节流阀 B、先导阀 C、换向阀 D 和抖动缸等元件所组成，如图 7-6 所示。在此操纵箱中，机动先导阀和液动主换向阀构成行程控制制动式换向回路，它可以提高工作的换向精度；开停阀的作用是操纵工作台的运动或停止；抖动缸的主要作用是使先导阀快跳，从而消除工作台慢速时的换向迟缓现象，提高换向精度，并使机床具备短距离频繁往复运动（抖动）的性能，以提高切入式磨削的表面加工质量和生产率。

工作台往复运动的油路工作原理如下。

（1）往复运动时的油流路线。本机床的工作液压缸为活塞杆固定、缸体移动的双杆活塞式液压缸。在图 7-6 所示状态下，开停阀 A 处于右位，先导阀 C 和换向阀 D 都处于右端位置，工作台向右运动，主油路的油流路线如下。

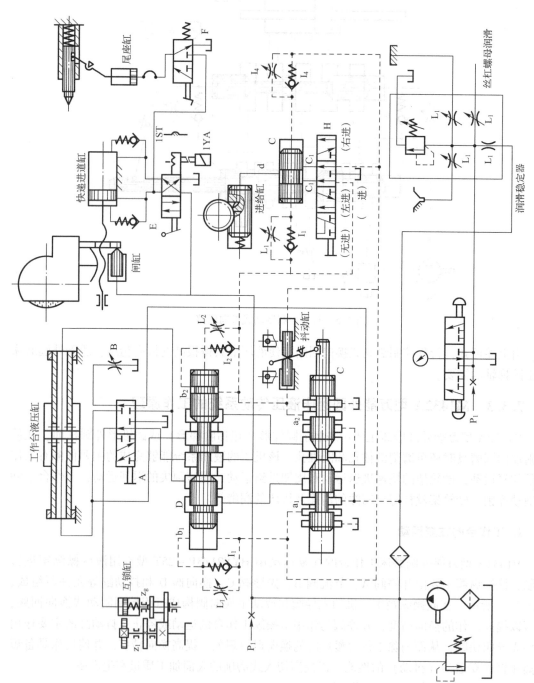

图7-6 M1432A型万能外圆磨床液压传动系统原理图

① 进油路：液压泵→换向阀 D→工作台液压缸右腔。
② 回油路：工作台液压缸左腔→换向阀 D→先导阀 C→开停阀 A→节流阀 B→油箱。

当工作台右移到预定位置时，工作台上的左挡块拨动先导阀芯，并使它最终处于左端位置上。这时控制油路 a_2 点接通压力油，a_1 点接通油箱，使换向阀 D 也处于左端位置，于是主油路的油流路线如下。

① 进油路：液压泵→换向阀 D→工作台液压缸左腔。
② 回油路：工作台液压缸右腔→换向阀 D→先导阀 C→开停阀 A→节流阀 B→油箱。

这时，工作台向左运动，并在其右挡块碰上拨杆后发生与上述情况相反的变换，使工作台又改变方向向右运动。如此不停地反复进行下去，直到开停阀 A 拨到左位时才使运动停止下来。

(2) 工作台换向过程。工作台换向时，先导阀 C 先受到挡块的操纵而移动，接着又受到抖动缸的操纵而产生快跳；换向阀 D 的控制油路则先后三次变换通流情况，使其阀芯产生第一次快跳、慢速移动和第二次快跳。这样就使工作台的换向经历了迅速制动、停留和迅速反向启动三个阶段。具体情况如下。

当图 7-6 中的先导阀 C 的阀芯被拨杆推着向左移动时，它的右制动锥逐渐将通向节流阀 B 的通道关小，使工作台逐渐减速，实现预制动。当工作台挡块推动先导阀芯直到其右部环形槽使 a_2 点接通压力油、左部环形槽使 a_1 点接通油箱时，控制油路被切换。这时，左、右抖动缸便推动先导阀芯向左快跳，因此这时抖动缸的进、回油路变换如下。

进油路：液压泵→过滤器→先导阀 C→左抖动缸。

回油路：右抖动缸→先导阀 C→油箱。

可以看出，由于抖动缸的作用引起先导阀快跳，使换向阀两端的控制油路一旦切换就迅速打开，为换向阀阀芯快速移动创造了条件。

换向阀阀芯向左移动，其进油路为：液压泵→过滤器→先导阀 C→单向阀 I_2→换向阀 D 右端。

换向阀左端通向油箱的回油路则先后出现以下 3 种连通情况。

① 开始阶段的情况如图 7-6 所示，回油的流动路线为：换向阀 D 左端→先导阀 C→油箱。

因换向阀的回油路通畅无阻，其阀芯移动速度很大，出现第一次快跳。第一次快跳使换向阀阀芯中部的台肩移到阀体中间沉割槽处，导致液压缸两腔油路相通，工作台停止运动。

② 由于换向阀阀芯自身切断了左端直通油箱的通道，回油流动路线变为：换向阀 D 左端→节流阀 L_1→先导阀 C→油箱。

这时，换向阀阀芯按节流阀（也称为停留阀）L_1 调定的速度慢速移动。由于阀体沉割槽宽度大于阀芯中部台肩的宽度，液压缸两腔油路在阀芯慢速移动期间继续保持相通，使工作台的停止状态持续一段时间（可在 0~5s 内调整），这就是工作台反向前的端点停留。

③ 当阀芯慢速移动到其左部环形槽而将通道 b_1 和直通油箱的通道连通时，回油流动路线又改变为：换向阀 D 左端→通道 b_1→阀芯左部环形槽→先导阀 C→油箱。

这时，回油路又通畅无阻，换向阀阀芯便第二次快跳到底，主油路迅速切换，工作台迅速反向启动，最终完成全部换向过程。

在反向时，先导阀 C 和换向阀 D 自左向右移动的换向过程与上述相同，但这时 a_2 点接通油箱，而 a_1 点接通压力油。

(3) 工作台液动与手动的互锁。此动作是由互锁缸来实现的。当开停阀 A 处于图 7-6 所示的位置时，互锁缸通入压力油，推动活塞使齿轮 Z_1 和 Z_2 脱开，工作台运动就不会带动手轮转动。

当开停阀 A 的左位接入系统时，互锁缸接通油箱，活塞在弹簧作用下移动，使 Z_1 和 Z_2 啮合，工作台就可以通过摇动手轮来移动，以调整工件的加工位置。

2. 砂轮架的快速进退运动

这个运动由砂轮架快动阀 E 操纵，由快速进退缸来实现。在图 7-6 所示的状态下，阀 E 右位接入系统，砂轮架快速前进到最前端位置，此位置是靠活塞与缸盖的接触来保证的。为防止砂轮架在快速运动终点处引起冲击和提高快进终点的重复位置精度，快速进退缸的两端设有缓冲装置（图中未画出），并设有抵住砂轮架的闸缸，用以消除丝杠、螺母间的间隙，快动阀 E 的左位接入系统时，砂轮架后退到最后端位置。

砂轮架进退与头架、冷却泵电动机之间可以联动。当将快动阀 E 的手柄扳至图示位置，使砂轮架快进至加工位置时，行程开关 1ST 触点闭合，主轴电动机和冷却泵电动机随即同时启动，使工件旋转，并送出冷却液。

为了确保机床的使用安全，砂轮架快速进退与内圆磨头使用位置之间实现了互锁。当磨削内圆时，将内圆磨头翻下，压住微动开关，使电磁铁 1YA 通电吸合，快动阀 E 的手柄即被锁在快进后的位置上，不允许在磨削内圆时，砂轮架有快退动作而引起事故。

为了确保操作安全，砂轮架快速进退与尾座顶尖的动作之间也实现了互锁。当砂轮架处于快进后的位置时，如果操作者误踏尾座阀 F，则因尾座液压缸无压力油通入，故尾座顶尖不会退回。

3. 砂轮架的周期进给运动

此运动由进给阀 G 操纵，由砂轮架进给缸通过其活塞上的拨爪、棘轮、齿轮、丝杠螺母等传动副来实现。砂轮架的周期进给运动可以在工件左端停留或右端停留时进行，也可以在工件两端停留时进行，还可以无进给运动，这些都由选择阀 H 所在位置决定。进给阀 G 和选择阀 H 组合成周期进给操纵箱，如图 7-6 所示。在图示状态下，选择阀选定的是双向进给，进给阀在控制油路的 a_1 和 a_2 点每次相互变换压力时，向左或向右移动一次（因为通道 d 与通道 c_1 和 c_2 各接通一次），于是砂轮架便做一次间歇进给。进给量大小由拨爪棘轮机构调整，进给快慢及平稳性则通过调整节流阀 L_3、L_4 来保证。

4. 液压传动系统的主要特点

(1) 采用了活塞杆固定的双杆液压缸，可减小机床占地面积，同时也能保证左右两个方向运动速度一致。

(2) 系统采用了简单节流阀式调速回路，功率损失小，这对调速范围不需要很大、负载较小且基本恒定的磨床来说是很适合的。此外，回油节流的形式在液压缸回油腔中造成的背压力有助于工作稳定和工作台的制动，也有助于防止空气渗入系统。

(3) 系统采用 HYY21/3P—25T 型快跳式操纵箱，结构紧凑，操纵方便，换向精度和换向平稳性都较高。此外，此操纵箱还能使工作台高频抖动，有利于提高切入磨削时的加工质量。

任务 4　液压传动系统故障诊断与分析

7.4.1　液压传动系统故障的诊断方法

1. 感观诊断法

（1）观察液压传动系统的工作状态一般有六看：一看速度，即看执行机构运动速度有无变化；二看压力，即看液压传动系统各测压点压力有无波动现象；三看油液，即观察油液是否清洁、是否变质，油量是否满足要求，油的黏度是否符合要求及表面有无泡沫等；四看泄漏，即看液压传动系统各接头处是否渗漏、滴漏和出现油垢现象；五看振动，即看活塞杆或工作台等运动部件运行时有无跳动、冲击等异常现象；六看产品，即从加工出来的产品判断运动机构的工作状态，观察系统压力和流量的稳定性。

（2）用听觉来判断液压传动系统的工作是否正常。一般有四听：一听噪声，即听液压泵和系统噪声是否过大，液压阀等元件是否有尖叫声；二听冲击声，即听执行元件换向时冲击声是否过大；三听泄漏声，即听油路板内部有无细微而连续不断的声音；四听敲打声，即听液压泵和管路中是否有敲打撞击声。

（3）用手摸运动部件的温升和工作状况。一般有四摸：一摸温升，即用手摸泵、油箱和阀体等温度是否过高；二摸振动，即用手摸运动部件和管子有无振动；三摸爬行，即当工作台慢速运行时，用手摸其有无爬行现象；四摸松紧度，即用手拧一拧挡铁、微动开关等的松紧程度。

（4）闻一闻油液是否有变质异味。

（5）查阅技术资料及有关故障分析与修理记录、维护保养记录等。

（6）询问设备操作者，了解设备的平时工作状况。一般有六问：一问液压传动系统工作是否正常；二问液压油最近的更换日期、滤网的清洗或更换情况等；三问事故出现前调压阀或调速阀是否调节过，有无不正常现象；四问事故出现之前液压件或密封件是否更换过；五问事故前后液压传动系统的工作差别；六问过去常出现哪类事故及排除经过。

感观检测只是一个定性分析，必要时应对有关元件在实验台上做定量分析测试。

2. 逻辑分析法

对于复杂的液压传动系统故障，常采用逻辑分析法，即根据故障产生的现象，采取逻辑分析与推理的方法。

采用逻辑分析法诊断液压传动系统故障通常有两个出发点：一是从主机出发，主机故障也就是指液压传动系统执行机构工作不正常；二是从系统本身故障出发，有时系统故障在短时间内并不影响主机，如油温变化、噪声增大等。

逻辑分析法只是定性分析。若将逻辑分析法与专用检测仪器的测试相结合，就可显著提高故障诊断的效率及准确性。

3. 专用仪器检测法

专用仪器检测法即采用专门的液压传动系统故障检测仪器来诊断系统故障，该仪器能够对液压故障做定量的检测。国内外有许多专用的便携式液压传动系统故障检测仪，测量流量、压力和温度，并能测量泵和马达的转速等。

4. 状态监测法

状态监测用的仪器种类很多，通常有压力传感器、流量传感器、速度传感器、位移传感器和油温监测仪等。把测试到的数据输入计算机系统，计算机根据输入的数据提供各种信息及技术参数，由此判别出某个液压元件和液压传动系统某个部位的工作状况，并可发出报警或自动停机等信号。所以状态监测技术可解决仅靠人的感觉器官无法解决的疑难故障诊断并为预知维修提供了信息。

状态监测法一般适用于下列几种液压设备。

（1）发生故障后对整个生产影响较大的液压设备和自动线。
（2）必须确保其安全性能的液压设备和控制系统。
（3）价格昂贵的精密、大型、稀有、关键的液压传动系统。
（4）故障停机维修费用过高或修理时间过长、损失过大的液压设备和液压控制系统。

7.4.2 液压传动系统常见故障的产生原因及排除方法

液压传动系统常见故障的产生原因及排除方法如表7-2～表7-7所示。

表7-2 液压传动系统无压力或压力低的原因及排除方法

	产 生 原 因	排 除 方 法
液压泵	电动机转向错误	改变转向
	零件磨损，间隙过大，泄漏严重	修复或更换零件
	油箱液面太低，液压泵吸空	补加油液
	吸油管路密封不严，造成吸空	检查管路，拧紧接头，加强密封
	压油管路密封不严，造成泄漏	检查管路，拧紧接头，加强密封
溢流阀	弹簧变形或折断	更换弹簧
	滑阀在开口位置卡住	修研滑阀使其移动灵活
	锥阀或钢球与阀座密封不严	更换锥阀或钢球
	阻尼孔堵塞	清洗阻尼孔
	远程控制口接回油箱	切断通油箱的油路
压力表损坏或失灵造成无压现象		更换压力表
液压阀卸荷		查明卸荷原因，采取相应措施
液压缸高低压腔相通		修配活塞，更换密封件
系统泄漏		加强密封，防止泄漏
油液黏度太低		提高油液黏度
温升过高，降低了油液黏度		查明发热原因，采取相应措施

表 7-3 运动部件换向有冲击或冲击大的原因及排除方法

	产 生 原 因	排 除 方 法
液压缸	运动速度过快，没有设置缓冲装置	设置缓冲装置
	缓冲装置中单向阀失灵	修理缓冲装置中单向阀
	缓冲柱塞的间隙太小或过大	按要求修理，配置缓冲柱塞
	节流阀开口过大	调整节流阀开口
换向阀	换向阀的换向动作过快	控制换向速度
	液动阀的阻尼器调整不当	调整阻尼器的节流口
	液动阀的控制流量过大	减小控制油的流量
压力阀	工作压力调整太高	调整压力阀，适当降低工作压力
	溢流阀发生故障，压力突然升高	排除溢流阀故障
	背压过低或没有设置背压阀	设置背压阀，适当提高背压
	垂直运动的液压缸没采取平衡措施	设置平衡阀
混入空气	系统密封不严，吸入空气	加强吸油管路密封
	停机时油液流空	防止元件油液流空
	液压泵吸空	补足油液，减小吸油阻力

表 7-4 运动部件爬行的原因及排除方法

	产 生 原 因	排 除 方 法
	系统负载刚度太低	改进回路设计
	节流阀或调速阀流量不稳	选用流量稳定性好的流量阀
液压缸产生爬行	混入空气	排除空气
	运动密封件装配过紧	调整密封圈，使之松紧适当
	活塞杆与活塞不同轴	校正，修整或更换
	导向套与缸筒不同轴	修正调整
	活塞杆弯曲	校直活塞杆
	液压缸安装不良，中心线与导轨不平行	重新安装
	缸筒内径圆柱度超差	镗磨修复，重配活塞或增加密封件
	缸筒内孔锈蚀、毛刺	除去锈蚀、毛刺或重新镗磨
	活塞杆两端螺母拧得过紧，使其同轴度降低	略松螺母，使活塞杆处于自然状态
	活塞杆刚性差	加大活塞杆直径
	液压缸运动件之间间隙过大	减小配合间隙
	导轨润滑不良	保持良好润滑
混入空气	油箱液面过低，吸油不畅	补加液压油
	过滤器堵塞	清洗过滤器
	吸、回油管相距太近	将吸、回油管远离
	回油管未插入油面以下	将回油管插入油面之下
	吸油管路密封不严，造成吸空	加强密封
	机械停止运动时，系统油液流空	设置背压阀或单向阀，防止油液流空

续表

产生原因		排除方法
油液污染	油污卡住液动机，增加摩擦阻力	清洗液动机，更换油液，加强过滤
	油污堵塞节流孔，引起流量变化	清洗液压阀，更换抽液，加强过滤
	油液黏度不适当	用指定黏度的液压油
导轨	托板楔铁或压板调整过紧	重新调整
	导轨精度不高，接触不良	按规定刮研导轨，保持良好接触
	润滑油不足或选用不当	改善润滑条件

表 7-5 液压传动系统发热、油温升高的原因及排除方法

产生原因	排除方法
液压系统设计不合理，压力损失过大，效率低	改进回路设计，采用变量泵或卸荷措施
工作压力过大	降低工作压力
泄露严重，容积效率低	加强密封
管路太细而且弯曲，压力损失大	加大管径，缩短管路，使油流通畅
相对运动零件间的摩擦力过大	提高零件加工装配精度，减小运动摩擦力
油液黏度过大	选用黏度适当的液压油
油箱容积小，散热条件差	增大油箱容积，改善散热条件，设置冷却器
由外界热源引起升温	隔绝热源

表 7-6 液压传动系统产生泄漏的原因及排除方法

产生原因	排除方法
密封件损坏或装反	更换密封件，更正安装方向
管接头松动	拧紧管头
单向阀阀芯磨损，阀座损坏	更换阀芯，配研阀座
相对运动零件磨损，间隙过大	更换磨损的零件，减小配合间隙
某些铸件由气孔、砂眼等缺陷	更换铸件或维修缺陷
压力调整过高	降低工作压力
油液黏度太低	选用适当黏度的液压油
工作温度太高	降低工作温度或采取冷却措施

表 7-7 液压传动系统产生振动和噪声的原因及排除方法

产生原因	排除方法
液压泵本身或其进油管路密封不良或密封圈损坏、漏气	拧紧泵的连接螺栓及各管螺母或更换密封元件
泵内零件卡死或损坏	修复或更换
泵与电动机联轴器不同心或松动	重新安装紧固
电动机振动，轴承磨损严重	更换轴承
油箱油量不足或泵吸油管过滤器堵塞，使泵吸空引起噪声	将油量加至油标处或清洗过滤器
溢流阀阻尼被堵塞，阀座损坏或调压弹簧永久变形、损坏	可清洗、疏通阻尼孔，修复阀座或更换弹簧
电液换向阀动作失灵	修复该阀
液压缸缓冲装置失灵造成液压冲击	进行检修和调整

项目 8 液压系统的设计

【本项目重点】

液压传动系统的设计。

【本项目难点】

液压传动系统原理图的绘制。

任务 1 液压系统的设计步骤和要求

液压传动系统是由前几章介绍过的各种液压元件（包括液压泵、液压阀、执行元件及辅助元件等）按一定的需要合理地组合而成的。一台液压设备的液压传动系统不论复杂程度如何，总是由主回路和若干基本回路组成的。

液压系统设计应从实际出发，吸取国内外先进的液压技术，除了应满足主机在动作的性能方面规定的各种要求外，还必须符合重量轻、体积小、成本低、效率高、结构简单、工作可靠，使用和维护方便等一些公认的普遍设计原则。

液压系统的设计迄今仍没有一个公认的统一步骤，往往随着系统的繁简，借鉴的多寡，设计人员经验的不同而在做法上呈现出差异来。图 8-1 为这种设计的基本内容和一般流程。这些步骤相互联系，彼此影响，因此常需穿插进行，交叉展开，并非固定不变。当设计简单的液压系统时，有些步骤可以合并。整个设计过程往往是反复修改逐步完成的。

8.1.1 明确液压系统的设计要求

设计要求是进行液压系统设计的原始依据，设计时应明确以下几种要求。

(1) 动作要求：对执行元件的运动方式（直线运动、回转运动、摆动等）、负载（恒值负载、变值负载、阻力负载等）、行程和速度的要求，是否同步、联锁。

(2) 性能要求：有高精度、高生产率、高度自动化性能要求时，应满足控制精度、运动平稳性、可靠性、动作顺序、自动化程度等方面的要求。

(3) 工作环境：对防尘、防寒、防爆、噪声控制要求，如是室内还是室外，温度、湿度等。

(4) 限制条件：如冲击振动、压力脉动等。

(5) 其他要求：对效率、温升、节能、成本等要求。

8.1.2 液压系统工况分析

明确设计要求后，要先选择执行元件的类型、数量、安装位置等。可根据运动的形态按

表 8-1 选用执行元件。

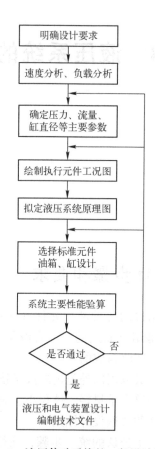

图 8-1 液压传动系统的一般设计流程

表 8-1 执行元件选择参考表

运动形态	执行元件
直线运动	液压缸
	液压马达 + 齿轮齿条机构
	液压马达 + 螺旋机构
旋转运动	液压马达
摆动	摆动液压马达
	液压缸 + 齿轮机构
	液压马达 + 连杆机构

工况分析包括执行元件在工作过程中的运动速度分析和负载分析，为确定系统及各执行元件的参数提供依据。

1. 速度分析

以各执行元件在一个工作循环内各个阶段的速度，绘制出以速度为纵坐标，以时间或位移为横坐标的速度循环图，掌握一个工作循环中的速度变化。图 8-2（a）所示即为某一液压系统动作循环的速度循环图。

2. 负载分析

以各执行元件在一个工作循环内各个阶段的负载变化情况，绘制出以负载为纵坐标，以时间或位移为横坐标的负载循环图，图8-2（b）所示为某一液压系统动作循环的负载循环图。

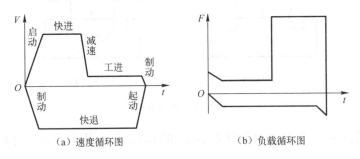

(a) 速度循环图　　　　(b) 负载循环图

图8-2　速度、负载循环图

一般液压缸的负载有工作负载、导轨摩擦负载、惯性负载等，如图8-3所示。

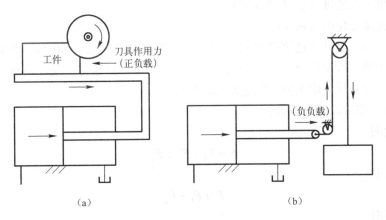

图8-3　负载类型

（1）工作负载 F_w。它是指作用于活塞杆轴线上的重力、切削力、压制力等。作用力方向若与运动方向相反时为正，是正负载，也为阻力负载。作用力方向与运动方向相同时为负，是负负载，也称超越负载。部件垂直运动没有平衡时，自重也是一种负载 F_g，向上运动时重力取正值，向下运动时取负值。

（2）导轨摩擦负载 F_f。它为液压缸带动的运动部件所受的摩擦阻力，大小与导轨形状有关，导轨形状如图8-4所示。

平面导轨

$$F_f = f(G + F_n) \tag{8-1}$$

V形导轨

$$F_f = f(G + F_n)/\sin(\alpha/2) \tag{8-2}$$

式中　f——摩擦系数；

G——运动部件的重力（N）；
F_n——外负载作用于导轨上的正压力（N）；
α——V形导轨的夹角，一般为90°。

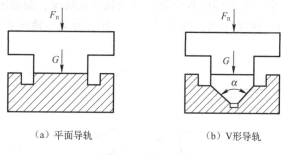

(a) 平面导轨　　　　(b) V形导轨

图 8-4　导轨形式

(3) 惯性负载 F_a。它为运动部件在启动和制动过程中的惯性力，可用牛顿第二定律描述。

$$F_a = \frac{G}{g} \frac{\Delta v}{\Delta t} \tag{8-3}$$

式中　g——重力加速度（$g = 9.8 \text{m/s}^2$）；
　　　Δv——速度变化值（m/s）；
　　　Δt——启动、制动或速度转换时间（s）。一般机械 $\Delta t = 0.1 \sim 0.5 \text{s}$，重载高速部件取大值。行走机械 $\Delta v / \Delta t = 0.5 \sim 1.5 \text{m/s}^2$。启动加速时，惯性负载方向与缸运动方向相反，取正值；减速制动时取负值。

液压缸各工作阶段总负载为：
启动加速时
$$F = F_f + F_a \pm F_g$$

快速运行时
$$F = F_f \pm F_g$$

正式工作时
$$F = F_f + F_w \pm F_g$$

制动减速时
$$F = F_f \pm F_w - F_a \pm F_g$$

其余负载如密封负载随密封装置的不同而变化，常用机械效率代替其负载来计算，取 $\eta = 0.9 \sim 0.95$。

则总负载为
$$F_\text{总} = F / \eta_m$$

8.1.3　液压系统主要参数确定

液压传动系统的主要参数有压力、流量和功率。一般先选系统工作压力，并按最大外负载和选定的系统压力计算执行元件的主要几何参数，再根据对执行元件的速度要求，确定其流量。压力和流量相乘即可确定功率，根据以上参数画出系统的工况图。

1. 初定系统工作压力

系统压力的大小主要由负载大小或设备类型来定，还要考虑装配空间、成本等条件。负载一定时，工作压力低，要加大执行元件的结构尺寸，材料消耗加大；若压力太高，泵、缸、阀的材质、密封、制造精度等也要求高，提高设备成本。选择时可参考表8-2、表8-3。

表8-2　按负载选择工作压力

负载/kN	<5	5~10	10~20	20~30	30~50	>50
工作压力/MPa	<0.8~1	1.5~2	2.5~3	3~4	4~5	≥5

表8-3　按设备选择工作压力

设备类型	机床				农业机械 小型工程机械 建筑机械	液压机 大中型挖掘机 重型机械 起重运输机械
	磨床	组合机床	龙门刨床	拉床		
工作压力/MPa	0.8~2	3~5	2~8	8~10	10~18	20~32

2. 确定执行元件主要结构参数

缸筒内径 D、活塞杆直径 d 及有效面积 A 是主要结构参数，计算方法见项目3中的任务2的内容，算出的 D 和 d 要圆整为标准值。从满足最低稳定速度出发

$$A \geqslant \frac{q_{\min}}{v_{\min}} \tag{8-4}$$

式中　$q_{\min}$——阀或泵最小稳定流量（m³/s，从手册中可查出）；

　　　$v_{\min}$——运动部件要求的最低速度（m/s）。

若算出的有效工作面积不满足式（8-4）要求，则需重新选择缸的工作压力，使工作压力低一些，A 就大一些，所需最小流量也大一些。

因 D 和 d 已圆整为标准值，可据此算出系统的具体工作压力。在此次计算时要考虑到背压的影响，背压可根据表8-4选择。

表8-4　液压执行元件的回油背压力

系统类型		背压力/MPa
中低压系统	简单系统、一般轻载节流调速系统	0.2~0.5
	回油路带背压阀	0.5~1.5
	回油路带调速阀	0.5~0.8
	设补油泵的闭式系统	0.8~1.5
	回油路较短且直通油箱	0
高压系统		初算时可忽略不计

3. 计算液压缸所需流量

$$q_v = Av \tag{8-5}$$

式中　A——液压缸有效作用面积（m²）；

v——运动部件运动速度（m/s）。

计算出压力和流量后，执行元件的功率为 $P = pq_v$，即可绘制工况图。工况图包括压力循环图（$p-t$）、流量循环图（q_v-t）和功率循环图（$P-t$）。它需要分别计算一个工作循环各阶段的压力、流量和功率，然后与绘制速度和负载循环图一样绘制它们的循环图，如图8-5为某一系统缸的压力、流量和功率工况图。在绘制压力循环图时，应利用执行元件的负载循环图和主要结构参数进行绘制。流量循环图利用液压缸的速度循环图进行绘制。如果执行元件有多个，则应把各执行元件的流量循环图进行叠加，绘出整个系统的流量循环图。

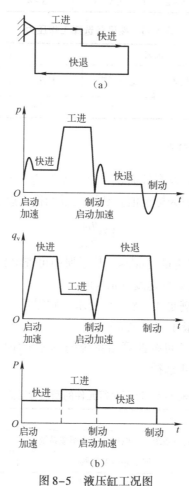

图8-5 液压缸工况图

8.1.4 拟定液压系统原理图

液压系统原理图是表示液压系统的功能组成和工作原理的图形符号图，一般还包括工作循环图。它是液压系统设计的关键性一步。

1. 制订方案

（1）调速方式。执行元件确定后，机加工类设备的运动方向和运动速度就成为主要的问题。方向的控制用方向阀即可，速度的控制可有节流调速、容积调速和容积节流调速3种。节流调速又分为进油、回油和旁路节流调速，它一般用开式循环方式；容积调速多用闭式循环方式。

（2）压力控制方式。一般在节流调速系统中，常用定量泵供油，压力的调节就用溢流阀来完成。在容积调速系统中，常用变量泵供油，溢流阀不调节压力而是作为安全阀使用。当系统需要高压小流量时，可考虑用增压回路；当执行元件有间歇动作时，可选卸荷回路；某个局部工作压力低于主油路压力时，可用减压回路等。

（3）顺序动作控制方式。设备不同，其控制方式也不同。机加工机床的顺序动作通常用行程开关或行程阀来控制；液压机和有夹具的机床多用顺序阀或压力继电器来控制；工程机械中多用手动的多路换向阀控制。

（4）液压泵的选择。用于快慢速交替工作，流量相差很大且最小流量使用时间长的系统，可用差动连接加单泵供油、高低压双泵供油或蓄能器加单泵供油。从防干扰考虑，多执行元件应用多泵多回路供油。

2. 绘制液压系统原理图

液压系统原理图是液压装置的结构设计及整个液压设备的制造、调试和使用的重要依据。在确定了以上基本的回路后，配以辅助性元件，去掉多余元件，组合成一个完整的液压系统。系统应力求简单、安全可靠、不互相干扰、节能、效率高、冲击小等。绘制原理图时应注意以下几点。

（1）液压系统图是由国家标准规定的图形符号组成的，并按常态位画出。

（2）有多个执行元件时，在各执行元件的近旁绘出其动作循环图。

（3）绘制出电磁铁、行程开关、压力继电器等元件的动作顺序表。

（4）在图纸的标题栏上方画出标准液压元件的名称、型号和规格。

8.1.5 液压元件的计算和选择

计算液压系统原理图上提供的液压元件通过的最大压力和流量，确定其额定压力和额定流量。要选择的液压元件包括液压泵（包括电动机）、阀类元件和配置形式、液压缸、辅助元件等。

1. 液压泵的选择

（1）计算泵工作压力

$$p_p = p_1 + \sum \Delta p_i \tag{8-6}$$

式中 p_1——执行元件最大工作压力（MPa）；

$\sum \Delta p_i$——进油路中压力损失之和（MPa）。简单系统，$\sum \Delta p_i = 0.2 \sim 0.5$MPa；复杂系统，$\sum \Delta p_i = 0.5 \sim 1.5$MPa。

（2）计算泵流量

$$q_{vp} = K \sum q_i \tag{8-7}$$

式中 K——系统泄漏系数，$K = 1.1 \sim 1.3$，大流量取小值，小流量取大值；

$\sum q_i$——同时动作的执行元件所需流量之和的最大值（L/min）。

（3）选择泵规格：泵的额定压力约为式（8-6）计算压力的 1.25 倍，泵的额定流量与式（8-7）计算值相当，根据手册可选取泵的规格。

（4）选择电动机规格：带动泵的电动机由功率和泵的转速进行选择。电动机功率为

$$P = \frac{p_p q_{vp}}{\eta_p} \tag{8-8}$$

式中　p_p——泵最大工作压力（Pa）；

　　　q_{vp}——泵的输出流量（m³/s）；

　　　η_p——泵的总效率。

2. 液压阀的选择和配置形式

所选择阀的额定压力和额定流量要大于系统的最高工作压力和实际通过的最大流量。选择溢流阀时要按泵最大流量选取。选择节流阀和调速阀时要考虑最小稳定流量应满足执行机构最低稳定速度的要求。

液压阀的配置形式有管式和集成化配置，集成化配置又分为板式、集成块式、叠加阀式和插装式等几种形式，其中块式集成应用最为广泛。管式连接是直接用螺纹管接头把阀和管道相连。集成式共同点是油路直接安装在辅助连接件上或液压阀阀体上，借助连接件及其通油孔实现液压阀和管路的连接。它具有管件少、体积小、油路通道短、压力损失小、不易泄漏等优点。

3. 液压缸结构的选择

液压传动系统采用的执行元件即液压缸的结构形式，应根据设备所要实现的运动类型和性质来定。其形式如表 8-5 所示

表 8-5　液压执行元件的形式

运动形式	往复直线运动		回转运动		往复摆动
	长行程	短行程	高速	低速	
建议采用的形式	① 柱塞式液压缸 ② 液压马达与齿轮齿条 ③ 液压马达与螺母丝杠机构	活塞式液压缸	高速液压马达	① 低速液压马达 ② 高速马达加减速器	摆动液压缸

4. 液压辅助元件的选择

液压辅助元件包括管道尺寸、油箱容量、蓄能器、过滤器和压力表等，它们的选择可参考项目 5 中的内容。

8.1.6　液压系统性能的验算

前面确定的液压系统的参数，很多是根据经验或估计来定的。当液压元件和管道等的选择确定之后，就可对其性能的好坏进行验算。一般要对压力损失、温升和液压冲击等进行验算。

1. 验算压力损失

$$\Delta p = \Delta p_\lambda + \Delta p_\xi + \Delta p_v \tag{8-9}$$

式中 Δp_λ、Δp_ξ 和 Δp_v 分别为沿程压力损失、局部压力损失和阀口压力损失。

在液压系统中验算压力损失的目的是了解执行元件能否得到所需的压力。如果按式 (8-9) 计算出的压力损失比选择泵时估计的管路损失大得多，应重新调整泵及其他有关元件的规格尺寸等，应使 $p_p \geq p_1 + \Delta p$。简单的液压系统可不用验算。液压系统中各阶段的流量不同，压力损失故要分开计算。管道布置没有确定之前，只有阀口压力损失可以较好地估算出来，因为这部分压力损失在整个压力损失中所占比例较大，所以由此可大致算出系统压力损失的大小。若用以上公式计算的压力损失比初选的系统压力损失大较多，就要对前面所设计的内容进行重新调整和修改。

2. 验算温升与热交换器的选择

液压系统中除执行元件对外输出功率外，还有压力、容积和机械等能量损失，这部分功率损失全部转化为热量，使油温升高。油温升高引起液压油的黏度降低，零件的间隙增大，使容积损失增加，还会使热膨胀率不同的两配合面的间隙减少而造成卡死，损坏液压元件。所以，必须对液压系统的发热与温升进行计算，以对油温的升高进行控制。油液的温升一般为 30～40℃，对液压系统发热量的计算有以下两种方法。

1) 对于较简单的液压系统

对于此类系统，分别计算液压系统中各个发热部位单位时间的发热功率，然后再求出它们的和，从而知道能量损失的大小。其计算方法如表 8-6 所示。

表 8-6 液压系统发热功率的计算方法

	计算项目	计算公式	单位	备 注
各个部位发热量	泵发热量	$H_p = P_{P_i}(1 - \eta_p)$	kW	P_{P_i}——泵的输入功率； η_p——泵的总效率； P_z——执行元件的有效功率； η_{P_z}——执行元件的效率； Δp_v——油液通过阀的压力降 (MPa)； q_v——油液通过阀的流量 (m³/s)
	执行元件发热量	$H_z = P_z(1 - \eta_{P_z})$		
	阀口发热量	$H_v = \Delta p_v \times q_v \times 10^3$		
	管路及其他损失发热量	$H_1 = (0.03 \sim 0.05) P_{P_i}$		
	液压系统总发热量	$H = H_p + H_z + H_v + H_1$		

2) 对于较复杂的液压系统

液压系统的总发热功率主要由液压泵、执行元件和溢流阀的溢流损失造成的，总的损失功率为

$$H = P_入 - P_出 \tag{8-10}$$

式中 $P_入$——液压泵输入功率 (W)；

$P_出$——执行元件输出功率 (W)。

当总发热功率全部被冷却表面散发时，则有

$$H = KA\Delta t \tag{8-11}$$

式中 K——散热系数，当通风差时 $K = 8 \sim 9$，通风良好时 $K = 15 \sim 17$，风扇冷却时 $K = 20 \sim 25$，循环水冷却时 $K = 110 \sim 150$；

Δt——液压系统油液的温升（℃），它是液压系统达到热平衡时油温与环境温度的差值。一般的机械温升如表8-7所示；

A——油箱的散热面积（m²）；按油箱推荐设计尺寸长、宽、高 = 1:1:1～1:2:3 的比例计算，并且油液的高度为油箱高度的 4/5 倍，则其散热面积计算公式为

$$A = 0.065 \sqrt[3]{V^2} \tag{8-12}$$

V——油箱有效容积（L）。

则温升为

$$\Delta t = \frac{P_1 - P_2}{KA} \tag{8-13}$$

若液压系统的总效率知道，则可用式（8-14）来计算总功率损失。

$$H = P_{p_i}(1 - \eta) \tag{8-14}$$

表8-7 几种机械的允许油温（℃）

液压设备	工作温度	最高允许温度
数控机床	30～50	50～60
一般机床	30～55	55～70
液压机和冶金机械	40～70	60～90
机车车辆	40～60	70～80
工程和矿山机械	50～80	70～90
船舶	30～60	80～90

3）热交换器的选择

当液压系统的发热或温升超过允许值时，除采取加大油箱散热面积外，还可用冷却器；冬天温度过低时，可用加热器。

（1）冷却器的选择。它一般有水冷和风冷两种，水冷用得比较多。选择冷却器时主要是确定散热面积。

$$A_T = \frac{H_1 - H_2}{k \Delta t_m} \tag{8-15}$$

式中 H_1——系统的发热量（W）；

H_2——系统的散热量（W）；

k——冷却器的散热系数（W/m·℃），可从手册中查取；

Δt_m——平均温差（℃）。

（2）加热器的选择。选择加热器时一般是求加热所需功率，其公式如下。

$$P_T = \frac{C\rho V \Delta t}{t\eta} \tag{8-16}$$

式中 C——液压油的比热容（J/kg·℃）；

ρ——液压油的密度（kg/m³）；

V——油箱的有效容积（L）；

Δt——液压油的温升（℃）；

t——加热时间（℃）；

η——热效率，一般取 $\eta=0.6\sim0.8$。

3. 验算液压冲击

液压冲击是由于快速关闭或开启液压油的通道或急剧改变执行元件的运动速度时，因液压油或运动机构的惯性而引起的高于静态值的冲击压力。它不但会使系统产生振动和噪声，而具压力冲击很高时还损坏液压油管和液压元件，具体验算时可分为两种情况进行计算。

（1）快速打开或关闭液压油的通道。

直接冲击时（$t<t_c$），t_c 为压力冲击波在管中往复一次的时间。液压油管中的压力增大值为

$$\Delta p = \rho c \Delta v \tag{8-17}$$

$$c = \frac{\sqrt{\dfrac{K}{\rho}}}{\sqrt{1+\dfrac{Kd}{E\delta}}} \tag{8-18}$$

式中　ρ——液压油的密度（kg/m^3）；
　　　c——压力冲击波在管中的传播速度（m/s）；
　　　Δv——开启或关闭管道前后液流的速度变化值（m/s）；
　　　K——液压油的体积模量（Pa），其值可从表 8-8 中查取；
　　　d——管道的内径（m）；
　　　E——管道材料的弹性模量（Pa），其值可从表 8-9 中查取；
　　　δ——管道的壁厚（m）。

表 8-8　几种液压油的体积模量 K（MPa）

液压油的品种	矿物型液压油	油包水乳化液	水－乙二醇液	磷酸酯液	纯　水
体积模量	$(1.2\sim2.0)\times10^3$	1.95×10^3	3.15×10^3	2.65×10^3	2.4×10^3

表 8-9　几种管道材料的弹性模量 E（MPa）

管道材料	钢	铝 合 金	黄 铜	紫 铜	橡 胶
弹性模量	2.06×10^5	7.1×10^4	1.0×10^5	1.18×10^5	$2\sim6$

间接冲击时（$t>t_c$），液压油管中的压力增大值为：

$$\Delta p = \rho c \Delta v \frac{t_c}{t} \tag{8-19}$$

（2）液压缸运动速度急剧改变。

因急剧改变速度液体及运动件的惯性而引起的压力增大值为：

$$\Delta p = \left(\sum l_i \rho \frac{A}{A_i} + \frac{M}{A}\right)\frac{\Delta v}{t} \tag{8-20}$$

式中　l_i——第 i 段管道的长度（m）；
　　　A——液压缸的活塞面积（m^2）；
　　　A_i——第 i 段管道的截面积（m^2）；
　　　M——活塞及其相连接运动部件的质量（kg）；
　　　Δv——液压缸速度变化量（m/s）；

t——液压缸速度变化 Δv 所需的时间（s）。

8.1.7 绘制工作图和编制技术文件

1. 绘制工作图

所要绘制的工作图应包括以下几个方面的内容。
（1）液压系统原理图。
它主要包括：①系统原理图；②表明规格、型号、压力和流量的液压元件明细表；③各执行元件的工作循环图；④电磁铁等的动作表等。
（2）液压系统装配图。
它是安装施工图，包括：①油箱装配图；②液压泵装配图；③集成油路装配图；④管路安装图等。
（3）液压缸及其他元件装配图和零件图等。

2. 编制液压系统技术文件

在技术文件中应包括设计任务书、设计计算书、使用及维护说明书等；零部件目录表、标准件、通用件和外购件总表；有的还应有试验大纲等。

任务2　液压系统设计举例

本任务以一台卧式单面多轴钻孔组合机床为例，要求设计出驱动它的动力滑台的液压系统，以实现"快进→工进→快退→停止"的工作循环。

已知：机床上有主轴 16 个，加工 $\phi13.9mm$ 的孔 14 个，$\phi8.5mm$ 的孔 2 个。刀具材料为高速钢，工件材料为铸铁，硬度为 240HB。机床工作部件总重量 $G = 9810N$。快进、快退速度 $v_1 = v_3 = 7m/min$，快进行程长度 $l_1 = 100mm$，工作行程长度 $l_2 = 50mm$，往复运动的加速、减速时间不希望超过 0.2s。动力滑台采用平导轨，其静摩擦系数 $f_s = 0.2$、动摩擦系数 $f_d = 0.1$。液压系统中的执行元件使用液压缸。

液压系统的设计过程如下。

8.2.1 负载分析

1. 工作负载

由切削原理可知，高速钢钻头钻铸铁孔时的轴向切削力 $F_t(N)$ 与钻头直径 $D(mm)$、每转进给量 $s(mm/r)$ 和铸件硬度 HB 之间的经验算式为：

$$F_t = 25.5Ds^{0.8}(HB)^{0.6} \tag{8-21}$$

根据组合机床加工特点，钻孔时的主轴转速 n 和每转进给量 s 可选用下列数值。
对 $\phi13.9mm$ 的孔来说

$$n_1 = 360r/min，s_1 = 0.147mm/r$$

对 $\phi8.9mm$ 的孔来说

$$n_2 = 550\text{r/min}, \quad s_2 = 0.096\text{mm/r}$$

代入式（8-21）可得

$$F_W = (14 \times 25.5 \times 13.9 \times 0.147^{0.8} \times 240^{0.6} + 2 \times 25.5 \times 8.5 \times 0.096^{0.8} \times 240^{0.6}) = 30468\text{N}$$

2. 惯性负载

$$F_a = \frac{G}{g}\frac{\Delta v}{\Delta t} = \frac{9810}{9.81} \times \frac{7}{60 \times 0.2}\text{N} = 583\text{N}$$

3. 摩擦负载（阻力负载）

静摩擦阻力

$$F_{fs} = 0.2 \times 9810\text{N} = 1962\text{N}$$

动摩擦阻力

$$F_{fd} = 0.1 \times 9810\text{N} = 981\text{N}$$

由此得出液压缸在各工作阶段的负载如表8-10所示。

表8-10 液压缸在各工作阶段的负载值

工 况	负 载 组 成	负载值 F/N	推力 (F/η_m)/N
启动	$F = F_{fs}$	1962	2180
加速	$F = F_{fd} + F_a$	1564	1738
快进	$F = F_{fd}$	981	1090
工进	$F = F_{fd} + F_W$	31449	34943
快退	$F = F_{fd}$	981	1090

注：液压缸的机械效率 $\eta_m = 0.9$。不考虑动力滑台上倾覆力矩的作用。

8.2.2 负载图和速度图的绘制

负载图按上面数值绘制，如图8-6（a）所示。速度图按已知数值 $v_1 = v_3 = 7\text{m/min}$，$l_1 = 100\text{mm}$，$l_2 = 50\text{mm}$，快退行程 $l_3 = l_1 + l_2 = 150\text{mm}$ 和工进速度 v_2 等绘制，如图8-6（b）所示，其中 v_2 由主轴转速及每转进给量求出，即 $v_2 = n_1 s_1 = n_2 s_2 \approx 53\text{mm/min}$。

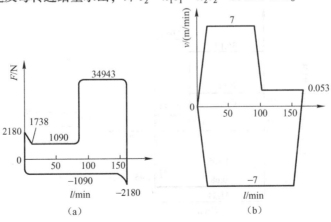

图8-6 组合机床液压缸的负载图和速度图

8.2.3 液压缸主要参数的确定

由表 8-2 和表 8-3 可知，组合机床液压系统在最大负载约为 35000N 时宜取 $p_1 = 4\text{MPa}$。

鉴于动力滑台要求快进、快退速度相等，这里的液压缸可选用单杠式，并在快进时作差动连接。这种情况下液压缸无杆腔工作面积 A_1 应为有杆腔工作面积 A_2 的两倍，即活塞杆直径 d 与缸筒直径 D 的关系为

$$d = 0.707D$$

在钻孔加工时，液压缸回油路上必须具有背压 p_2，以防止被钻通时滑台突然前冲。根据《液压工程手册》中的推荐数值，可取 $p_2 = 0.8\text{MPa}$。快进时液压缸虽作差动连接，但由于油管中有压降 Δp 存在，有杆腔的压力必须大于无杆腔的压力，估算时可取 $\Delta p \approx 0.5\text{MPa}$。快退时回油腔中是有背压的，这时 p_2 也可按 0.5MPa 估算。

由工进时的推力计算液压缸面积

$$F/\eta_m = A_1 p_1 - A_2 p_2 = A_1 p_1 - (A_1/2) p_2$$

故有

$$A_1 = \left(\frac{F}{\eta_m}\right) \bigg/ \left(p_1 - \frac{p_2}{2}\right) = 34943 \bigg/ \left(4 - \frac{0.8}{2}\right) \text{m}^2$$
$$= 0.0097\text{m}^2 = 97\text{cm}^2$$

$$D = \sqrt{(4A_1)/\pi} = 11.2\text{cm}$$

$$d = 0.707D = 7.86\text{cm}$$

根据 GB2348—1980 规定将这些直径圆整成就近标准值时得 $D = 11\text{cm}$、$d = 8\text{cm}$。由此求得液压缸两腔的实际有效面积为：

$$A_1 = \pi D^2/4 = 95.03\text{cm}^2, \quad A_2 = \pi(D^2 - d^2)/4 = 44.77\text{cm}^2$$

根据上述 D 和 d 值，可估算液压缸在各个工作阶段中的压力、流量和功率，如表 8-11 所示，并据此绘出工况图如图 8-7 所示。

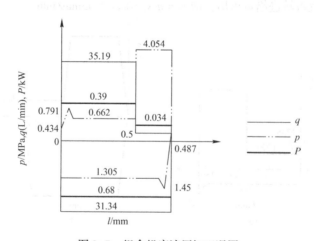

图 8-7 组合机床液压缸工况图

表8-11 液压缸在不同工作阶段的压力、流量和功率值

工况		负载 F/N	回油腔压力 p_2/MPa	进油腔压力 p_1/MPa	输入流量 q/(L/min)	输入功率 P(kW)
快进（差动）	启动	2180	$p_2 = 0$	0.434	—	—
	加速	1738	$p_2 = p_1 + \Delta p$	0.791	—	—
	恒速	1090	($\Delta p = 0.05$MPa)	0.662	35.19	0.39
工进		34943	0.8	4.054	0.5	0.034
快退	启动	2180	$p_2 = 0$	0.487	—	—
	加速	1738	0.5	1.45	—	—
	恒速	1090		1.305	31.34	0.68

8.2.4 液压系统图的拟定

1. 液压回路的选择

首先选择调速回路。由图8-7中的一些曲线得知，这台机床液压系统的功率小，滑台运动速度低，工作负载变化小，可采用进口节流调速形式。为了解决进口节流调速回路在孔钻通时的滑台突然前冲现象，应在回油路上要设置背压阀。

由于液压系统采用了节流调速方式，系统中油液的循环必然是开式的。

从工况图可以清楚地看到，在这个液压系统的工作循环内，液压缸交替地要求油源提供低压大流量和高压小流量的油液。最大流量与最小流量之比约为70，而快进快退所需的时间t_1和工进所需的时间t_2分别为：

$$t_1 = (l_1/v_1) + (l_3/v_3) = [(60 \times 100)/(7 \times 1000) + (60 \times 150)/(7 \times 1000)]\text{s} = 2.14\text{s}$$

$$t_2 = l_2/v_2 = (60 \times 50)/(0.053 \times 1000)\text{s} = 56.6\text{s}$$

也即是$t_2/t_1 = 26$。因此从提高系统效率、节省能量的角度上来看，采用单个定量泵作为油源显然是不合适的。采用双联叶片泵自动两级调速的方案，如图8-8所示。

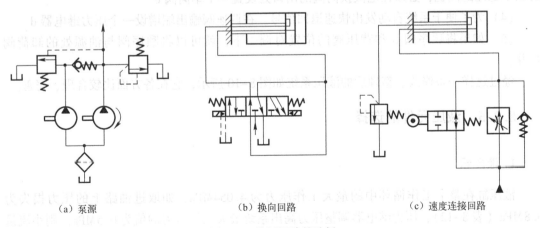

(a) 泵源　　　　　　　　(b) 换向回路　　　　　　　　(c) 速度连接回路

图8-8 液压回路的选择

其次是选择快速运动和换向回路。系统中采用节流调速回路后，不管采用什么油源形式都必须有单独的油路直接通向液压缸两腔，以实现快速运动。在本系统中，单杆液压缸要作差动连接，所以它的快进快退换向回路应采用图 8-8（b）所示的形式。

再次是选择速度换接回路。由工况图 8-7 中的 $q - l$ 曲线得知，当滑台从快进转为工进时，输入液压缸的流量由 35.19L/min 降为 0.5L/min，滑台的速度变化较大，宜选用行程阀来控制速度换接，以减少液压冲击。当滑台由工进转为快退时，回路中通过的流量很大，进油路中通过 31.34L/min，回油路中通过 31.34×（95/44.77）=66.50L/min。为了保证换向平稳起见，可采用带阻尼器的电液换向阀式换接回路，如图 8-8（c）所示。

最后再考虑安全回路及卸荷回路，在图 8-9 所示液压源中已有溢流阀 9，因它是节流调速系统，故阀 9 常开，调定系统工作压力，即使滑台卡住，则系统压力也不会超过阀 9 的调定压力值。

液压源中又有卸荷阀 7。当工进时，低压、大流量泵 1B 可经阀 7 卸荷，此时即是卸荷回路。阀 2 在中位时泵 1B 也可经阀 7 卸荷，但这时高压小流量 1A 无法卸荷，若阀 2 改成 M 形，则大、小液压泵都能经阀 2 中位卸荷，但这样电液换向阀 2 就无法换向了。为了两全其美，可将阀 9 改成电磁溢流阀，组成卸荷回路。

2. 液压回路的综合

把上面选出的各种回路画在一起，就可以得到图 8-9 所示（未设置虚线圆框内元件）。将此图仔细检查一遍，可以发现，这个图形在工作中还存在问题，必须进行如下修改和整理。

（1）为了解决滑台工进时图中进油路、回油路相互接通，无法建立压力的问题，必须在液动换向回路中串接一个单向阀 a，将工进时进油路、回油路断开。

（2）为了解决滑台快进时回油路接通油箱，无法实现液压缸差动连接的问题，必须在回油路上串接一个液控顺序阀 b，以阻止油液在快进阶段返回油箱。

（3）为了解决机床停止工作时系统中的油液流回油箱，导致空气进入系统，影响滑台运动平稳性的问题，必须在电液换向阀的出口处设置一个单向阀 c。

（4）为了便于系统自动发出快速退回信号，在调速阀输出端增设一个压力继电器 d。

（5）如果将顺序阀 b 和背压阀的位置对调一下，就可以将顺序阀与油源处的卸荷阀合并。

经过这样一番修改、整理后的液压系统如图 8-10 所示，它在各方面比较合理、完善。

8.2.5 液压元件的选择

1. 液压泵

液压缸在整个工作循环中的最大工作压力为 4.054MPa，如取进油路上的压力损失为 0.8MPa（表 8-12），压力继电器调整压力高出系统最大工作压力的值为 0.5MPa，则小流量泵的最大工作压力应为：

$$p_{p1} = (4.054 + 0.8 + 0.5)\text{MPa} = 5.354\text{MPa}$$

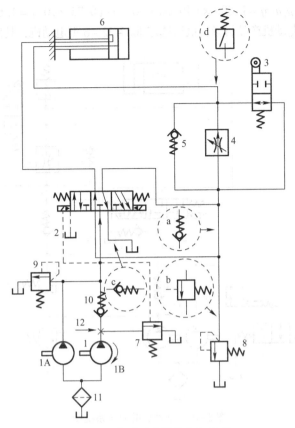

图 8-9 液压回路的综合和整理

1—双联叶片泵；1A—小流量泵；1B—大流量泵；2—三位五通电液阀；3—行程阀；4—调速阀；
5—单向阀；6—液压缸；7—卸荷阀；8—背压阀；9—溢流阀；10—单向阀；11—过滤器；
12—压力表开关；a—单向阀；b—顺序阀；c—单向阀；d—压力继电器

表 8-12 进油路总压力损失经验值

系统结构情况	总压力损失 Δp/MPa
一般节流调速及管路简单的系统	0.2~0.5
进油路有调速阀及管路复杂的系统	0.5~1.5

大流量泵是在快速运动时才向液压缸输油的，由图 8-7 可知，快退时液压缸中的工作压力比快进时大，如取进油路上的压力损失为 0.5MPa，则大流量泵的最高工作压力为

$$p_{p2} = (1.305 + 0.5)\text{MPa} = 1.805\text{MPa}$$

两个液压泵应向液压缸提供的最大流量为 35.19L/min（图 8-7），若回路中泄漏按液压缸输入流量的 10% 估计，则两个泵的总流量应为

$$q = 1.1 \times 35.19 = 38.71 \text{L/min}$$

由于溢流阀的最小稳定流量为 3L/min，而工进时输入液压缸的流量为 0.5L/min，所以小流量泵的流量规格应为 3.5L/min。

根据以上压力和流量的数值查阅产品目录，最后确定选取 PV2R12 型双联叶片泵。

由于液压缸在快退时输入功率最大，这相当于液压泵输出压力为 1.805MPa、流量为 40L/min 时的情况。如取双联叶片泵的总效率为 $\eta = 0.75$，则液压泵驱动电动机所需的功率为

$$P = p_p q/\eta = 1.805 \times (40/60 \times 10^{-3})/(0.75 \times 10^3) = 1.6 \text{kW}$$

根据此数值查阅电动机产品目录,最后选定 J02-32-6 型电动机,其额定功率为 2.2kW。

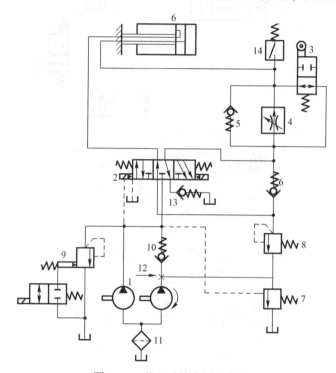

图 8-10 整理后的液压系统图

1—双联叶片泵;2—三位五通电液阀;3—行程阀;4—调速阀;5—单向阀;6—液压缸;7—顺序阀;
8—背压阀;9—电磁溢流阀;10—单向阀;11—过滤器;12—压力表开关;13—单向阀;14—压力继电器

2. 液压阀类元件及辅助元件

根据液压系统的工作压力和通过各个阀类元件和辅助元件的实际流量,可选出这些元件的型号及规格,表 8-13 选出了一种方案。

表 8-13 元件的型号及规格

序号	元件名称	估计通过流量 /(L/min)	型号	规格	生产厂家
1	双联叶片泵	—	PV2R12	14MPa, 35.5 和 4.5L/min	阜新液压件厂
2	三位五通电磁阀	75	35DYF3Y-E10B		
3	行程阀	84			
4	调速阀	<1	AXQF-E10B		
5	单向阀	75		16MPa, 10 通径	高行液压件厂
6	单向阀	44	AF3-Ea10B		
7	液控顺序阀	35	XF3-E10B		
8	背压阀	<1	YF3-E10B		
9	溢流阀	4.5	YF3-E10B		
10	单向阀	35	AF3-Ea10B		

续表

序号	元件名称	估计通过流量/(L/min)	型号	规格	生产厂家
11	滤油器	40	YYL-105-10	21MPa, 90L/min	新乡116厂
12	压力表开关	—	KF3-E3B	16MPa, 3测点	高行液压件厂
13	单向阀	75	AF3-Ea20B	16MPa, 20通径	高行液压件厂
14	压力继电器	—	PF-B8C	14MPa, 8通径	榆次液压件厂

3. 油管

各元件间连接管道的规格按元件接口处尺寸决定，液压缸进、出油管则按输入、排出的最大流量计算。由于液压泵具体选定之后液压缸在各个阶段的进、出流量已与原定数值不同，所以要重新计算，如表8-14所示。

表8-14 液压缸的进、出流量

	快 进	工 进	快 退
输入流量/(L/min)	$q_1 = (A_1 q_p)/(A_1 - A_2)$ $= (95 \times 42)/(95 - 44.7)$ $= 79.43$	$q_1 = 0.5$	$q_1 = q_p = 42$
输出流量/(L/min)	$q_2 = (A_2 q_1)/A_1$ $= (44.77 \times 79.43)/95$ $= 37.43$	$q_2 = (A_2 q_1)/A_1$ $= (44.77 \times 0.5)/95$ $= 0.24$	$q_2 = (A_1 q_1)/A_2$ $= (42 \times 95)/44.77$ $= 89.12$
运动速度/(m/min)	$v_1 = q_p/(A_1 - A_2)$ $= (42 \times 10)/(95 - 44.77)$ $= 8.36$	$v_2 = q_1/A_1$ $= (0.5 \times 10)/95$ $= 0.053$	$v_3 = q_1/A_2$ $= 42 \times 10/44.77$ $= 9.38$

根据这些数值，当油液在压力管中流速取3m/s时，按 $d \geq 1130\sqrt{\dfrac{Q}{v}}$ (mm) 算得和液压缸无杆腔和有杆腔相连的油管内径分别为

$$d \geq 1130\sqrt{(79.43 \times 10^{-3})/(3 \times 60)} = 23.74 \text{mm}$$

$$d \geq 1130\sqrt{(42 \times 10^{-3})/(3 \times 60)} = 17.26 \text{mm}$$

这两根油管都按JB827—1966选用内径20mm、外径28mm的无缝钢管。

4. 油箱

油箱容积按 $V = \xi q_n$ 估算，当 ξ 取6时，求得其容积 $V = 6 \times 40 \text{L} = 240 \text{L}$。按GB2876—1981规定，取最靠近的标准值 $V = 250 \text{L}$。

8.2.6 液压系统的性能验算

1. 回路压力损失验算

由于系统的具体管路布置尚未确定，整个回路的压力损失无法估算，仅能根据阀类元件对压力损失所造成的影响做出初步估算，供调定系统中某些压力值时参考，这里估算省略。

2. 油液温升验算

工进在这个工作循环中所占的时间比例达 96%，所以系统发热和油液温升可用工进时的情况来计算。

工进时液压缸的有效功率为

$$P_o = p_2 q_2 = Fv = \frac{31449 \times 0.053}{10^3 \times 60} = 0.0278 \text{kW}$$

这时大流量泵通过顺序阀 7 卸荷，小流量泵在高压下供油，所以两个泵的总输出功率为

$$P_1 = \frac{p_{p1}q_1 + p_{p2}q_2}{\eta} = \frac{0.3 \times 10^6 \times \left(\frac{36}{63}\right)^2 \times \frac{36}{60} \times 10^{-3} + 4.978 \times 10^6 \times \frac{6}{60} \times 10^{-3}}{0.75 \times 10^3} = 0.74 \text{kW}$$

由此得液压系统的发热量为

$$H_1 = P_i - P_o = (0.74 - 0.03) = 0.71 \text{kW}$$

油箱散热面积

$$A = 6.66 \sqrt[3]{V^2} = 6.66 \sqrt[3]{(250 \times 10^{-3})^2} = 2.64 \text{m}^2$$

油液温升：$\Delta T = \dfrac{H_i}{C_T \times A}$，取 $C_T = 15 \times 10^{-3}$，则 $\Delta T = 17.9 \text{°C}$。

温升没有超出允许范围，液压系统中不需要设置冷却器。

思考和练习题

1. 设计液压系统的基本内容有哪些？试绘制液压传动系统的一般设计流程。
2. 一台专用铣床，铣头驱动电动机功率为 7.5kW，铣刀直径为 120mm，转速为 350r/min。如工作台重量为 4000N，工件和夹具最大重量为 1500N，工作台行程为 400mm，工作行程为 100mm，快进速度为 4.5m/min，工进速度为 60~1000mm/min，其往复运动的加速（减速）时间为 0.05s，工作台用平导轨，$f_s = 0.2$，$f_d = 0.1$。试设计该机床的液压系统，并对系统的压力损失、温升及效率等性能进行估算。

项目 9　液压伺服系统

【本项目重点】

液压伺服传动系统的工作原理及特点。

【本项目难点】

1. 电液伺服系统的应用。
2. 机液伺服系统的应用。

任务 1　液压伺服系统简介

9.1.1　液压伺服系统的工作原理

图 9-1 所示为一种液压举重装置，操作者将截止阀阀门打开，液体便由液压装置流入液压缸的下腔，由于液体具有一定的压力 p，则活塞便产生一个向上的力 $F=Ap$，其中 A 为活塞的有效面积，此力 F 若大于上面的物体重力 M，便可推动物体上升。显然，这种装置是一种力的放大器，可以举起人无法举起的重物，它的特点是准确度不够，例如要上升 2m，人就很难精确控制。此外，该装置不能离开人，且物体下降比较困难，因为要靠重物的重力把液体压到原来的液压装置中。

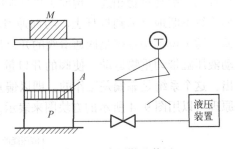

图 9-1　液压举重装置

如果改成图 9-2，即用四通滑阀来代替节流阀，用杠杆来操纵四通滑阀阀芯的移动，则重物上升速度可用四通滑阀的窗口大小来控制，而重物下降又可通过四通滑阀的开口使油直接回到液压装置的油箱，因此可做到控制自如，上下方便。但人仍然不能离开。另外，由于泄漏等原因，很难使重物持久保持某一高度。如采用图 9-3 所示的液压装置便可克服上述缺点。当操作者将杠杆压到某个位置时，四通滑阀的进油口被打开，于是重物开始上升，同时也带动杠杆的另一端上升，因此，四通滑阀阀芯渐渐关小进油口，当进油口完全关闭时，重物就停在对应位置（此时进、回油口全被堵死）。如果由于泄漏等原因重物有些下降，则杠杆又将进油口打开，于是重物又开始上升，知道恢复原位。可见这种装置不仅操纵自如而且人可以离开，又由于重物的高度与四通滑阀阀芯的位置一一对应，故升降的准确度也大大提高了。这种装置能够自动地完成人的某一工作，因此称为液压自动装置，或者称为液压伺服系统。

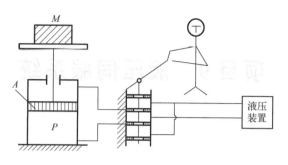

图 9-2 四通滑阀控制的举重装置

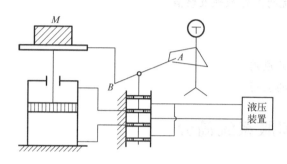

图 9-3 自动控制的举重装置

在这个系统中，输出位移之所以能自动地、快速而准确地复现输入位置的变化，是因为杠杆的一端与重物相连，构成了负反馈闭环控制系统。在控制过程中，液压缸的输出位移能够连续不断地反馈到杠杆上，与四通滑阀阀芯的输入位移相比较，得出两者之间的位置偏差，这个位置偏差就是四通滑阀的开口量。四通滑阀有开口量就有压力油输出到液压缸，驱动液压缸带动重物运动，使阀的开口量（偏差）减少，直到输出位移相一致为止。可以看出，这个系统是靠偏差工作的，即以偏差来消除偏差，这就是反馈控制的原理。系统的工作原理可以用图 9-4 所示的方块图来表示。

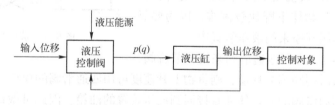

图 9-4 系统工作原理方块图

在该系统中，移动四通滑阀阀芯所需要的（人力或电磁力）信号功率很小，而系统的输出功率却可以达到很大，这是一个功率放大装置。功率放大所需的能量是由液压能源供给的，供给能量的控制是根据伺服系统偏差的大小自动进行的。因此，液压伺服也是一个控制液压能源输出的装置。

图 9-3 所示的自动控制的举重装置，其输出时位移，故称为位置伺服系统。在该系统中，输入信号与反馈信号均由机械勾践（杠杆）实现，所以也称机械液压伺服系统。液压控制元件为四通滑阀，靠节流原理工作，也称为节流式或阀控式液压伺服系统。

9.1.2 液压伺服系统的组成及结构

液压伺服控制系统有各种不同的形式，但是概括起来，一般均可以由以下基本环节组成，如图 9-5 所示。

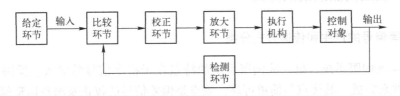

图 9-5 液压伺服控制系统结构图

1. 给定环节

它是设定被控量的给定值的装置，如电位器等，给定环节的精度对被控量的控制精度有较大影响，现代控制系统一般采用控制精度高的数字给定装置。

2. 比较环节

比较环节将所检测的被控量和给定量比较，确定两者之间的偏差量。该偏差量由于功率较小或者物理性质不同，还不能直接作用于执行机构，所以在执行机构与比较环节之间还有中间放大环节。

3. 中间环节

一般是放大元件，将偏差信号变换成适于控制执行机构工作的信号。根据控制要求，中间环节可以是一个简单的功率放大环节，或者是将偏差信号变换为适于执行机构工作的物理量，如液压伺服放大器。除了要求中间环节将偏差信号放大外还希望它能按某种规律对偏差信号进行运算，用运算的结果去控制执行机构，以改善被控量的稳态和瞬态性能，这种中间环节常称为校正环节。

4. 执行机构

一般由传动装置和调节机构组成，执行机构直接作用于控制对象，使被控量达到所要求的数值。

5. 被控对象或调节对象

它是指进行控制的设备或过程，相反地，控制系统所控制的某个物理量就是系统的输出量或被控量，液压伺服系统的任务就是控制这些系统输出量的变化规律，以满足生产工艺的要求。

6. 检测装置或传感器

用于检测被控量，并将其转换为与给定量统一的物理量。检测装置的精度和特性控制系统的控制品质,它是构成自动控制系统的关键元件,所以一般应要求检测装置的测量精度高、反应灵敏、性能稳定等。

在控制系统中,通常把比较环节、校正环节和放大环节合在一起称为控制装置。

9.1.3 液压伺服系统的分类

1. 按偏差信号的产生和传递方式分类

(1) 机-液伺服系统。机-液伺服系统的特点在于指令信号的输入、反馈和比较各环节由机械构件来完成。其优点是简单可靠;缺点是偏差信号的校正及增益调整都不如电气方便。另外,反馈构件摩擦和间隙对系统性能不利。

(2) 电-液伺服系统。电-液伺服系统的特点在于用电信号来驱动伺服阀,偏差信号的监测、校正和初始放大等都采用电气、电子元件来完成。电-液伺服机构由于其电的部分有很大的灵活性,电传感器的多样化使人们可以控制很多物理量。而液压元件响应快、抗负载刚度大。电液结合后具有广泛的灵活性,是当前响应快、控制精度最高的伺服系统。

(3) 气-液伺服系统。气-液伺服系统中,误差信号的监测、反馈和初始放大均采用气动元件来完成。该系统可在恶劣环境(高温、易爆)下工作,简单可靠。

2. 按控制元件的种类分类

(1) 阀控伺服系统。利用伺服阀的节流原理,控制流入执行元件的流量和压力。其优点是响应快、精度高;缺点是效率低。

(2) 泵控伺服系统。利用伺服变量泵改变排量的方法,控制流入执行元件的流量和压力的系统。泵控系统也称为容积式液压伺服系统。与阀控系统比较,其特点是响应慢、结构复杂,但效率高。

3. 按系统输出物理量分类

(1) 位置伺服系统。

(2) 速度伺服系统。

(3) 施力(或压力)伺服系统。

4. 按系统输出信号是否反馈分类

(1) 闭环伺服控制系统。输出量进行反馈与输入量比较,称为闭环伺服控制系统。

(2) 开环伺服控制系统。输出量不进行反馈的称为开环伺服控制系统。

9.1.4 液压伺服系统的优缺点

1. 液压伺服控制的优点

(1) 液压元件的功率-质量比和力矩-惯性比(或力-质量比)大。

(2) 液压动力元件快速性好,系统响应快。

(3) 液压伺服系统抗负载的刚度大。

2. 液压伺服控制的缺点

（1）液压信号传递速度慢且不易进行校正。
（2）液压伺服系统的结构复杂、加工精度高、成本高。
（3）泄漏是液压系统的弱点，它不仅污染环境，而且容易引起火灾。
（4）液压油易受污染，并可能造成执行机构的堵塞。

9.1.5 液压伺服系统的应用

由于液压伺服系统的突出优点，使得它在国民经济的各部门和国防建设等方面，诸如冶金、机械等工业部门；飞机、船舶等交通部门及航空航天技术、海洋技术、近代科学试验装置和武器控制等方面，都得到了广泛的应用。

液压伺服系统，首先应用在武器控制系统中，广泛应用于陆、海、空军各个领域。在航天、航空和导弹等控制方面，大量采用液压伺服控制系统。因为这些控制系统的性能要求高，快速性能好，质量要轻，而成本又不是主要考虑因素，所以液压伺服控制技术在这些部门得到了大量应用和发展。目前，飞机所有的控制系统和操纵机构几乎全部采用液压伺服及液压传动机构。在导弹方面，小口径导弹由于要求本身质量轻，大多采用气动伺服系统；中程及远程导弹的各个控制系统几乎都采用液压伺服系统。

液压伺服控制今后的发展大体可以有以下几个方面。

1. 高压大功率

高压的目的主要是为了减轻系统的质量及结构尺寸，大功率是为了解决大惯量与重负载的拖动问题。高压与大功率系统的研究与应用对航空与航天技术尤其显得重要。

2. 高可靠性

液压控制设备一般是高性能的机器，对油的污染和温度变化都很敏感，把这种机器应用在飞行器上，可靠性就是一个重要的课题。为了提高可靠性，除对机器本身的研究、改良以及提高检测与诊断技术水平外，还应采用裕度技术及裕重构技术。

3. 理论解析与特性补偿

液压伺服控制的理论解析近期的研究倾向是利用计算机对复杂系统（如多变数液压系统）和复杂因素（非线性及时变等）进行仿真分析的研究，其中大量的研究是围绕动态特性进行的。

随着系统应用目的的多样化，控制对象也越来越复杂，大惯量、变参数、非线性及外干扰是经常遇到的。要使这些系统具有满意的性能，必须研究系统的性能补偿与控制策略。

4. 与微型机的结合

目前液压控制已从模拟控制转为以微机控制与数字控制为主。把微机放入控制回路之内进行实时控制时就有很多问题需要研究，设计计算机速度问题、电－液伺服机构与计算机配置的问题以及离散化带来的一些问题。直接与数字机结合需要发展液压数字技术，目前已经产生了各种形式的数字阀、数字缸及高速开关阀等。利用计算机可以进行更复杂的功能控制。电-液伺服控制与计算机的结合,提供了计算机技术与大功率液压伺服控制之间牢固的、精确的、高性能的联系,产生了各种智能化的电气液压伺服控制系统。

5. 液压伺服控制普遍的工业应用阶段

液压伺服控制元部件的批量及规格化生产,降低成本或开发简易廉价的各种转换元件、数字化元器件以及各种抗污染元器件,仍然是今后液压伺服控制技术研究的课题。

任务2 液压伺服系统的应用

9.2.1 机液伺服系统的应用

1. 车床仿形刀架机液伺服系统

车床仿形刀架是位置控制液压伺服系统,它所加工的工件主要为多台阶轴类零件和曲线旋转轮廓面。用仿形刀架加工零件时,首先要用普通方法加工出一个零件作样板,然后再自动仿制出这个样板零件。这样加工的效率高,结构简单,工作可靠,常用于大批量生产中。

图 9-6 所示为液压仿形刀架机液伺服系统的工作原理图。仿形刀架 3 成 45°~60°倾斜安装在车床拖板箱 4 的后部,可随拖板箱沿导轨 6 做纵向移动。液压缸的缸体、阀体与刀架固定在一起,可在刀架底座的导轨上沿液压缸轴向倾斜运动。活塞杆 5 固定在车床拖板上,样件 11 安装在车床床身上固定不动,控制阀芯 8 在弹簧的作用下使杠杆 7 的触点 10 紧压在样板 11 上。

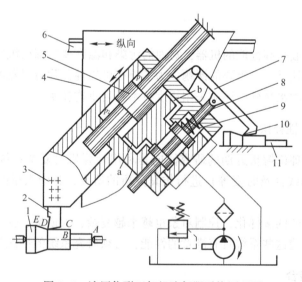

图 9-6 液压仿形刀架机液伺服系统原理图

当车削圆柱面 AB 段时,拖板 4 带动刀架向左做纵向移动,这使杠杆 7 的触点 10 在样板 11 上的相应段移动,杠杆没有转动,阀芯 8 在弹簧力的作用下把进回油口封闭,从液压泵打出的液压油无法进入液压缸的两腔，缸体带动车刀 2 无沿轴向的运动，只有纵向运动，从而车出无台阶的光杆。这时车刀的运动只有纵向运动速度，如图 9-7 中的 AB 段速度 $V_{纵}$。

当车削台阶面 BC 段时，拖板 4 带动刀架向左做纵向移动的同时，触点 10 在样板 11 上做向上的抬起运动，杠杆围绕支点做逆时针转动，同时带动阀芯 8 向右上方做倾斜运动，阀芯打开封闭的油口，液压泵打出的液压油从 b 通道进入缸的右上腔，左下腔的油通过 a 通道回油箱。因活塞杆固定，所以缸体带动刀架以速度 $V_{仿}$ 向右上方运动，刀架同时又随拖板向左做纵向运动，两者的合成运动即是向上的台阶运动 $V_{合}$，如图 9-7 中的 BC 段速度合成图。所以，仿形刀架的液压缸的轴线一般做成与车床主轴中心线成 45°~60°倾斜，就是为了能车出直角的台肩部分。当缸体向右上方运动时，又使阀芯把缸的进回油口慢慢堵上，进回油封闭，缸体及车刀停止运动。杠杆连续向上抬起，则车刀也做连续的合成运动，车出台肩面。由于阀体和缸体固定连接在一起，因此液压缸将完全跟随阀芯运动，实现了仿形运动。

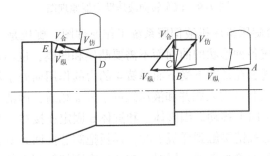

图 9-7 运动速度合成图

当车削锥面 DE 段时，车刀运动的路线和车台肩 BC 段相类似，只是液压缸向右上方运动的速度降低，其运动如图 9-7 中的 DE 段速度合成图。

图 9-8 所示为液压仿形刀架机液位置伺服控制原理图。

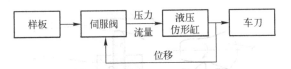

图 9-8 液压仿形刀架机液位置伺服控制原理图

2. 汽车转向液压助力器

为了减轻司机转动方向盘时的体力劳动，在机械转向系统的基础上增加液压助力装置，借助液压传动的力放大作用使转向更加轻松。

图 9-9 所示为液压助力器的工作原理图。液压缸的缸体和滑阀的阀体是固定连接在一起的，活塞 4 的右端杆部通过铰链固定在汽车上，转动方向盘 6 可带动摇杆 5 控制滑阀的阀芯 2 左右移动，从而控制油口进出液压缸使缸体左右移动，带动转向机构 1 控制车轮的左转或右转，也就操纵了汽车进行转向。

当汽车直线运动时，不必转动方向盘而把它放在前进方向，阀芯不动，把各个油口封闭，液压缸中无进回油，处于静止状态，转向机构是在直线位置进行控制。汽车左转时，把方向盘逆时针方向转动，传递给摇杆带动阀芯向右移动，这时液压缸右腔和液压泵输出的压力油相连通,缸的左腔和油箱相通,则 $p_2 > p_1$,因活塞杆固定不动,所以缸体向右(后)移动,带动转向机构1逆时针方向转动,从而控制汽车向左转向。因缸体向右移动时,相连的阀体也向右移动,使阀芯和阀体处于新的平衡位置,保持了车轮向左的偏角不变。

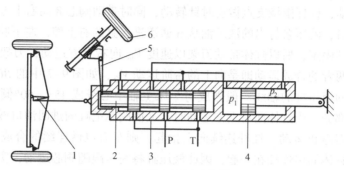

图9-9 汽车转向液压助力器原理图

图9-10所示为一台旋压机床机液伺服系统工作原理图。旋压是一种能使板料逐点成形的工艺,它可使板料制成各种形状的曲面而不需要凸模和凹模,也不需要大吨位的设备。图中1为样板,液压伺服阀3在常态下受下面弹簧4的力的作用而处于最上面的开启状态,这时液压泵输出的液压油从P口进入阀并和液压缸的上腔a相通,因活塞杆固定不定,压力油推动缸体6并带动旋轮7向上移动。因阀体2和缸体6固定连接在一起,所以阀体2也向上移动,直到阀芯上端部的触销接触到样板1时,样板把阀芯推回到所有油口封闭的图示位置为止,液压缸的下腔b和油箱相连通。同时,旋轮也在刚接触到零件8而停止运动。如果让固定缸体和阀体的底座(由另一液压缸带动)做向左的纵向移动,仿形触销在样板1的曲面上作滑动,同时压下阀芯使其由目前的封闭位置转为把通道P和下腔b连通,上腔a和油箱相通,使缸体6带动旋轮7向下移动。零件8自身做旋转运动,旋轮同时做向左和向下的运动,其运动的合成轨迹就是样板1的曲线。

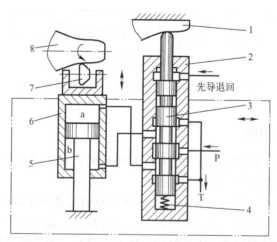

图9-10 旋压机床机液伺服系统工作原理图

加工完毕后,要使旋轮退回到原始位置,让一定低压的油液从先导退回油口进入阀芯的最上腔,由它将弹簧压缩阀芯向下,压力油进入下腔b中,使液压缸带动旋轮运动到最下端位置。

9.2.2 电液伺服系统的应用

电液伺服系统常用于自动控制系统中的位置控制、速度控制、压力控制和同步控制等，反馈检测时可分别用位移传感器、速度传感器和压力传感器等元件。

1. 机械手伸缩运动电液伺服系统

它是一种电液位置伺服控制系统，机构手能完成的动作有手臂的伸缩、回转、升降和手腕的回转、抓取等动作，因其原理基本相同，所以取手臂伸缩为例来进行说明。

图 9-11 所示是其工作原理图。它是由机械手手臂 1、齿轮齿条机构 2、活塞 3、液压缸体 4、电液伺服阀 5、电放大器 6、步进电动机 7、电位器 8 和电位动触点 9 等组成的。当步进电动机 7 接收到数控装置发出的一定数量的脉冲信号时，带动电位器 8 上的动触点 9 转动到 e 位置时，电位器 8 输出电压，经电放大器 6 放大后输出电流给电液伺服阀，其阀芯运动换到左位工作使各油口打开，液压油进入液压缸 4 的左腔推动活塞 3 带动机械手壁向右运动，缸的右腔的油回油箱。手臂在向右运动的同时带动和它啮合的齿轮（和电位器一体）顺时针转动，电位器也转动相同的角度如图 f 的位置，也即是初始 d 的位置，使电位器的偏转角度恢复为零而无电压输出，电液伺服阀 5 回中位把各油口封闭，液压缸和手臂停止运动，直到步进电动机的下一个信号输入又开始运动。如果连续输入手臂也就连续向右运动。要缩回手臂时，步进电动机应使动触点逆时针转动即可实现。

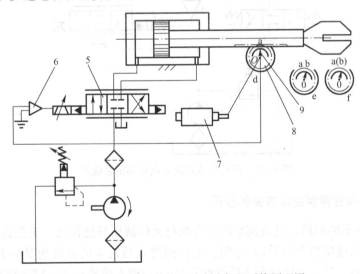

图 9-11 机械手伸缩运动电液伺服系统原理图

机械手伸缩运动电液伺服系统框图如图 9-12 所示。

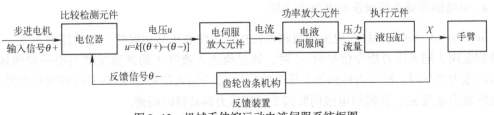

图 9-12 机械手伸缩运动电液伺服系统框图

2. 折板机双缸同步电液伺服系统

图 9-13 所示为其工作原理示意图。液压缸 5 和 6 的下升和下降由三位四通电磁换向阀 1 控制，折板料时要求两缸同时下压以保持位置同步，a 和 b 为两液压缸的位置传感器 4（电位器）。装在液压缸 5 和 6 活塞杆上的电位器 a 和 b 的动触点分别发出两缸的位置偏差信号（电位差），如果两缸的偏差信号相等，则信号抵消，输入放大器 2 的电压为零，放大器输出的电流也为零，电液伺服阀 3 中无电流通过，电液伺服阀处于中位，阀口封闭无油液流通。当两缸运动不同步有位置偏差时，两电位器 a 和 b 上电位不同，就有电流通过放大器而使电液伺服阀的线圈接通，电液伺服阀 3 开启调节两缸的流量大小，向位置落后的缸内多供给，超前的缸少供油，从而保证两缸的同步。

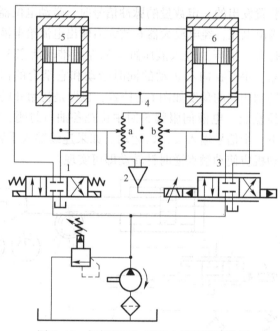

图 9-13　折板机双缸同步电液伺服系统图

3. 电液伺服阀在控制速度方面的应用

如图 9-14 所示的回路，电液伺服阀可使执行元件液压马达保持一定的速度不变。当给电液伺服阀 2 输入速度指令信号时 u_1 时，通过阀进入马达 4 的油液使其具有一定的转速。当马达转速变化时，经速度传感器 5 反馈的信号 u_2 与输入信号 u_1 的偏差经伺服放大器 3 进行比较输出电流 $\pm i$，传输给电液伺服阀 2 使其速度误差得以调整。

4. 电液伺服阀在控制压力方面的应用

如图 9-15 所示的回路，电液伺服阀可使执行元件液压马达保持一定的压力不变。当给电液伺服阀 2 输入压力指令信号时 u_1 时，通过阀进入液缸 5 的油液使其具有一定的压力。当缸内压力变化时，经压力传感器 4 反馈的信号 u_2 与输入信号 u_1 的偏差经伺服放大器 3 进行比较输出电流 $\pm i$，传输给电液伺服阀 2 使其压力误差得以调整。

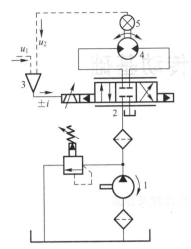 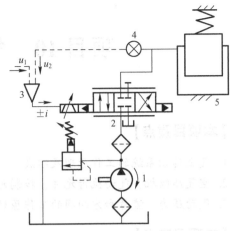

图 9-14 电液伺服阀速度控制回路图　　　图 9-15 电液伺服阀压力控制回路图

思考和练习题

1. 液压伺服系统与液压传动系统有何区别？使用场合有何不同？
2. 液压仿形刀架为何能仿照样板自动加工零件？若将刀架上的控制滑阀阀体与液压缸缸体分开成为两个独立的部分，仿形刀架还能工作吗？
3. 试分析说明机械手伸缩运动电液伺服系统的工作原理。
4. 轧机辊缝调节系统原理如图 9-16 所示。板材经轧机连轧由厚板变薄，轧后板材的厚度由测厚仪测量出来。若板厚与要求不符，则由电液伺服阀控制油缸调节轧辊间距，试说明其液压伺服系统的工作原理。

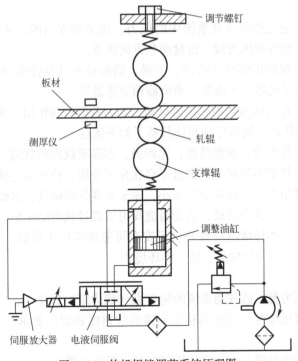

图 9-16 轧机辊缝调节系统原理图

· 195 ·

项目 10　气压传动基础

【本项目重点】

1. 气压传动系统的工作原理及组成。
2. 空气压缩机、气动执行元件、控制元件的工作原理及组成。
3. 气动压力、流量和方向阀的工作原理。

【本项目难点】

气动执行元件、控制元件的工作原理与应用。

气压传动在工业生产中得到了广泛的应用。气压传动是以压缩空气为工作介质进行能量传递、转换和控制的传动形式。由于空气介质来源易得、无污染、易防火、防爆,因此,气压传动在一些行业生产中起着重要的作用。

与液压传动系统相类似,气压传动基本由以下五大部分组成。

（1）气源装置。它将原动机的机械能转化为空气的压力能,是获取压缩空气的装置。主要为各种形式的空气压缩机。

（2）执行元件。它把压缩空气的压力能转换为机械能,以驱动负载,包括汽缸和气动马达等。

（3）控制元件。它是控制气动系统中的压力、流量和方向的,从而保证执行元件完成所要求的运动规律,如各种压力阀、流量阀和方向阀等。

（4）辅助元件。保持压缩空气清洁、干燥、消除噪声以及提供润滑等作用,以保证气动系统正常工作,如过滤器、干燥器、消声器和油雾器等。

（5）工作介质。在气压传动中起传递运动、动力及信号的作用,为工作空气。

气压传动与机械传动、液压传动相比具备了如下优点。

（1）以空气为工作介质,来源易得,无污染,不需要设回收管道。

（2）介质清洁,管道不易堵塞,而且不存在介质变质、补充和更换问题,维护简单。

（3）空气的黏度很小,因此流动损失小,便于实现集中供气,远距离输送。

（4）气动动作迅速,反应灵敏,借助溢流阀可实现过载自动保护。

（5）成本低廉,工作环境适应性好。可安全可靠地应用于易燃、易爆场合,以及严格要求清洁、无污染的场合,如食品、轻工等环境中。

气压传动的缺点。

（1）气动工作压力低,故气动系统的输出力（或力矩）较小。

（2）空气具有可压缩性,因此不易实现精确的速度和定位要求,系统的稳定性受负载变化的影响较大。

（3）气动系统的排气噪声大,高速排气时须设置消声器。

(4) 空气本身无润滑性能，须另加润滑装置。

任务1 气源装置及辅助元件

10.1.1 气源装置

气源装置为气动系统提供符合规定质量要求的压缩空气，是气动系统的一个重要部分。对压缩空气的主要要求是：具有一定压力、流量和洁净度。

如图 10-1 所示，气源装置一般由以下三部分组成。
(1) 气压发生装置。
(2) 净化、储存压缩空气的装置和设备。
(3) 输送压缩空气的管道系统。

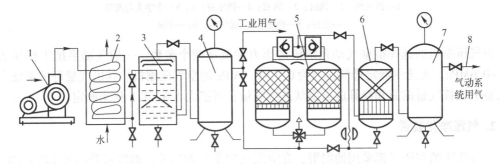

图 10-1 气源装置
1—空气压缩机；2—冷却器；3—油水分离器；4、7—储气罐；5—干燥器；6—过滤器；8—输出管

常将前部分设备布置在压缩空气站内，作为工厂或车间统一的气源。

电动机或内燃机驱动空气压缩机 1 产生压缩空气，在吸气口装有过滤器，以减少进入空压机内气体的含尘量。冷却器 2 用以降温冷却压缩空气，使气化的水、油凝结出来。油水分离器 3 用以分离并排出降温冷却凝结的水滴、油滴、杂质等。储气罐 4 和 7 用以储存压缩空气，稳定压缩空气的压力，并除去部分油分和水分。干燥器 5 用以进一步吸收或排除压缩空气中的水分及油分，使之变成干燥空气。过滤器 6 用以进一步过滤压缩空气中的灰尘、杂质颗粒。储气罐 4 输出的压缩空气可用于一般要求的气压传动系统，储气罐 7 输出的压缩空气可用于要求较高的气动系统（如气动仪表及射流元件组成的控制回路等）。

1. 空气压缩机

空气压缩机是将机械能转换为气体压力能的装置（简称空压机，俗称气泵）。它种类很多，一般按工作原理不同分为容积式和速度式两类。容积式压缩机是通过运动部件的位移，周期性地改变密封的工作容积来提高气体压力的，它包括活塞式、膜片式和螺杆式等。速度式压缩机是通过改变气体的速度，提高气体动能，然后将动能转化为压力能来提高气体压力的，它包括离心式、轴流式和混流式等。在气压传动中一般多采用容积式空气压缩机。

图 10-2 所示为活塞式空气压缩机的工作原理图。曲柄 8 做回转运动，通过连杆 7 和活塞杆 4，带动汽缸活塞 3 做往复直线运动。当活塞 3 向右运动时，汽缸内容积增大而形成局

部真空，吸气阀9打开，空气在大气压作用下由吸气阀9进入汽缸腔内，此过程称为吸气过程；当活塞3向左运动时，吸气阀9关闭，随着活塞的左移，缸内空气受到压缩而使压力升高，在压力达到足够高时，排气阀1即被打开，压缩空气进入排气管内，此过程称为排气过程。图10-2为单缸活塞式空气压缩机，大多数空气压缩机是多缸多活塞式的组合。

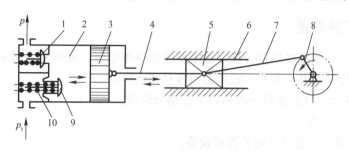

图10-2 活塞式空气压缩机的工作原理图
1—排气阀；2—汽缸；3—活塞；4—活塞杆；5、6—十字头与滑道
7—连杆；8—曲柄；9—吸气阀；10—弹簧

空气压缩机的选择根据气动系统所需压力和流量两个参数，一般气动系统工作压力为 0.5~0.6MPa，可选用额定排气压力为 0.7~0.8MPa 的空气压缩机。其供气量可按系统中各台设备平均耗气量的总和换算成自由状态空气量，再扩大 1.3~1.5 倍来确定。

2. 气源净化装置

一般使用的空压机都采用油润滑，在空压机中空气被压缩，温度可升高到 140~170℃，这时部分润滑油变成气态，加上吸入空气中的水和灰尘，形成了水汽、油气、灰尘等混合杂质。如果将含有这些杂质的压缩空气供气动设备使用，将会产生极坏的影响。例如：①混在压缩空气中的油气聚集在储气罐中形成易燃物，甚至有爆炸的危险；同时油分在高温汽化后形成有机酸，使金属设备腐蚀，影响设备的寿命。②混合杂质沉积在管道和气动元件中，使通流面积减小，流通阻力增大，致使整个系统工作不稳定。③压缩空气中的水气在一定压力和温度下会析出水滴，在寒冷季节会使管道和辅件因冻结而破坏或使气路不畅通。④压缩空气中的灰尘对气动元件的运动部件产生研磨作用，使之磨损严重，影响它们的寿命。

由此可见，在气动系统中设置除水、除油、除尘和干燥等气源净化装置是十分必要的。下面具体介绍几种常用的气源净化装置。

（1）后冷却器。后冷却器一般安装在空压机的出口管路上，其作用是把空压机排出的压缩空气的温度由 140~170℃ 降至 40~50℃，使得其中大部分的水、油转化成液态，以便于排出。后冷却器一般采用水冷却法，其结构形式有蛇管式、列管式、散热片式、套管式等。图10-3 所示为蛇管式后冷却器的结构示意图。热的压缩空气由管内流过，冷却水从管外水套中流动以进行冷却，在安装时应注意压缩空气和水的流动方向。

（2）油水分离器。油水分离器的作用是将经后冷却器降温析出的水滴、油滴等杂质从压缩空气中分离出来。其结构形式有环形回转式、撞击挡板式、离心旋转式、水浴式等。图10-4 所示为撞击挡板式油水分离器，压缩空气自入口进入分离器壳体，气流受隔板的阻挡被撞击折向下方，然后产生环形回转而上升，油滴、水滴等杂质由于惯性力和离心力的作用析出并沉降于壳体的底部，由排污阀定期排出。为达到较好的效果，气流回转后上升速度应缓慢。

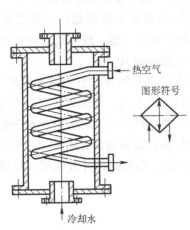
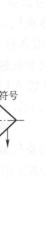
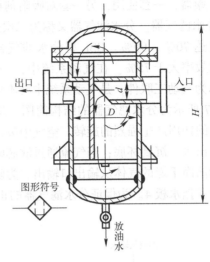

图 10-3　蛇管式后冷却器　　　　图 10-4　撞击挡板式油水分离器

（3）储气罐。储气罐的作用是消除压力波动，保证供气的连续性、稳定性；储存一定数量的压缩空气以备应急时使用；进一步分离压缩空气中的油分、水分。图 10-5 所示为立式储气罐的结构示意图。

（4）干燥器。经过以上净化处理的压缩空气已基本能满足一般气动系统的需求，但对于精密的气动装置和气动仪表用气，还需经过进一步的净化处理后才能使用。干燥器的作用是进一步除去压缩空气中的水、油和灰尘，其方法主要有吸附法和冷冻法。吸附法是利用具有吸附性能的吸附剂（如硅胶、铝胶或分子筛等）吸附压缩空气中的水分而使其达到干燥的目的。冷冻法是利用制冷设备使压缩空气冷却到一定的露点温度，析出所含的多余水分，从而达到所需要的干燥度。

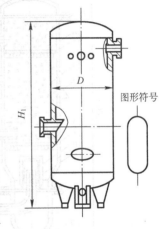

图 10-5　立式储气罐的结构示意图

图 10-6 所示为吸附式干燥器的结构原理图。它的外壳为一金属圆筒，里面设置有栅板、吸附剂、滤网等。其工作原理是：压缩空气由湿空气进气管 18 进入干燥器内，通过上吸附剂层、铜丝过滤网 16、上栅板 15、下部吸附层 14 之后，湿空气中的水分被吸附剂吸收而干燥，再经过铜丝过滤网 12、下栅板 11、毛毡层 10、铜丝网过滤 9 过滤气流中的灰尘和其他固体杂质，最后干燥、洁净的压缩空气从干燥空气输出管 6 输出。

当吸附剂在使用一定时间之后，吸附剂中的水分达到饱和状态时，吸附剂失去继续吸湿的能力，因此需要设法将吸附剂中的水分排除，使吸附剂恢复到干燥状态，即重新恢复吸附剂吸附水分的能力，这就是吸附剂的再生。图 10-6 中的管 3、4、5 即是供吸附剂再生时使用的。工作时，先将压缩空气的湿空气进气管 18 和干燥空气输出管 6 关闭，然后从再生空气进气管 5 向干燥器内输入干燥热空气（温度一般高于 180℃），热空气通过吸附层，使吸附剂中的水分蒸发成水蒸气，随热空气一起经再生空气排气管 3、4 排入大气中。经过一段时间的再生以后，吸附剂即可恢复吸湿的性能。在气压系统中，为保证供气的连续性，一般

· 199 ·

设置两套干燥器,一套使用,另一套对吸附剂再生,交替工作。

(5) 分水滤气器。分水滤气器又称为二次过滤器,其主要作用是分离水分,过滤杂质。滤灰效率可达 70% ~ 99%。QSL 型分水滤气器在气动系统中应用很广,其滤灰效率大于95%,分水效率大于75%。在气动系统中,一般称分水滤气器、减压阀、油雾器为气动三大件,又称为气动三联件,是气动系统中必不可少的辅助装置。

图 10-7 所示为分水滤气器的结构简图。从输入口进入的压缩空气被旋风叶子 1 导向,沿存水杯 3 的四周产生强烈的旋转,空气中夹杂的较大的水滴、油滴等在离心力的作用下从空气中分离出来,沉到杯底;当气流通过滤芯时,气流中的灰尘及部分雾状水分被滤芯拦截滤去,较为洁净干燥的气体从输出口输出。为防止气流的旋涡卷起存水杯中的积水,在滤芯的下方设置了挡水板 4。为保证分水滤气器的正常工作,应及时打开放水阀,放掉存水杯中的污水。

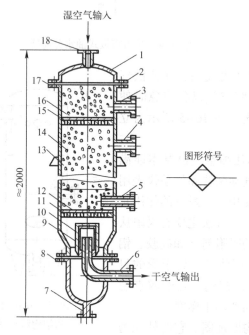

图 10-6 吸附式干燥器的结构原理图

1—顶盖;2—法兰;3、4—再生空气排气管;5—再生空气进气管;
6—干燥空气输出管;7—排水管;8、17—密封垫;
9、12、16—铜丝过滤网;10—毛毡层;11—下栅板;
13—支撑板;14—吸附层;15—上栅板;18—湿空气进气管

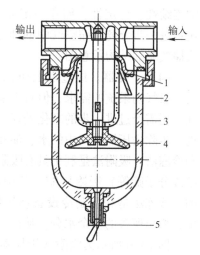

图 10-7 分水滤气器的结构简图

1—旋风叶子;2—滤芯;
3—存水杯;4—挡水板;
5—排水阀

10.1.2 辅助元件

1. 油雾器

气动系统中的各种气阀、汽缸、气动马达等,其可动部分都需要润滑,但以压缩空气为动力的气动元件都是密封气室,不能用一般方法注油,只能以某种方法将油混入气流中,带到需要润滑的地方。油雾器就是这样一种特殊的注油装置。它使润滑油雾化后注入空气流中，随空气进入需要润滑的部件。用这种方法加油，具有润滑均匀、稳定，耗油量少和不需要大的储油设备等特点。它有油雾型和微雾型两种。

图10-8（a）所示为油雾型固定节流式油雾器的结构原理图。喷嘴杆上的孔2面对气流，孔3背对气流。有气流输入时，截止阀10上下有压力差，被打开。油杯中的润滑油经吸油管11，视油帽8上的节流阀7滴到喷嘴杆中，被气流从孔3引射出去，成为油雾从输出口输出。图10-8（b）所示为油雾器的图形符号。

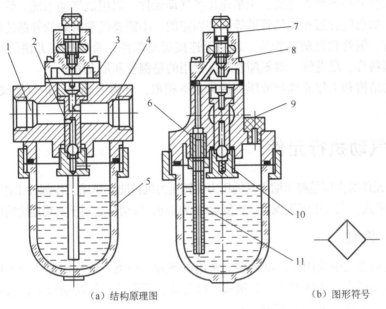

（a）结构原理图　　　　　　（b）图形符号

图10-8　油雾型固定节流式油雾器
1—气流入口；2、3—小孔；4—出口；5—储油杯；6—单向阀；
7—节流阀；8—视油帽；9—旋塞；10—截止阀；11—吸油管

在气源压力大于0.1MPa时，该油雾器允许在不关闭气路的情况下加油。供油量随气流大小而变化。油杯和视油帽采用透明材料制成，便于观察。油雾器要有良好的密封性、耐压性和滴油量调节性能。使用时，应参照有关标准合理调节起雾流量等参数，以达到最佳润滑效果。

2. 消声器

汽缸、气阀等工作时排气速度较高，气体体积急剧膨胀，会产生刺耳的噪声。噪声的强弱随排气的速度、排气量和空气通道的形状而变化。排气的速度和功率越大，噪声也越大，一般可达100~120dB。为了降低噪声，可以在排气口装设消声器。

消声器就是通过阻尼或增加排气面积来降低排气的速度和功率，从而降低噪声的。气动元件上使用的消声器的类型一般有3种，即吸收型消声器、膨胀干涉型消声器、膨胀干涉吸收型消声器。图10-9为膨胀干涉吸收型消声器的结构图。

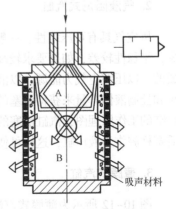

图10-9　膨胀干涉吸收型消声器的结构图

这种消声器的入口开设了许多中心对称的斜孔，它使得高速进入消声器的气流被分成许多小的流束，在进入无障碍的扩张室 A 后，气流被极大地减速，碰壁后反射到 B 室，气流束的相互撞击、干涉而使噪声减弱，然后气流经过吸音材料的多孔侧壁排入大气，噪声又一次被削弱。这种消声器的效果比前两种更好，低频可消声 20dB，高频可消声 40dB。

3. 管件及管路系统

管件包括管道和各种管接头，用来连接各气动元件，以组成气动系统。管道可分为硬管与软管两种。如总气管道和支气管道等一些固定的、不需要经常拆装的管路使用硬管，硬管有铁管、钢管、铜管和硬塑料管等。若用于连接运动部件，希望拆装方便的管路则使用软管，软管有塑料管、尼龙管、聚氨酯管等。常用的是铜管和尼龙管。

管接头的结构和工作原理与液压管接头基本相似，分为卡套式、扩口螺纹式、焊接式、插入快换式等。

任务 2　气动执行元件

气动执行元件的作用是将压缩空气的压力能转换为机械能，驱动工作部件工作。包括汽缸和气动马达两种形式。汽缸用于实现直线往复运动或摆动，气动马达用于实现连续的回转运动。

10.2.1　汽缸

汽缸在气动系统中应用广，品种多。常用以下方法分类：按作用方式分为单作用式和双作用式；按结构形式分为活塞式、柱塞式、叶片式、薄膜式；按功能分为普通汽缸和特殊汽缸（如冲击式、回转式和气液阻尼式）。

1. 单作用汽缸

图 10-10 所示为单作用汽缸的结构原理图。所谓单作用汽缸，是指压缩空气仅在汽缸的一端进气并推动活塞（或柱塞）运动，而活塞或柱塞的返回是借助于其他外力，如弹簧力、重力等。单作用汽缸多用于短行程及对活塞杆推力、运动速度要求不高的场合。

2. 气液阻尼式汽缸

因空气具有可压缩性，一般汽缸在工作载荷变化较大时，会出现"爬行"或"自走"现象，平稳性较差，如果要求较高时，可采用气液阻尼缸。气液阻尼缸是由汽缸和液压缸组合而成的，以压缩空气为能源，以液压油作为控制调节汽缸运动速度的介质，利用液体的可压缩性小和控制液体排量来获得活塞的平稳运动和调节活塞的运动速度。图 10-11 所示为气液阻尼式汽缸的工作原理图，汽缸活塞的左行速度可由节流阀 4 来调节，油箱 1 起补油作用。一般将双活塞杆腔作为液压缸，这样可使液压缸两腔的排油量相等，以减小补油箱 1 的容积。

3. 薄膜式汽缸

图 10-12 所示为薄膜式汽缸的结构原理图。薄膜式汽缸是一种利用压缩空气通过膜片的变形来推动活塞杆做直线运动的汽缸。它由缸体、膜片、膜盘和活塞杆等主要零件组成。薄膜式汽缸的膜片可以做成盘形膜片和平膜片两种形式。膜片材料为夹织物橡胶、钢片或磷

青铜片，常用厚度为 5~6mm 的夹织物橡胶，金属膜片只用于行程较小的薄膜式汽缸中。

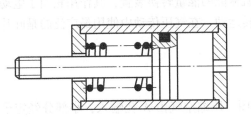

图 10-10 单作用汽缸的结构原理图

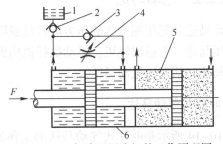

图 10-11 气液阻尼汽缸的工作原理图
1—油箱；2、3—单向阀；4—节流阀；5—汽缸；6—液压缸

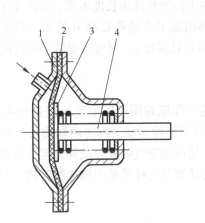

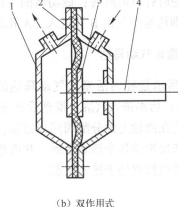

（a）单作用式　　　　　　（b）双作用式

图 10-12 薄膜式汽缸的结构原理图
1—缸体；2—膜片；3—膜盘；4—活塞杆

4. 回转式汽缸

图 10-13 所示为回转汽缸的工作原理图。它由导气头、缸体、活塞杆和活塞等组成，这种汽缸的缸体连同缸盖及导气头芯 6 可被携带回转，活塞 4 及活塞杆 1 只能做往复直线运动，导气头体 9 外接管路而固定不动。

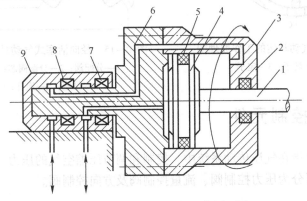

图 10-13 回转式汽缸的工作原理图
1—活塞杆；2、5—密封装置；3—缸体；4—活塞；6—缸盖及导气头芯；7、8—轴承；9—导气头体

10.2.2 气动马达

气动马达是把压缩空气的压力能转换成回转机械能的能量转换装置,其作用相当于电动机或液压马达。它输出转矩,驱动执行机构做旋转运动。在气压传动中使用最广泛的是叶片式气动马达、活塞式气动马达。

1. 叶片式气动马达

图10-14所示是叶片式气动马达的工作原理图。压缩空气由A孔输入,小部分经定子两端的密封盖的槽进入叶片底部,将叶片推出,使叶片贴紧在定子内壁上;大部分压缩空气进入相应的密封空间而作用在两个叶片上,由于两叶片伸出长度不等,就产生了转矩差,使叶片与转子按逆时针方向旋转;做功后的气体由定子上的孔C和B排出。若改变压缩空气的输入方向(即压缩空气由B孔进入,A孔和C孔排出),则可改变转子的转向。

2. 径向活塞式气动马达

图10-15所示是径向活塞式气动马达的工作原理图。压缩空气经进气孔进入分配阀(又称为配气阀)后再进入汽缸,推动活塞及连杆组件运动,再使曲轴旋转。在曲轴旋转的同时,带动固定在曲轴上的分配阀同步运动,使压缩空气随着分配阀角度位置的改变而进入不同的缸内,依次推动各个活塞运动,并由各活塞及连杆带动曲轴连续运转,与此同时,与进气缸相对应的汽缸则处于排气状态。

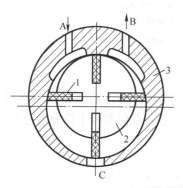
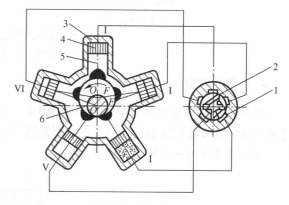

图10-14 叶片式气动马达的工作原理图
1—叶片;2—转子;3—定子

图10-15 径向活塞式气动马达的工作原理图
1—分配阀;2—分配阀芯;3—汽缸体;
4—活塞;5—连杆;6—曲轴

任务3 气动控制元件

气动控制元件是指在气压传动系统中,控制和调节压缩空气的压力、流量和方向等的各类控制阀,按功能可分为压力控制阀、流量控制阀及方向控制阀。

10.3.1 压力控制阀

压力控制阀的作用是控制压缩空气的压力和依靠空气压力来控制执行元件的动作顺序。

压力控制阀是利用压缩空气作用在阀芯上的力和弹簧力相平衡的原理来进行工作的，主要有减压阀、溢流阀和顺序阀。

1. 减压阀

减压阀的作用是将出口压力调节在比进口压力低的调定值上，并能使输出压力保持稳定（又称为调压阀）。减压阀分为直动式和先导式两种。图10-16所示为常用的QTY形直动式减压阀的结构原理图。当顺时针方向调整手轮1时，调压弹簧2和3推动膜片5和进气阀芯8向下移动，使阀口开启，气流通过阀口后压力降低。与此同时，有一部分气流由阻尼孔7进入膜片室，在膜片下面产生一个向上的推力与弹簧力平衡，减压阀便有了稳定的输出压力。当输入压力升高时，输出压力也随之升高，使膜片下面的压力也升高，将膜片向上推，阀芯便在复位弹簧10的作用下向上移动，从而使阀口开度减小，节流作用增强，使输出压力降低到调定值为止。反之，若因输入压力下降而引起输出压力下降，通过自动调节，最终也能使输出压力回升到调定压力，以维持压力稳定。调节手轮1即可改变调定压力的大小。

减压阀同油雾器和空气过滤器一起被称为"气动三大件"，在气动系统中有重要的作用。

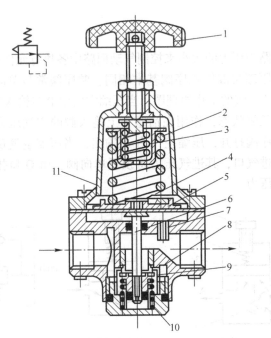

图10-16　QTY形直动式减压阀的结构原理图
1—手轮；2、3、10—弹簧；4—溢流口；5—膜片；
6—阀杆；7—阻尼孔；8—阀芯；9—阀座；11—排气口

2. 溢流阀

溢流阀的作用是当系统中的压力超过调定值时，使部分压缩空气从排气口溢出，并在溢流过程中保持系统中的压力基本稳定，从而起过载保护作用（又称为安全阀）。溢流阀也分为直动式和先导式两种。按其结构可分为活塞式、膜片式和球阀式等。

图 10-17 所示为安全阀的工作原理图。当系统中的压力低于调定值时，阀处于关闭状态。当系统压力升高到安全阀的开启压力时，压缩空气推动活塞 3 上移，阀门开启排气，直到系统压力降至低于调定值时，阀口又重新关闭。安全阀的开启压力可通过调整弹簧 2 的预压缩量来调节。

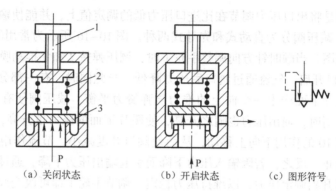

图 10-17　安全阀的工作原理图
1—旋钮；2—弹簧；3—活塞

3. 顺序阀

顺序阀是依靠气路中压力的大小来控制气动回路中各执行元件动作的先后顺序的压力控制阀，其作用和工作原理与液压顺序阀基本相同，顺序阀常与单向阀组合成单向顺序阀。图 10-18 所示为单向顺序阀的工作原理图。当压缩空气由 P 口输入时，单向阀 4 在压差力及弹簧力的作用下处于关闭状态，作用在活塞 3 上输入侧的空气压力如超过弹簧 2 的预紧力时，活塞被顶起，顺序阀打开，压缩空气由 A 输出；当压缩空气反向流动时，输入侧变成排气口，输出侧变成进气口，其进气压力将顶开单向阀，由 O 口排气。调节手柄 1 就可改变单向顺序阀的开启压力。

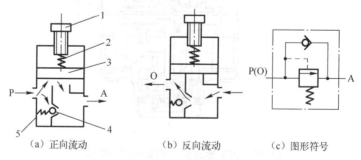

图 10-18　单向顺序阀的工作原理图
1—手柄；2—压缩弹簧；3—活塞；4—单向阀；5—小弹簧

10.3.2　流量控制阀

流量控制阀是通过改变阀的通流面积来调节压缩空气的流量，而控制汽缸的运动速度、换向阀的切换时间和气动信号的传递速度的气动控制元件。流量控制阀包括节流阀、单向节流阀、排气节流阀等。

1. 节流阀

图 10-19 所示为圆柱斜切型节流阀的结构图。压缩空气由 P 口进入，经过节流后，由 A 口流出。旋转阀芯螺杆可改变节流口的开度。由于这种节流阀的结构简单，体积小，故应用范围较广。

2. 单向节流阀

单向节流阀是由单向阀和节流阀并联而成的组合式流量控制阀，常用来控制汽缸的运动速度，又称为速度控制阀。图 10-20 所示为单向节流阀的工作原理图。当气流由 P 向 A 流动时，单向阀关闭，节流阀节流 [图 10-20（a）]；反方向流动时，单向阀打开，不节流 [图 10-20（b）]。

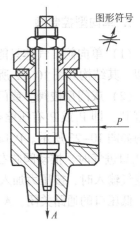

图 10-19 节流阀的结构图

3. 排气节流阀

排气节流阀是装在执行元件的排气口处，调节排入大气的流量，以改变执行元件的运动速度的一种控制阀。它常带有消声器件以降低排气噪声，并能防止不清洁的环境通过排气孔污染气路中的元件。图 10-21 所示是排气节流阀的工作原理图。

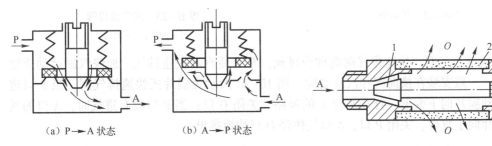

图 10-20 单向节流阀的工作原理图　　图 10-21 排气节流阀的工作原理图
　　　　　　　　　　　　　　　　　　　1—节流口；2—消声套；3—调节杆

在气压传动中，用流量控制的方式来调节汽缸的运动速度是比较困难的，特别是在超低速控制中，要按照预定行程来控制速度，只用气动很难实现，在外部负载变化很大时，仅用气动流量阀也不会得到满意的效果。但注意以下几点，可使气动控制速度达到比较满意的效果：①彻底防止管道中的泄漏；②特别注意汽缸内表面加工精度和表面粗糙度；③保持汽缸内的正常润滑状态；④加在汽缸活塞杆上的载荷必须稳定；⑤流量控制阀尽量装在汽缸附近。

10.3.3 方向控制阀

方向控制阀是控制压缩空气的流动方向和气路的通断，以控制执行元件的动作的一类气动控制元件，它是气动系统中应用最多的一种控制元件。按气流在阀内的流动方向，方向阀可分为单向型控制阀和换向型控制阀；按控制方式，方向阀分为手动控制、气动控制、电动控制、机动控制、电气动控制等；按切换的通路数目，方向阀分为二通阀、三通阀、四通阀和五通阀等；按阀芯工作位置的数目，方向阀分为二位阀和三位阀。

1. 单向型控制阀

(1) 单向阀。气体只能沿一个方向流动，反方向不能流动的阀，与液压阀中的单向阀相似。其结构如图10-22所示。

(2) 或门型梭阀。或门型梭阀相当于两个单向阀的组合，其作用相当于逻辑元件中的"或门"，即 P_1 或 P_2 有压缩空气输入时，A口就有压缩空气输出，但 P_1 口与 P_2 口不相通。其结构如图10-23所示。P_1 口进气时，推动阀芯右移，使 P_2 口堵死，压缩空气从A口输出；当 P_2 口进气时，推动阀芯右移，使 P_1 口堵死，A口仍有压缩空气输出；当 P_1、P_2 都有压缩空气输入时，按压力加入的先后顺序和压力的大小而定，若压力不同，则高压口的通路打开，低压口的通路关闭，A口输出高压。

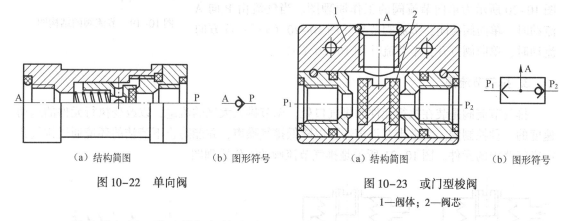

(a) 结构简图　　(b) 图形符号　　　　　(a) 结构简图　　　　(b) 图形符号

图10-22　单向阀　　　　　　　　　　图10-23　或门型梭阀
　　　　　　　　　　　　　　　　　　　　1—阀体；2—阀芯

(3) 快速排气阀。快速排气阀简称快排阀，是为使汽缸快速排气，加快汽缸运动速度而设置的，一般安装在换向阀和汽缸之间，图10-24所示为膜片式快速排气阀，当P口进气时，推动膜片向下变形，打开P与A的通路，关闭O口；当P口没有进气时，A口的气体推动膜片向上复位，关闭P口，A口气体经O口快速排出。

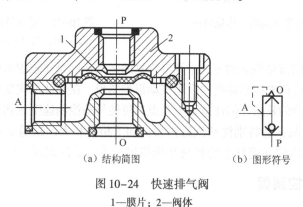

(a) 结构简图　　(b) 图形符号

图10-24　快速排气阀
1—膜片；2—阀体

2. 换向型控制阀

1) 气压控制换向阀

气压控制换向阀是利用空气压力推动阀芯运动，使得换向阀换向，从而改变气体的流动方向的换向阀,在易燃、易爆、潮湿、粉尘大的工作条件下,使用气压控制安全可靠。气压控制换向阀分为加压控制、泄压控制、差压控制和延时控制。常用的是加压控制和差压控制。

(1) 单气控加压式换向阀。利用空气的压力与弹簧力相平衡的原理来进行控制。图10-25所示为二位三通单气控加压式换向阀的工作原理图,当K口有压缩空气输入时,阀芯下移,P与A通,O不通。当K口没有压缩空气输入时,阀芯在弹簧力和P腔气体压力的作用下,阀芯位于上端,A与O通,P不通。

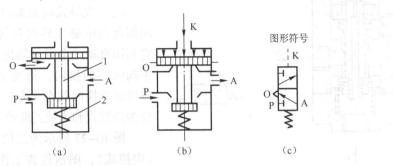

图10-25 二位三通单气控加压式换向阀
1—阀芯;2—弹簧

(2) 双气控加压式换向阀。换向阀阀芯两边都可作用压缩空气,但一次只作用于一边,这种换向阀具有记忆功能,即控制信号消失后,阀仍能保持在信号消失前的工作状态,当阀芯左端压缩空气输入时,阀位于右位;信号消失后,因阀的记忆功能,仍位于右位;直到右端有压缩空气输入,阀才改变工作状态。

(3) 气压延时换向阀。图10-26所示为气压延时换向阀。它是一种带有时间信号元件的换向阀,由气容C和一个单向节流阀组成时间信号元件,用它来控制主阀换向。当K口通入信号气流时,气流通过节流阀1的节流口进入气容C,经过一定时间后,使主阀芯4左移而换向。调节节流口的大小可控制主阀延时换向的时间,一般延时时间为几分之一秒到几分钟。当去掉信号气流后,气容C经单向阀快速放气,主阀芯在左端弹簧作用下返回右端。

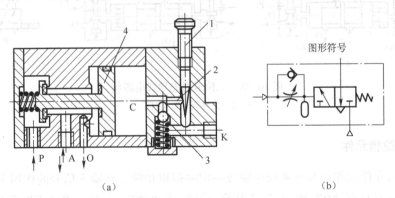

图10-26 气压延时换向阀
1—节流阀;2—恒节流孔;3—单向阀;4—主阀芯

2) 电磁控制换向阀

电磁控制换向阀是利用电磁力的作用推动阀芯换向,从而改变气流方向的气动换向阀。

按照电磁控制部分对换向阀的推动方式，可分为直动式和先导式两大类。

（1）直动式电磁换向阀。电磁铁的动铁芯在电磁力的作用下，直接推动阀芯换向的气阀，称为直动式电磁换向阀，有单电控和双电控两种。工作原理与液压传动中电磁换向阀相似。

（2）先导式电磁换向阀。先导式电磁换向阀是由电磁先导阀和气动换向阀组成的，它利用直动式电磁阀输出的先导气压去控制主阀阀芯的换向，相当于一个电气换向阀。按照该类换向阀有无专门的外接制气口，可分为外控式和内控式两种。

图 10-27 所示为二位三通先导式电磁阀（内控式），图示位置工作腔 A 通过 O 腔排气，当通电时衔铁被吸上，压缩空气经阀杆中间孔到活塞皮碗上腔，把阀芯压下，使进气腔 P 和工作腔 A 相通，切断排气腔 O。

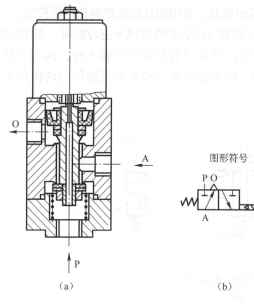

图 10-27 二位三通先导式电磁阀

图 10-28 为二位五通先导式电磁阀的工作原理和图形符号。如图 10-29（a）所示，电磁先导阀 1 的线圈通电时（先导阀 2 断电）的状态，此时主阀 3 的 K_1 腔进气，K_2 腔排气，使主阀阀芯向右移动，P 与 A 接通，同时 B 与 O_2 接通。反之图 10-29（b）为电磁先导阀 2 的线圈通电时（先导阀 1 断电）的状态，K_2 腔进气，K_1 腔排气时，主阀芯向左移动，P 与 B 接通，A 口排气。先导式双电控阀具有记忆功能，即通电时换向，断电时并不返回原位。应注意的是，两电磁铁不能同时通电。

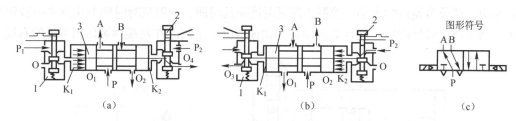

图 10-28 二位五通先导式电磁阀
1、2—先导阀；3—主阀

3. 气动逻辑元件

气动逻辑元件的作用是在系统中完成一定的逻辑功能。在输入信号的作用下，逻辑元件的输出信号状态只有"0"或"1"（表示"开"或"关"、"有"或"无"等）两种状态，属于开关元件（或数字元件）。它是以压缩空气为工作介质，利用元件内部的可动部件（如膜片、阀芯）在控制气压信号下动作，改变气流的输出状态，实现一定的逻辑功能。

气动逻辑元件种类很多，一般按下述方法分类：按工作压力分为高压型（0.2～0.8MPa）、低压型（0.05～0.2MPa）和微压型（0.005～0.05MPa）；按逻辑功能分为"是门"、"非门"、"或门"、"与门"和"双稳"元件等;按结构形式有截止式、膜片式和滑阀式等。表10-1列出了几种常用逻辑元件的图形符号及功用。

表10-1 常用逻辑元件的图形符号及功用

类型	符号	功用
是门	a ─▷─ s	元件的输入信号和输出信号之间始终保持相同的状态,即没有输入就没有输出,有输入才能输出
非门	a ─◁─ s	元件的输入信号和输出信号之间始终保持相反的状态,即有输入时无输出,而无输入时有输出
或门	a,b ─⊕─ s	有两个输入口和一个输出口,当一个口或两个口同时输入时,元件都有输出。两个输入口始终不通
与门	a,b ─⊙─ s	有两个输入口和一个输出口,只有两个输入口同时输入时才有输出
或非	a,b ─⊕─ s	基本的两输入或非元件有两个输入口,当两个输入口都没有输入信号时,元件才有输出
禁门	a,b ─├─ s	只要有信号 a 存在,就禁止信号 b 输出;只有 a 不存在,才有 b 输出
双稳	a─[1]─s_1 b─[0]─s_2	当输入信号 a 时,使 s_1 有输出,s_2 与排气口相通。a 信号消失,元件仍然保持 s_1 有输出状态。同样,输入信号 b 时,s_2 有输出,s_1 与排气口相通。b 信号消失,元件仍然保持 s_2 有输出状态。当两个输入同时进入时,元件状态取决于先输入的那个信号所对应的状态

思考和练习题

1. 简述气源装置的组成及功用。
2. 简述活塞式空气压缩机的工作原理。
3. 简述油雾器的工作原理。
4. 什么是气动三联件?
5. 为什么要设置后冷却器?
6. 为什么要设置干燥器?
7. 简述气动执行元件的作用及分类。
8. 简述气动控制元件的作用及分类。
9. 换向型方向控制阀有哪几种控制方式?
10. 简述常见汽缸的类型、特点和用途。

项目 11　气动控制基本回路

【本项目重点】
1. 换向、速度和压力控制回路的组成及工作原理。
2. 安全保护、气液联动和往复动作回路的工作原理及组成。
3. 气液动力滑台气压传动系统的工作原理。

【本项目难点】

气液联动和往复动作回路的工作原理与应用。

气压系统不同于液压系统，一般每一个液压系统都自带液压源（液压泵）；而在气动系统中，一般来说由空气压缩机先将空气压缩，储存在储气罐内，然后经管道输送给各个气动装置使用。而储气罐的空气压力往往比各台设备实际需要的压力高些，同时其压力波动值也较大。

任务 1　压力控制回路

压力控制回路的功用是使系统保持在某一规定的压力范围内，或使回路得到高、低不同压力的基本回路。常用的有一次压力控制回路、二次压力控制回路和高低压转换回路。

11.1.1　一次压力控制回路

这种压力控制回路，用于使储气罐送出的气体压力不超过规定压力。因此，通常在储气罐上安装一只安全阀，用来实现一旦罐内超过规定的压力就向大气放气；也常在储气罐上装一电接点压力表，一旦罐内压力超过规定压力时，用它来控制空气压缩机断电，不再供气，保证储气罐内的压力在规定的范围内。

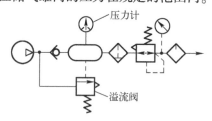

图 11-1　一次压力控制回路

图 11-1 是一次压力控制回路。它采用了外控安全阀或电接点压力表来控制。当采用安全阀 1 控制时，如储气罐内压力超过规定压力时，安全阀开启，压缩机输出的压缩气体由安全阀排入大气，使储气罐内的压力保持在规定的范围内；当采用电接点压力表 2 控制时，它使压缩机停转，也能起到控制作用。

采用安全阀控制时，结构简单、工作可靠，但气量浪费大；采用电接点压力控制时，对电动机及控制要求高，常用于小型空气压缩机。

11.1.2 二次压力控制回路

二次压力控制回路主要是对气动控制系统的气源压力进行控制。图 11-2 所示为常用的由空气过滤器、溢流减压阀和油雾器（也称为气动三联件）组成的二次压力控制回路。

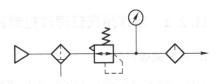

图 11-2 二次压力控制回路

11.1.3 高低压转换回路

在实际应用中，某些气压控制系统需要有高、低压力的选择。因此这种回路一般利用两个溢流减压阀与换向阀实现高低两种压力的转换，如图 11-3 所示。

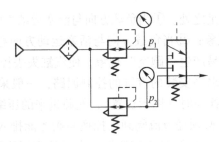

图 11-3 高低压转换回路

任务 2　速度控制回路

速度控制回路的功用在于调节或改变执行元件的工作速度。控制汽缸速度的一般方法是改变汽缸进排气管路的阻力。因此，利用调速阀等流量控制阀来改变进排气管路的有效截面积，即可实现速度控制。

11.2.1 单作用汽缸速度控制回路

图 11-4 所示为单作用汽缸速度控制回路。在图 11-4（a）中，活塞的两个方向的速度均通过两个相反安装的单向节流阀来控制，即改变节流阀的开口大小就可改变活塞的运动速度。该回路的运动平稳性和速度刚度都较差，易受外载荷变化的影响，因此适用于对速度稳定性要求不高的场合。

在图 11-4（b）所示的回路中，汽缸上升时可以调速，下降时则通过快排气阀排气，使汽缸快速返回。

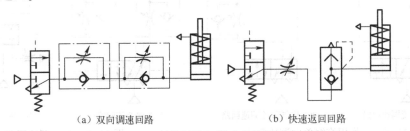

（a）双向调速回路　　　　　　（b）快速返回回路

图 11-4 单作用汽缸的速度控制回路

11.2.2 双作用汽缸速度控制回路

1. 单向调速回路

双作用缸有进气节流和排气节流两种调速方式。

图11-5（a）所示为进气节流调速回路。当气控阀不换向时（图示位置），进汽缸A腔的气流流经节流阀，B腔排出的气体直接经换向阀快排。当节流阀开度较小时，由于进入A腔的流量较小，压力上升缓慢，当气压达到能克服负载时，活塞前进，此时A腔容积增大，结果使压缩空气膨胀，压力下降，使作用在活塞上的力小于负载，因而活塞就停止前进。等压力再次升高时，活塞才再次运动。这种由于负载及供气的原因使活塞忽走忽停的现象，称为汽缸的"爬行"。

进气节流调速有两点不足之处：①当负载方向与活塞运动方向相反时，活塞运动易出现不平稳现象，即"爬行"现象；②当负载方向与活塞运动方向相同时，由于排气经换向阀快排，几乎没有阻尼，负载易产生"跑空"现象，使汽缸失去控制。因此，进气节流回路，多用于垂直安装的汽缸，在水平安装的汽缸的控制回路，一般采用如图11-5（b）所示的排气节流回路。当气控阀不换向时（图示位置），气源过来的压缩空气经气控换向阀直接进入A腔，而B腔排出的气体必须经节流阀到气控换向阀才能排入大气，因而B腔内的气体具有一定的背压。此时活塞在A腔和B腔两端压力差的作用下运动，从而减少了"爬行"发生的可能性，调节节流阀的开度大小就可控制气流的排气速度，也就使活塞的运动速度得到控制。排气节流调速回路具有以下特点：①汽缸速度随负载变化较小，运动较平稳；②能承受与活塞运动方向相同的负载。

综上所述，以上的回路适用于负载变化不大的场合。原因在于，当负载突然增大时，由于气体存在可压缩性，使得汽缸内的气体压缩，活塞运动速度减慢；反之，当负载突然减小时，汽缸内被压缩的空气，必然膨胀，使活塞的运动速度加快，这称为汽缸的"自走"现象。所以，在要求汽缸具有准确而平稳的速度时，尤其是负载变化较大时，应尽量使用气液相结合的调速方式。

2. 双向调速回路

在汽缸的进、排气口设置节流阀，就构成了双向调速回路。图11-6（a）为在汽缸的进、出口处安装单向节流阀式的双向调速回路。图11-6（b）为采用排气节流阀的双向节流调速回路。

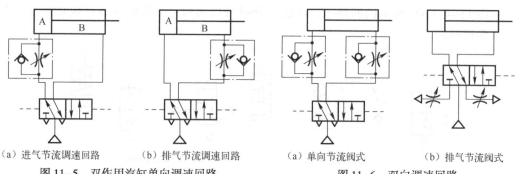

（a）进气节流调速回路　（b）排气节流调速回路　　（a）单向节流阀式　　（b）排气节流阀式

图11-5　双作用汽缸单向调速回路　　　　图11-6　双向调速回路

11.2.3 缓冲回路

当气动执行元件运动速度较快，活塞惯性力较大时，除采用带缓冲的汽缸外，往往需要采用缓冲回路来满足执行元件运动速度的要求，常采用如图 11-7 所示的缓冲回路。图 11-7（a）所示回路能实现"快进—慢进缓冲—停止快退"的循环，调整行程阀的安装位置就可以改变缓冲的开始时间。此回路适用于惯性力较大的汽缸。图 11-7（b）回路的特点是，当活塞返回到行程末端时，汽缸左腔的压力已下降到不能打开行程阀的程度，余气只能经节流阀 1、换向阀 2 排入大气，因此活塞得到缓冲，这种回路适用于行程长、速度快的场合。

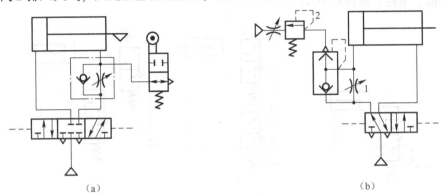

图 11-7 缓冲回路

任务 3 换向控制回路

在气压系统中，通过控制进入执行元件的压缩空气的通、断或方向的改变，来实现对执行元件的启动、停止或改变运动方向的控制回路称为换向控制回路。

11.3.1 单作用汽缸换向控制回路

图 11-8（a）所示为用二位三通电磁阀控制的单作用汽缸换向控制回路。在该回路中，若电磁铁通电，汽缸在气压力的作用下向上伸出；电磁铁断电时，汽缸在弹簧的作用下返回。该回路比较简单，但对有汽缸驱动的部件有较高要求，以保证汽缸活塞可靠退回。图 11-8（b）所示为用三位四通电磁阀控制的单作用汽缸换向和停止回路。该回路在两电磁铁均断电时能自动对中，使汽缸在任意位置可以停留，缺点是存在泄漏定位精度不高。

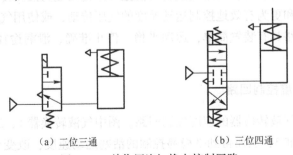

(a) 二位三通　　　　(b) 三位四通

图 11-8 单作用汽缸换向控制回路

11.3.2 双作用汽缸换向控制回路

图 11-9 为各种双作用汽缸的换向控制回路。图 11-9（a）为用气控二位五通阀的换向控制回路。图 11-9（b）为用两个二位三通阀代替一个二位五通阀的换向控制回路。当 A 有压缩空气时汽缸被推出，反之，汽缸缩回。图 11-9（c）为用小通径的手动阀作为先导阀来控制主阀的换向控制回路。图 11-9（d）、(e)、(f) 的两端控制电磁铁线圈或按钮不能操作，否则将出现误动作，其回路相当于双稳的逻辑功能。

由以上分析可知，双作用汽缸的换向，可用二位阀，也可用三位阀，换向阀的控制方式可以是气控、电控、机控或手控。

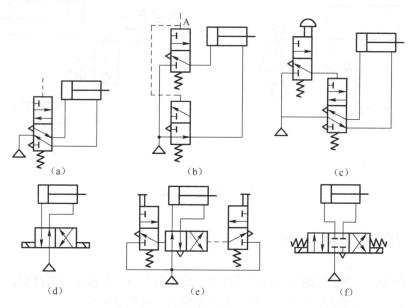

图 11-9 双作用汽缸换向控制回路

任务 4　其他常用回路

11.4.1 气液联动回路

气液联动是以气压为动力，利用气液转换器把气压传动变为液压传动，或采用气液阻尼缸来获得更为平稳的和更为有效地控制运动速度的气压传动，或使用气液增压器来使传动力增大等。气液联动回路具有装置简单、运动平稳、停止准确、泄漏途径少、制造维修方便、耗能少等特点。

1. 气液转换器速度控制回路

图 11-10 为利用气液转换器的速度控制回路。图中气液转换器 1、2 将气压转换成液压，利用液压油驱动液压缸 3，从而得到平稳易控制的活塞运动速度，改变节流阀的开度大小就可调节活塞的运动速度。这种回路充分发挥了气动供气方便和液压速度易调节的特点，但要

求气、油之间密封性好，以防空气混入油中，降低运动速度的稳定性。

2. 气液阻尼缸速度控制回路

图 11-11 为采用气液阻尼缸的速度控制回路。图 11-11（a）为能实现慢进快退的回路，调节节流阀的开度，就能使活塞的前进速度变化；当活塞返回时，气液阻尼缸中液压缸的无杆腔的油液通过单向阀快速流入有杆腔，使返回速度加快，图中高位油箱起补充泄漏油液的作用。图 11-11（b）为能实现"快进—工进—快退"的回路。当 K_2 有信号时，二位五通阀换向，活塞向左运动，液压缸无杆腔中的油液通过 a 口进入有杆腔，汽缸快速向左移动；当活塞移动到一定的位置将 a 口关闭时，液压缸无杆腔的油液被迫经 b 口节流阀进入有杆腔，活塞运动速度变慢，进入工进阶段；当 K_2 信号消失、K_1 有信号时，二位五通阀换向，活塞向右快速返回。

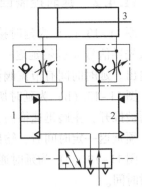

图 11-10　气液转换器速度控制回路
1、2—气液转换器；3—液压缸

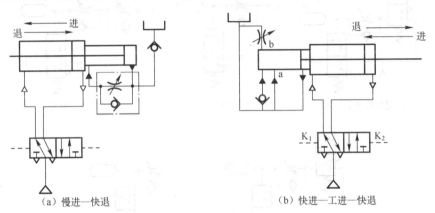

图 11-11　气液阻尼缸速度控制回路

3. 气液增压回路

图 11-12 为气液增压回路。利用气液增压缸 1 把较低的气体压力变为较高的液体压力，提高气液缸 2 的输出力。

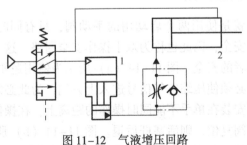

图 11-12　气液增压回路
1—气液增压缸；2—气液缸

11.4.2 延时控制回路

图 11-13（a）为延时接通是门回路。延时元件在主阀先导信号输入侧形成进气节流。输入先导信号 A 后须延迟一定时间，待气容中的压力达到一定值时，主阀才能换向，使 F 有输出。延时时间有节流阀调节。

图 11-13（b）为延时切断是门回路。延时元件组成排气节流回路，输入信号 A 后，单向阀被推开，主阀迅速换向，立即有信号 F 输出。但当信号 A 切断后，气容内尚有一定压力，须延迟一定时间后，输出 F 才能被切断。延时时间有节流阀调节。

图 11-13（c）为延时通-断是门回路。调节两个单向节流阀可分别调节接通和断开的延时时间。

图 11-13（d）为延时动作非门回路。延时动作时间有单向节流阀调节。

图 11-13（e）为延时复位非门回路。延时复位时间有单向节流阀调节。

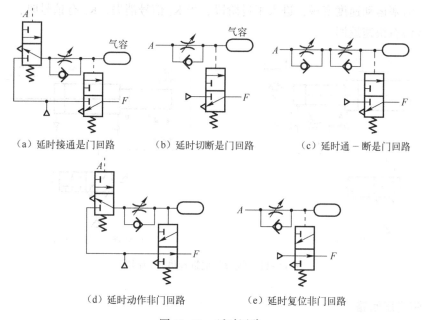

（a）延时接通是门回路　　（b）延时切断是门回路　　（c）延时通-断是门回路

（d）延时动作非门回路　　（e）延时复位非门回路

图 11-13　延时回路

11.4.3 双手操作安全回路

所谓双手操作回路，就是使用两个启动用的手动阀，只有同时按动两个阀才动作的回路。这种回路主要是为了安全，因此也称为双手操作安全回路。这在锻造冲压机械上常用来避免误动作，以保护操作者的安全。图 11-14（a）所示为使用逻辑"与"回路的双手操作回路，为使主控阀换向，必须使压缩空气信号进入上方侧，为此必须使两只三通手动阀同时换向，另外这两个阀必须安装在单手不能同时操作的距离上，在操作时，如任何一只手离开时则控制信号消失，主控阀复位，则活塞杆后退。图 11-14（b）所示为使用三位主控阀的双手操作回路，把此主控阀 1 的信号 A 作为手动阀 2 和 3 的逻辑"与"回路，也即只有手动阀 2 和 3 同时动作时，主控阀 1 换向到上位，活塞杆前进；把信号 B 作为手动阀 2 和 3 的逻辑"或非"回路,即当手动阀 2 和 3 同时松开时(图示位置),主控阀 1 换向到下位,活塞杆返回;若手动阀 2 或 3 任何一个动作,将使主控制阀复位到中位,活塞杆处于停止状态。

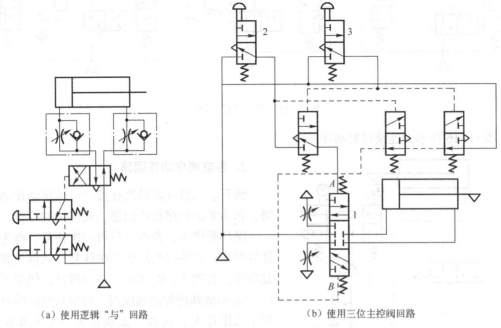

(a) 使用逻辑"与"回路　　　　　　(b) 使用三位主控阀回路

图 11-14　双手操作回路
1—主控阀;2、3—手动阀

11.4.4　顺序动作回路

顺序动作是指在气动回路中,各个汽缸,按一定程序完成各自的动作。例如,单缸有单往复动作、二次往复动作、连续往复动作等;双缸及单缸有单往复及多往复顺序动作等。

1. 单缸往复动作回路

单缸往复动作回路可分为单缸单往复和单缸连续动作回路。前者是指输入一个信号后,汽缸只完成 A_1A_0 一次往复动作(A 表示汽缸,下标"1"表示 A 缸活塞伸出,下标"0"表示活塞缩回动作)。而单缸连续往复动作回路是指输入一个信号后,汽缸可连续进行 $A_1A_0A_1A_0\cdots$ 动作。

图 11-15 所示为三种单往复回路,其中图 11-15 (a) 为行程阀控制的单往复回路。当按下阀 1 的手动按钮后,压缩空气使阀 3 换向,活塞杆前进,当凸块压下行程阀 2 时,阀 3 复位,活塞杆返回,完成 A_1A_0 循环;图 11-15 (b) 所示为压力控制的单往复回路,按下阀 1 的手动按钮后,阀 3 阀芯右移,汽缸无杆腔进气,活塞杆前进,当活塞行程到达终点时,气压升高,打开顺序阀 2,使阀 3 换向,汽缸返回,完成以 A_1A_0 循环;图 11-15 (c) 是利用阻容回路形成的时间控制单往复回路,当按下阀 1 的按钮后,阀 3 换向,汽缸活塞杆伸出,当压下行程阀 2 后,需经过一定的时间后,阀 3 方才能换向,再使汽缸返回完成动作 A_1A_0 的循环。由以上可知,在单往复回路中,每按动一次按钮,汽缸可完成一个 A_1A_0 的循环。

· 219 ·

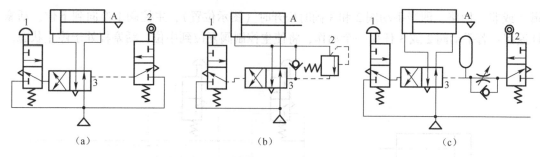

(a)　　　　　　　　　　(b)　　　　　　　　　　(c)

图 11-15　单往复控制回路

图 11-16 所示为连续往复动作回路。

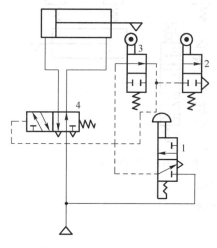

图 11-16　连续往复动作回路
1—二位三通方向控制阀；
2、3—二位二通方向控制阀；
4—二位五通方向控制阀

2. 多缸顺序动作回路

两只、三只或多只汽缸按一定顺序动作的回路，称为多缸顺序动作回路。其应用较广泛，在一个循环顺序中，若汽缸只做一次往复，称为单往复顺序，若某些汽缸做多次往复，就称为多往复顺序。若用 A、B、C……表示汽缸，仍用下标 1、0 表示活塞的伸出和缩回，则两只汽缸的基本顺序动作有 $A_1B_0A_0B_1$、$A_1B_1B_0A_0$、$A_1A_0B_1B_0$ 三种。而若三只汽缸的基本动作，就有 15 种之多，如 $A_1B_1C_1A_0B_0C_0$、$A_1A_0B_1C_1C_0B_0$、$A_1A_0B_1C_1B_0C_0$、$A_1B_1C_1A_0C_0B_0$、……这些顺序动作回路都属于单往复顺序，即在每一个程序里汽缸只做一次往复，多往复顺序动作回路，其顺序的形成方式将比单往复顺序多得多。在程序控制系统中，把这些顺序动作回路都称为程序控制回路。

任务 5　气动系统实例

11.5.1　气液动力滑台气压传动系统

气液动力滑台气动系统如图 11-17 所示。该系统采用气液阻尼缸作为执行元件，实现机床设备的进给动作。该系统利用手动阀 4 的两个工作位置能完成如下两种工作循环。

1. 快进—工进—快退—停止工作循环

当气动系统各元件处于图示工作位置时，将手控换向阀 3 手动切换到右位，压缩空气经手控换向阀 1 和 3 进入汽缸上腔，活塞下移，液压缸下腔的油液经行程阀 6 和单向阀 7 快速流回液压缸上腔，实现快进；当快进至活塞杆上的挡铁 B 压下行程阀 6 后，液压缸下腔的油液只能经节流阀 5 和单向阀 7 流回液压缸上腔，实现工进，调节节流阀 5 的开度即可调节工进速度；活塞杆继续进给至其上的挡铁 C 压下行程阀 2 后，手控换向阀 3 左侧收到气控信号并切换到左位,压缩空气转而进入汽缸的下腔,使活塞上移,液压缸上腔的油液经行程阀 8 左位(此时挡铁 A 已运动到将行程阀 8 松开的位置,行程阀 8 已复位)和手控换向阀 4 右位中的单向阀快速流回液压缸下腔,实现快退;当快退至挡铁 A 将行程阀 8 压下时,截断液压缸上下腔间的回油油路,活塞停止运动。挡铁 A 的位置决定了活塞"停"的位置,而挡铁 B 的位置则决定了何时由快进转换为工进。

图 11-17 中的油箱 10 用来给液压缸补油,以弥补泄漏损失,一般可用油杯代替。

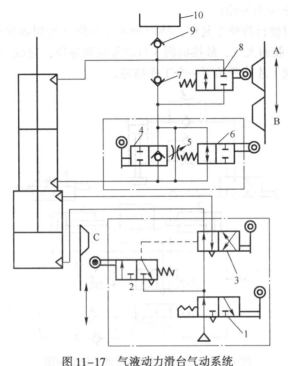

图 11-17 气液动力滑台气动系统
1、3、4—手控换向阀;2、6、8—行程阀;5—节流阀;7、9—单向阀;10—油箱

2. 快进—工进—慢退—快退—停止工作循环

将系统中的手控换向阀 4 切换至左位工作,则可实现快进—工进—慢退—快退—停止的双向进给运动。其中的快进和工进动作原理与上述相同,在换向阀 3 切换到左位工作时,活塞开始上行。此时,行程阀 6 已被挡铁 B 压下处于关闭位置,由于手控换向阀 4 也处于关闭位置,液压缸上腔的油液只能经节流阀 5 流回液压缸下腔,实现慢退;当慢退至挡铁 B 离开了行程阀 6 时,行程阀 6 复位,液压缸上腔的油液可经行程阀 6 快速流回下腔,实现快退。

11.5.2 工件夹紧气压传动系统

图 11-18 为机械加工自动线、组合机床中常用的工件夹紧气压传动系统原理图。其工作原理是:当工件运行到指定位置后,垂直缸 A 的活塞杆首先伸出(向下)将工件定位锁紧后,两侧的汽缸 B 和 C 的活塞杆再同时伸出,对工件进行两侧夹紧,然后进行机械加工,加工完成后各夹紧缸退回,将工件松开。

具体工作原理如下:当用脚踩下脚踏换向阀 1 后,压缩空气进入缸 A 的上腔,使夹紧头下降而夹紧工件。当压下行程阀 2 时，压缩空气经单向节流阀 6 进入二位三通气控换向阀 4 的右侧，使阀 4 换向（调节节流阀开口可以控制阀 4 的延时接通时间）。压缩空气通过换向阀 3 进入两侧汽缸 B 和 C 的无杆腔，使活塞杆伸出而夹紧工件。然后开始机械加工，同时流过换向阀 3 的一部分压缩空气经过单向节流阀 5 进入换向阀 3 右端，经过一段时间（由节流阀控制）后，机械加工完成，换向阀 3 右位接通，两侧汽缸后退到原来位置。同时，一部分压缩空气作为信号进入脚踏换向阀 1 的右端，使脚踏换向阀 1 右位接通，压缩空气进入缸 A 的下腔，使夹紧头退回原位。

夹紧头上升的同时使行程阀 2 复位，换向阀 4 也复位（此时换向阀 3 仍为右位接通），由于汽缸 B、C 的无杆腔通大气，故换向阀 3 自动复位到左位，完成一个工作循环。该回路只有再踩下脚踏换向阀 1 才能开始下一个工作循环。

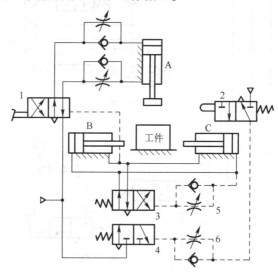

图 11-18 工件夹紧气压传动系统原理图
1—脚踏换向阀；2—行程阀；3、4—换向阀；5、6—单向节流阀

11.5.3 东风 EQ1092 型汽车主车气压制动回路

图 11-19 为东风 EQ1092 型汽车主车气压制动回路。空气压缩机 1 由发动机通过皮带驱动，将压缩空气经单向阀 2 压入储气筒 3，然后再分别经两个相互独立的前桥储气筒 5 和后桥储气筒 6 将压缩空气输送到制动控制阀 7 中。当踩下制动踏板时，压缩空气经制动控制阀 7 同时进入前轮制动缸 10 和后轮制动缸 11（实际上为制动室），使前、后轮同时制动。松开制动踏板，前、后轮制动室的压缩空气则经制动控制阀 7 排入大气中，解除制动。

该车使用的是风冷单缸空气压缩机，缸盖上设有卸荷装置。空气压缩机与储气筒之间还装有调压阀和单向阀。当储气筒气压达到规定值后，调压阀就将进气阀打开，使空气压缩机卸荷，一旦调压阀失效，则由安全阀起过载保护作用。单向阀可防止压缩空气倒流。该车采用双腔膜片式并联制动控制阀（踏板式）。踩下踏板，使前后轮制动（后轮略早）。当前、后桥回路中有一回路失效时，另一回路仍能正常工作，实现制动。在后桥制动回路中安装了膜片式快速放气阀，可使后桥制动迅速解除。压力表 8 指示后桥制动回路中的气压。该车采用膜片式制动室，利用压缩空气的膨胀力推动制动臂及制动凸轮，使车轮制动。

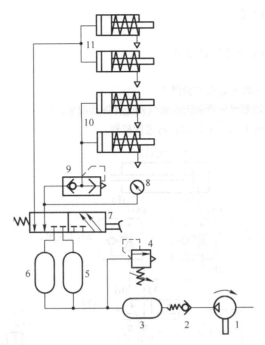

图 11-19 东风 EQ1092 型汽车主车气压制动回路
1—空气压缩机；2—单向阀；3—储气筒；4—安全阀；5—前桥储气筒；6—后桥储气筒；
7—制动控制阀；8—压力表；9—快速排气阀；10—前轮制动缸；11—后轮制动缸

思考和练习题

1. 减压阀、顺序阀、安全阀这三种压力阀的图形符号有什么区别？它们各有什么用途？
2. 气压传动与液压传动的减压阀、节流阀相比，在原理、结构和使用上有何异同？
3. 什么是气动三大件？每个元件起什么作用？
4. 什么是一次压力控制回路和二次压力控制回路？
5. 有一汽缸，当信号 A、B、C 中任一信号存在时都可使其活塞返回，试设计其控制回路。
6. 用一个二位三通阀能否控制双作用汽缸的换向？若用两个二位三通阀控制双作用汽缸，能否实现汽缸的启动和停止？
7. 速度控制回路的作用是什么？常用的有哪些？
8. 方向控制阀的主要作用是什么？按操纵方式分为哪几种？
9. 画出逻辑元件的图形符号并说明其功能。

实训 6　气动回路的组建

一、实训目的
1. 掌握气动元件的工作原理。
2. 通过实验掌握汽缸的速度控制方法。
3. 初步掌握气动回路常见故障及其排除方法；培养学生的实际动手能力和分析问题、解决问题的能力。

二、工具器材
1. 实物：气动实训台。

2. 工具：钳工常用工具1套。

三、实训内容

1. 双作用汽缸速度控制回路（图11-20）

实训步骤如下。

（1）根据实验要求，将元件安装在实验屏上。

（2）根据气动回路图，用塑料软管和附件将气动元件连接起来。

（3）分别调节单向节流阀1、2，对汽缸进行速度控制。

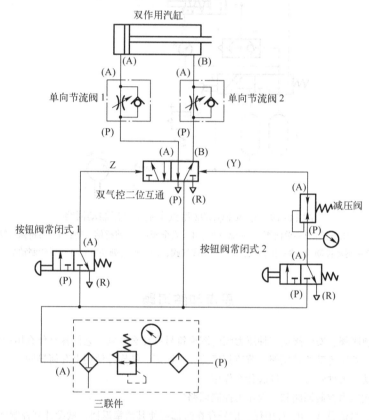

图11-20 双作用汽缸速度控制回路

2. 二位五通阀的连续往复回路（图11-21）

实训步骤如下。

（1）根据实验要求，将元件安装在实验屏上。

（2）根据气动回路图，用塑料软管和附件将气动元件连接起来。

（3）根据电路图正确连接线路。

（4）开始实验练习，并检查功能是否正确。

3. PLC控制的连续往返回路（图11-22）

实训步骤如下。

（1）根据实验要求，将元件安装在实验屏上。

（2）根据气动回路图，用塑料软管和附件将气动元件连接起来。

（3）根据电路图正确连接线路。

（4）开始实验练习，并检查功能是否正确。

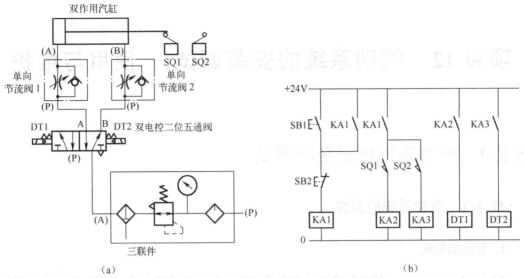

图 11-21 二位五通阀的连续往复回路及电气接线图

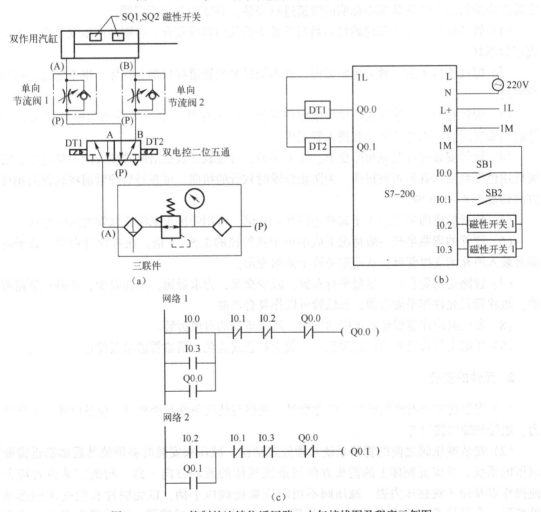

图 11-22 PLC 控制的连续往返回路、电气接线图及程序示例图

项目 12　气动系统的安装调试、使用与维护

任务 1　气动系统的安装与调试

12.1.1　气动系统的安装

1. 管道的安装

安装前应彻底检查、清洗管道中的粉尘等杂物，经检查合格的管道需吹风后才能安装。安装时应按管路系统安装图中标明的管道进行安装，并要注意如下问题：

（1）管道接口部分的几何轴线必须与管接头的几何轴线重合。否则会产生安装应力或造成密封不好。

（2）螺纹连接头的拧紧力矩要适中。既不能过紧使管道接口部分损坏，也不能过松而影响密封。

（3）为防止漏气，连接前螺纹处应涂密封胶。螺纹前端 2~3 牙不涂密封胶或拧入 2~3 牙后再涂密封胶，以防止密封胶进入管道内。

（4）软管安装时应避免扭曲变形。在安装前，可在软管表面沿软管轴线涂一条色带，安装后用色带判断软管是否被扭曲。为防止拧紧时软管的扭曲，可在最后拧紧前将软管向相反方向转动 1/8~1/6 圈。

（5）软管的弯曲半径应大于其外径的 9~10 倍。可用管接头来防止软管的过度弯曲。

（6）硬管的弯曲半径一般情况下应不小于其外径的 2.5~3 倍。在弯管过程中，管子内部常装入填充剂支撑管壁，从而避免管子截面变形。

（7）管路走向要合理。尽量平行布置，减少交叉，力求最短，弯曲要少，并避免急剧弯曲。短软管只允许作平面弯曲，长软管可以作复合弯曲。

（8）安装时应注意保证系统中的任何一段管道均能自由拆装。

（9）压缩空气管道要涂标记颜色，一般涂灰色或蓝色，精滤管道涂天蓝色。

2. 元件的安装

（1）安装前应查看阀的铭牌，注意型号、规格与使用条件是否相符，包括电源、工作压力、通径和螺纹接口等。

（2）安装减压阀之前的管路系统必须经过清洗，减压阀安装时必须使其后部靠近需要减压的系统，并保证阀体上的箭头方向与系统气体的流动方向一致。阀的安装位置应方便操作以及便于观察压力表。减压阀不用时应旋松调压手柄，以免膜片长期受压引起塑性变形。在环境恶劣粉尘多的场合，还需在减压阀前安装过滤器。油雾器则必须安装在

减压阀的后面。

（3）滑阀式方向控制阀须水平安装，以保证阀芯的换向阻力相等，使方向控制阀可靠工作。

（4）人工操纵的阀应安装在便于操作的地方，操作力不宜过大。脚踏阀的踏板位置不宜过高，行程不能过长，脚踏板上应有防护罩。在有激烈振动的场合，操作阀上应附加锁紧装置以保证安全。

（5）安装机控阀时应保证使其工作时的压下量不超过规定行程。

（6）用流量控制阀控制执行元件的运动速度时，原则上应将其装设在汽缸接口附近。

12.1.2 气动系统的调试

1. 调试前的准备工作

（1）机械部分动作经检查完全正常后，方可进行气动回路的调试。

（2）在调试气动回路前，首先要仔细阅读气动回路图。

阅读气动回路图时应注意以下几点。

（1）阅读程序框图。通过阅读程序框图大体了解气动回路的概况和动作顺序及要求等。

（2）气动回路图中表示的位置（包括各种阀、执行元件的状态等）均为停机时的状态。因此，要正确判断各行程发信元件，如机动行程阀或非门发信元件此时所处的状态。

（3）详细检查各管道的连接情况。在绘制气动回路图时，为了减少线条数目，有些管路在图中并未表示出来，但在布置管路时却应连接上。在回路图中，线条不代表管路的实际走向。只代表元件与元件之间的联系与制约关系。

（4）熟悉换向阀（包括行程阀等）的换向原理和气动回路的操作规程。

（5）熟悉气源，向气动系统供气时，首先要把压力调整到工作压力范围（一般为0.4～0.5MPa）。然后观察系统有无泄漏，如发现泄漏处，应先解决泄漏问题。调试工作一定要在无泄漏情况下进行。

（6）气动回路无异常的情况下，首先进行手动调试。在正常工作压力下，按程序进程逐个进行手动调试，如发现机械部分或控制部分存在不正常的现象时，应逐个予以排除，直至完全正常为止。

（7）在手动动作完全正常的基础上，方可转入自动循环的调试工作。直至整机正常运行为止。

2. 空载试运转

空载试运转不得少于2h，注意观察压力、流量、温度的变化。如果发现异常现象，应立即停车检查，待排除故障后才能继续试运转。

3. 负载试运转

负载试运转应分段加载，运转不得少于4h，要注意油位、摩擦部位的温升等变化。在调试中应做好记录，以便总结经验，找出问题。

4. 管道的调试

管路系统的调试主要包括密封性试验和工作性能试验，调试前要熟悉管路系统的功用、工作性能指标和调试方法。

（1）密封性试验前，要连接好全部管路系统。压力源可采用高压气瓶，其输出气体压力不低于试验压力。用皂液涂敷法或压降法检查密封性。当发现有外部泄漏时，必须先将压力降到零，方可进行拆卸及调整。系统应保压2小时。

（2）密封性试验完毕后，即可进行工作性能试验。这时管路系统具有明确的被试对象，重点检查被试对象或传动控制对象的输出工作参数。

任务2 气动系统的使用和维护

12.2.1 气动系统使用注意事项

（1）应严格管理压缩空气的质量，开车前后要放掉系统中的冷凝水，定期清洗分水滤气器的滤芯。

（2）开车前要检查各调节手柄是否在正确位置，行程阀、行程开关、挡块的位置是否正确、牢固，对导轨、活塞杆等外露部分的配合表面应预先擦拭。

（3）熟悉元件控制机构的操作特点，要注意各元件调节手柄的旋向与压力、流量大小变化的关系，严防调节错误造成事故。

（4）系统使用中应定期检查各部件有无异常现象，各连接部位有无松动；油雾器、汽缸、各种阀的活动部位应定期加润滑油。

（5）阀的密封元件通常由丁腈橡胶制成，应选择对橡胶无腐蚀作用的透平油作为润滑油（ISOVG32）。即使对无油润滑的元件，一旦用了含油雾润滑的空气后，就不能中断使用。因为润滑油已将原有油脂洗去，中断后会造成润滑不良。

（6）设备长期不用时，应将各手柄放松，以免弹簧失效而影响元件的性能。

（7）汽缸拆下长期不使用时，所有加工表面应涂防锈油，进排气口加防尘塞。

（8）元件检修后重新装配时，零件必须清洗干净，特别注意防止密封圈剪切、损坏，注意唇形密封圈的安装方向。

12.2.2 气动系统的定期维护

为使气动系统能长期稳定地运行，应采取下述定期维护措施。

（1）每天应将过滤器中的水排放掉。检查油雾器的油面高度及油雾器调节情况。

（2）每周应检查信号发生器上是否有铁屑等杂质沉积。查看调压阀上的压力表。检查油雾器的工作是否正常。

（3）每三个月检查管道连接处的密封，以免泄漏。更换连接到移动部件上的管道。检查阀口有无泄漏。用肥皂水清洗过滤器内部，并用压缩空气从反方向将其吹干。

（4）每六个月检查汽缸内活塞杆的支撑点是否磨损，必要时需更换。同时应更换刮板和密封圈。

任务3 气动系统主要元件的常见故障及排除方法

气动系统主要元件的常见故障及排除方法如表12-1～表12-6所示。

表12-1 减压阀常见故障及其排除方法

故障现象	原因分析	排除方法
出口压力升高	(1) 弹簧损坏 (2) 阀座有伤痕或阀座密封圈剥离 (3) 阀体中夹入灰尘，阀芯导向部分黏附异物 (4) 阀芯导向部分和阀体的O形密封圈收缩、膨胀	(1) 更换弹簧 (2) 更换阀体 (3) 清洗、检查过滤器 (4) 更换O形密封圈
压力降过大 (流量不足)	(1) 阀口通径小 (2) 阀下部积存冷凝水，阀内混入异物	(1) 使用大通径的减压阀 (2) 清洗、检查过滤器
溢流口总是漏气	(1) 溢流阀座有伤痕（溢流式） (2) 膜片破裂 (3) 出口压力升高 (4) 出口侧背压增高	(1) 更换溢流阀座 (2) 更换膜片 (3) 参看"出口压力升高"栏 (4) 检查出口侧的装置回路
阀体漏气	(1) 密封件损伤 (2) 弹簧松弛	(1) 更换密封件 (2) 张紧弹簧或更换弹簧
异常振动	(1) 弹簧错位或弹簧的弹力减弱 (2) 阀体的中心与阀杆的中心错位 (3) 因空气消耗量周期变化而使阀不断开启、关闭，与减压阀引起共振	(1) 把错位弹簧调整到正常位置，更换弹簧力 (2) 检查并调整位置偏差 (3) 改变阀的固有频率

表12-2 溢流阀常见故障及其排除方法

故障现象	原因分析	排除方法
压力虽上升，但不溢流	(1) 阀内部的孔堵塞 (2) 阀芯导向部分进入异物	(1) 清洗 (2) 清洗
压力虽没有超过设定值，但在溢流口处却溢出空气	(1) 室内进入异物 (2) 阀座损伤 (3) 调压弹簧损坏 (4) 膜片破裂	(1) 清洗 (2) 更换阀座 (3) 更换调压弹簧 (4) 更换膜片
溢流时发生振动（主要发生在膜片式阀上，启闭压力差较小）	(1) 压力上升速度很慢，溢流阀放出流量多，引起阀振动 (2) 因从压力上升源到溢流阀之间被节流，阀前部压力上升慢而引起振动	(1) 出口处安装针阀，微调溢流量，使其与压力上升量匹配 (2) 增大压力上升源到溢流阀的管道口径
从阀体和阀盖向外漏气	(1) 膜片破裂（膜片式） (2) 密封件损伤	(1) 更换膜片 (2) 更换密封件

表12-3 方向阀常见故障及其排除方法

故障现象	原因分析	排除方法
不能换向	(1) 阀芯的滑动阻力大，润滑不良 (2) O形密封圈变形 (3) 粉尘卡住滑动部分 (4) 弹簧损坏 (5) 阀操纵力小 (6) 膜片破裂	(1) 进行润滑 (2) 更换O形密封圈 (3) 清除粉尘 (4) 更换弹簧 (5) 检查阀操纵部分 (6) 更换膜片

续表

故障现象	原因分析	排除方法
阀产生振动	(1) 空气压力低（先导阀） (2) 电源电压低（电磁阀）	(1) 提高操纵压力，采用直动型 (2) 提高电源电压，使用低电压线圈
交流电磁铁有蜂鸣声	(1) 活动铁芯密封不良 (2) 粉尘进入铁芯的滑动部分，使活动铁芯不能密切接触 (3) 活动铁芯的铆钉脱落，铁芯叠层分开不能吸合 (4) 短路环损坏 (5) 外部导线拉得太紧	(1) 检查铁芯接触和密封性，必要时更换铁芯组件 (2) 清除粉尘 (3) 更换活动铁芯 (4) 更换固定铁芯 (5) 提高电源电压 (6) 引线应宽裕
电磁铁动作时间偏差大，或有时不能动作	(1) 活动铁芯锈蚀，不能移动；在湿度高的环境中使用气动元件时，由于密封不完善而向磁铁部分泄漏空气 (2) 电源电压低 (3) 粉尘等进入活动铁芯的滑动部分，使运动恶化	(1) 铁芯除锈，修理好对外部的密封，更换坏的密封件 (2) 提高电源电压或使用符合电压的线圈 (3) 清除粉尘
线圈烧毁	(1) 环境温度高 (2) 快速循环使用 (3) 因为吸引时电流大，单位时间耗电多，温度升高，使绝缘损坏而短路 (4) 粉尘进入阀和铁芯之间，不能吸引活动铁芯	(1) 按产品规定温度范围使用 (2) 使用高级电磁阀 (3) 使用气动逻辑回路 (4) 清除粉尘 (5) 使用正常电源电压，使用符合电压的线圈
切断电源，活动铁芯不能退回	粉尘进入活动铁芯滑动部分	清除粉尘

表 12-4 汽缸常见故障及其排除方法

故障现象	原因分析	排除方法
外泄漏（活塞杆与密封衬套间漏气；汽缸体与端盖间漏气；从缓冲装置的调节螺钉处漏气）	(1) 衬套密封圈磨损 (2) 活塞杆偏心 (3) 活塞杆有伤痕 (4) 活塞杆与密封衬套的配合面内有杂质 (5) 密封圈损坏	(1) 更换衬套密封圈 (2) 重新安装，使塞杆不受偏心负荷 (3) 更换活塞杆 (4) 除去杂质、安装防尘盖 (5) 更换密封圈
内泄漏（活塞两端漏气）	(1) 活塞密封圈损坏 (2) 润滑不良，活塞被卡住 (3) 活塞配合面有缺陷，杂质挤入密封面	(1) 更换活塞密封圈 (2) 重新安装，使活塞杆不受偏心负荷 (3) 缺陷严重者更换零件，去除杂质
输出出力不足，动作不平稳	(1) 润滑不良 (2) 活塞或活塞杆卡住 (3) 汽缸体内表面有锈蚀或缺陷 (4) 进入了冷凝水、杂质	(1) 调节或更换油雾器 (2) 检查安装情况，消除偏心 (3) 视缺陷大小而决定排除故障方法 (4) 加强对空气过滤器和除油器的管理，定期排放污水
缓冲效果不好	(1) 缓冲部分的密封圈密封性能差 (2) 调节螺钉损坏	(1) 更换密封圈 (2) 更换调节螺钉

表 12-5　空气过滤器常见故障及其排除方法

故障现象	原因分析	排除方法
压力过大	(1) 使用过细的滤芯 (2) 过滤器流量范围太小 (3) 流量超过过滤器的容量 (4) 过滤器滤芯网眼堵塞	(1) 更换适当的滤芯 (2) 更换流量范围大的过滤器 (3) 更换大容量的过滤器 (4) 用净化液清洗（必要时更换）滤芯
从输出端溢出冷凝水	(1) 未及时排除冷凝水 (2) 自动排水器发生故障 (3) 超过过滤器的流量范围	(1) 养成定期排水习惯或安装自动排水器 (2) 修理（必要时更换） (3) 在适当流量范围内使用或者更换大容量的过滤器
输出端出现异物	(1) 过滤器滤芯破损 (2) 滤芯密封不严 (3) 用有机溶剂清洗塑料件	(1) 更换机芯 (2) 更换机芯的密封，紧固滤芯 (3) 用清洁的热水或煤油清洗
塑料水杯破损	(1) 在有机溶剂的环境中使用 (2) 空气压缩机输出某种焦油 (3) 压缩机从空气中吸入对塑料有害的物质	(1) 使用不受有机溶剂侵蚀的材料（如使用金属杯） (2) 更换空气压缩机的润滑油，或使用无油压缩机 (3) 使用金属杯
漏气	(1) 密封不良 (2) 因物理（冲击）、化学原因使塑料杯产生裂痕 (3) 漏水阀、自动配水器失灵	(1) 更换密封件 (2) 参看"塑料水杯破损"栏 (3) 修理（必要时更换）

表 12-6　油雾器常见故障及其排除方法

故障现象	原因分析	排除方法
油不能滴下	(1) 没有产生油滴下落所需的压差 (2) 油雾器反向安装 (3) 油杯未加压	(1) 换成小的油雾器 (2) 改变安装方向 (3) 拆卸，进行修理
油杯未加压	(1) 通往油杯的空气通道堵塞 (2) 油杯大，油雾器使用频繁	(1) 因通往油杯的空气通道堵，需拆卸修理 (2) 加大通往油杯的空气通孔，使用快速循环式油雾器
油滴数不能减少	油量调整螺母失效	检修油量调整螺母
空气向外泄漏	(1) 油杯破损 (2) 密封不良 (3) 观察玻璃破损	(1) 更换 (2) 检修密封 (3) 更换观察玻璃
油杯破损	(1) 用有机溶剂清洗 (2) 周围存在有机溶剂	(1) 更换油杯，使用金属杯或耐有机溶剂油杯 (2) 与有机溶剂隔离

附录 A 常用液体传动系统及元件图形符号 (摘自 GB/T 786.1—2009)

附录 A–1 图形符号的基本要素和管路连接

图　形	描　述
	供油管路、回油管路、元件外壳和外壳符号
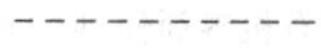	内部和外部先导（控制）管路、泄油管路、冲洗管路、放气管路
	组合元件框线
	两条管路的连接标出连接点
	两条管路交叉没有交点，说明它们之间没有连接
	软管总成
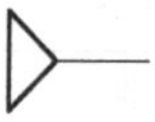	气压源
	液压源

附录 A–2 控 制 机 构

图　形	描　述
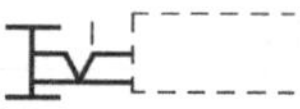	带有定位装置的推或拉控制机构
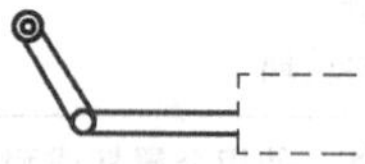	用做单方向行程操纵的滚轮杠杆
	单作用电磁铁，动作指向阀芯
	单作用电磁铁，动作背离阀芯
	双作用的电气控制机构，动作指向或背离阀芯
	单作用电磁铁，动作指向阀芯，连续控制

续表

图　形	描　述
	单作用电磁铁，动作背离阀芯，连续控制
	电气操纵的气动先导控制机构
	电气操纵的带有外部供油的液压先导控制机构
	具有外部先导供油，双比例电磁铁，双向操作，集成在同一组件，连续工作的双先导装置的液压控制机构

附录 A-3　泵、马达和缸

图　形	描　述
	变量泵
	双向流动，带外泄油路单向旋转的变量泵
	双向变量泵单元，双向流动，带外泄油路，双向旋转
	双向变量马达单元，双向流动，带外泄油路，双向旋转
	单向旋转的定量泵
	单向旋转的定量马达
	限制摆动角度，双向流动的摆动执行器或旋转驱动
	操纵杆控制，限制转盘角度的泵
	空气压缩机
	变方向定流量双向摆动马达

续表

图　形	描　述
	真空泵
	双作用单杆缸
	单作用单杆缸，靠弹簧力返回行程，弹簧腔带连接油口
	双作用双杆缸，活塞杆直径不同，双侧缓冲，右侧带调节
	单作用缸，柱塞缸
	单作用伸缩缸
	双作用伸缩缸
	单作用压力介质转换器，将气体压力转换为等值的液体压力，反之亦然
	单作用增压器，将气体压力 p_1 转换为更高的液体压力 p_2

附录 A-4　控 制 元 件

图　形	描　述
	二位二通方向控制阀，两位，两通，推压控制机构，弹簧复位，常闭（气动、液压）
	二位二通方向控制阀，两位，两通，电磁铁操纵，弹簧复位，常开（气动、液压）
	二位四通方向控制阀，电磁铁操纵，弹簧复位（气动、液压）
	二位三通方向控制阀，滚轮杠杆控制，弹簧复位（气动、液压）
	二位三通方向控制阀，电磁铁操纵，弹簧复位，常闭（气动、液压）
	二位四通方向控制阀，电磁铁操纵液压先导控制，弹簧复位

续表

图　形	描　述
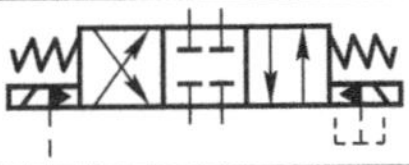	三位四通方向控制阀，电磁铁操纵先导级和液压操作主阀，主阀及先导级弹簧对中，外部先导供油和先导回油
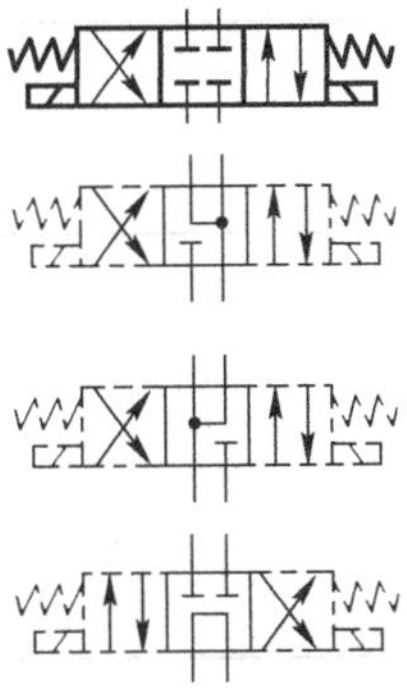	三位四通方向控制阀，弹簧对中，双电磁铁直接操纵，不同中位机能的类别（气动、液压）
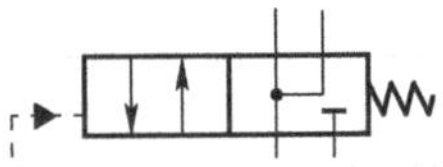	二位四通方向控制阀，液压控制，弹簧复位
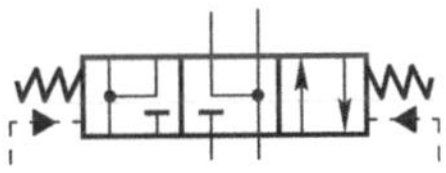	三位四通方向控制阀，液压控制，弹簧对中
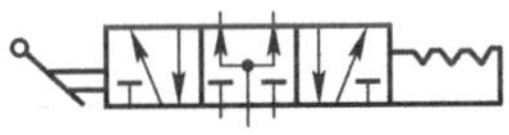	三位五通方向控制阀，定位销式各位置杠杆控制（气动、液压）
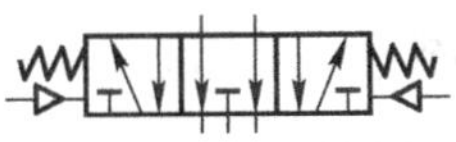	三位五通直动式气动方向控制阀，弹簧对中，中位时两出口都排气
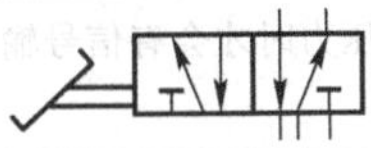	二位五通方向控制阀，踏板控制（气动、液压）
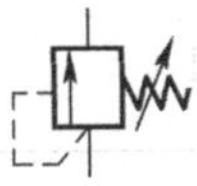	溢流阀，直动式，开启压力由弹簧调节（气动、液压）
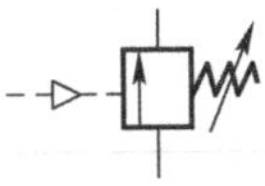	外部控制的顺序阀（气动）
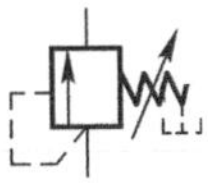	顺序阀，手动调节设定值
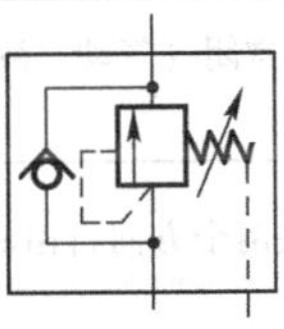	顺序阀，带有旁通阀
	二通减压阀，直动式，外泄型

· 235 ·

续表

图　形	描　述
	三通减压阀（液压）
	二通减压阀，先导式，外泄型
	电磁溢流阀，先导式，电气操纵预设定压力
	可调节流量控制阀（气动、液压）
	可调节流量控制阀，单向自由流动（气动、液压）
	内部流向可逆调压阀
	调压阀，远程先导可调，溢流，只能向前流动
	双压阀（"与"逻辑），并且仅当两进气口有压力时才会有信号输出，较弱的信号从出口输出
	梭阀（"或"逻辑），压力高的入口自动与出口接通
	快速排气阀
	单向阀，只能在一个方向自由流动（气动、液压）
	带有复位弹簧的单向阀，只能在一个方向流动，常闭（气动、液压）
	带有复位弹簧的先导式单向阀，先导压力允许在两个方向自由流动（气动、液压）
	双单向阀，先导式（气动、液压）

附录 A-5 附 件

图 形	描 述
	压力测量单元（压力表）
	压差计
	温度计
	液位指示器（液位计）
	过滤器
	油箱通气过滤器
	不带冷却液流道指示的冷却器
	液体冷却的冷却器
	加热器
	温度调节器
	隔膜式充气蓄能器（隔膜式蓄能器）
	活塞式充气蓄能器（活塞式蓄能器）
	气瓶
	润滑点
	手动排水流体分离器
	自动排水流体分离器
	带手动排水分离器的过滤器
	吸附式过滤器
	油雾分离器
	空气干燥器

续表

图　形	描　　述
	油雾器
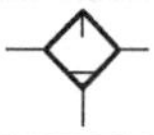	手动排水式油雾器
	气罐
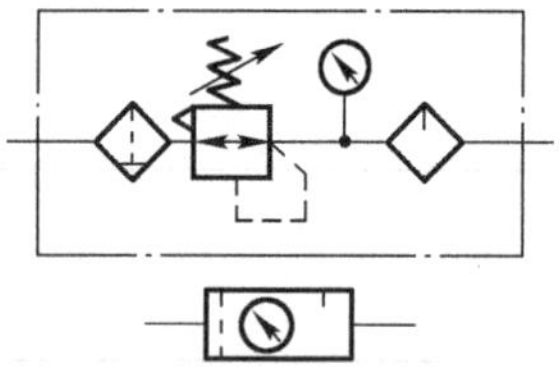	气源处理装置，包括手动排水过滤器、手动调节式溢流调压阀、压力表和油雾器。 上图为详细示意图，下图为简化图

参 考 文 献

[1] 姜佩东．液压与气动技术．北京：高等教育出版社，2000．
[2] 陆全龙，刘明皓．液压与气动．北京：科学出版社，2005．
[3] 杨永亮．液压与气动技术基础．北京：化学工业出版社，2006．
[4] 马振福．液压与气压传动．北京：机械工业出版社，2005．
[5] 许福玲，陈尧明．液压与气压传动（第2版）．北京：机械工业出版社，2004．
[6] 章宏甲，黄谊．液压传动．北京：机械工业出版社，2004．
[7] 张磊．实用液压技术300题（第2版）．北京：机械工业出版社，2005．
[8] 袁承训．液压与气压传动（第2版）．北京：机械工业出版社，2003．
[9] 马宪亭．液压与气压传动技术．北京：化学工业出版社，2009．
[10] 吴卫荣．液压技术．北京：中国轻工业出版社，2006．
[11] 肖珑．液压与气压传动技术．西安：西安电子科技大学出版社，2007．
[12] 胡世超，肖龙．液压与气压技术．郑州：郑州大学出版社，2008．
[13] 何存兴，张铁华．液压传动与气压传动．武汉：华中科技大学出版社，2000．
[14] 关景泰．机电液压控制技术．上海：同济大学出版社，2003．
[15] 薛祖德．液压传动．北京：中国广播电视大学出版社，1995．
[16] 嵇光国，吕淑华．液压系统故障诊断与排除．北京：海洋出版社，1992．
[17] 丁树膜．液压传动（第2版）．北京：机械工业出版社，1999．
[18] 陈奎生．液压与气压传动．武汉：武汉理工大学出版社，2001．
[19] 屈圭．液压与气压传动．北京：机械工业出版社，2002．
[20] 主孝华，陈鑫盛．气动元件．北京：机械工业出版社，1991．
[21] 姚新，刘民钢．液压与气动．北京：中国人民大学出版社，2000．
[22] 张宏友．液压与气动技术（第3版）．大连：大连理工出版社，2009．
[23] 孙成通．液压传动．北京：化学工业出版社，2005．
[24] 胡世超，姜晶．液压与气动技术．上海：上海科学技术出版社，2011．
[25] 冀宏．液压与气压传动与控制．武汉：华中科技大学出版社，2009．
[26] 隗金文，王慧．液压传动．沈阳：东北大学出版社，2001．

反侵权盗版声明

电子工业出版社依法对本作品享有专有出版权。任何未经权利人书面许可，复制、销售或通过信息网络传播本作品的行为；歪曲、篡改、剽窃本作品的行为，均违反《中华人民共和国著作权法》，其行为人应承担相应的民事责任和行政责任，构成犯罪的，将被依法追究刑事责任。

为了维护市场秩序，保护权利人的合法权益，本社将依法查处和打击侵权盗版的单位和个人。欢迎社会各界人士积极举报侵权盗版行为，本社将奖励举报有功人员，并保证举报人的信息不被泄露。

举报电话：(010) 88254396；(010) 88258888
传　　真：(010) 88254397
E - mail：dbqq@phei.com.cn
通信地址：北京市海淀区万寿路173信箱
　　　　　电子工业出版社总编办公室
邮　　编：100036